苏州大学红十字运动研究中心建设经费资助出版

U0270382

民族主义与人道主义

——1923 年日本关东大地震的中国响应

代 华 著

合肥工业大学出版社

图书在版编目(CIP)数据

民族主义与人道主义:1923年日本关东大地震的中国响应/代华著.—合肥:合肥
工业大学出版社,2015.10
(红十字文化丛书)
ISBN 978 - 7 - 5650 - 2470 - 2

Ⅰ.①民…　Ⅱ.①代…　Ⅲ.①大地震—史料—日本—1923②大地震—对外
援助—中日关系—史料—1923　Ⅳ.①P316.313②D822.2③D632.1

中国版本图书馆 CIP 数据核字(2015)第 240074 号

民族主义与人道主义

——1923 年日本关东大地震的中国响应

代　华　著

责任编辑	章　建
出版发行	合肥工业大学出版社
地　　址	(230009)合肥市屯溪路 193 号
网　　址	www.hfutpress.com.cn
电　　话	总　编　室:0551-62903038
	市场营销部:0551-62903198
开　　本	710 毫米×1010 毫米　1/16
印　　张	14.75
字　　数	246 千字
版　　次	2015 年 10 月第 1 版
印　　次	2015 年 10 月第 1 次印刷
印　　刷	合肥学苑印务有限公司
书　　号	ISBN 978 - 7 - 5650 - 2470 - 2
定　　价	38.00 元

如果有影响阅读的印装质量问题,请与出版社市场营销部联系调换。

总　序

150 年前，高举人道主义旗帜，旨在促进人类持久和平的红十字运动在欧洲兴起并迅速走向世界。一百多年来，红十字会为世界和平与发展做出的巨大贡献有目共睹，因而日益受到世界各国、各地区的欢迎，已发展成为与联合国、奥委会并称的世界三大国际组织之一。究其原因，乃其所奉行的七项基本原则——也是红十字文化的内核——涵盖了世界上各种不同文化的共同点，能为文化和制度不同的国家所接受，故而具有强大的生命力。

100 年前，红十字运动东渐登陆中国。在其中国化的发展过程中，红十字会不断吸取中国传统文化的精髓，茁壮成长，逐步形成了"人道、博爱、奉献"的文化内涵，并成为中华文化的瑰宝之一。

百余年来，红十字运动在波澜壮阔的实践中积累了丰富的经验，也留下了许多教训。经验与教训需要上升为理论，也只有理论才能更好地指导红十字事业持续、健康发展。学界、业界对此都进行了持续的关注。

2005 年 12 月 7 日，苏州大学社会学院与苏州市红十字会携手合作，成立全国首家红十字运动研究中心，旨在通过学界和业界的联合，推动和加强红十字运动的理论研究，探究红十字运动中国化的过程与特色，凝练红十字文化价值，探求红十字运动在构建国家软实力和促进中华民族伟大复兴中的地位与作用。同年 12 月 9 日，中国红十字会总会也提出，"确定一批研究课题，组织专家学者开展对国际红十字运动及中国红十字运动的深入研究"[①]。由此，学界、业界共同开展了对红十字运动

---

① 中国红十字会总会：《关于加强和改进宣传工作的意见》，红总字〔2005〕19 号。

的学术研究与理论探讨。

多年来，红十字运动研究中心除通过专业网站（http：//www. hszyj. net）发布和交流学界、业界动态外，已出版研究成果二十余部；帮助一些地方红十字会建立与高校的合作，搭建平台，共同开展研究；举办了首届红十字运动与慈善文化国际学术研讨会；培养了一批专门研究红十字运动的生力军；积累了大量的学术资料。中心主要研究人员还借助在各地讲学的机会，传播重视红十字运动研究的理念。正是在红十字运动研究中心的引领之下，红十字运动研究在中华大地上呈现出生机勃勃的发展态势，并取得了丰硕的成果，"新红学"① 呼之欲出。仅以2011 年为例，各地以纪念辛亥革命 100 周年为契机，纷纷整理、编辑出版了地方红会百年史；有的红会还与高校合作组建相关研究中心，等等②，通过这些方式，有力地推动了红十字运动研究向更深更广的方向发展。

当今世界正处于大发展大变革大调整时期，多极化、经济全球化深入发展，科学技术日新月异，各种思想文化交流、交融、交锋更加频繁，文化在综合国力竞争中的地位和作用更加凸显。2011 年 10 月 18日，党的十七届六中全会通过的《中共中央关于深化文化体制改革推动社会主义文化大发展大繁荣若干重大问题的决定》，提出要推动社会主义文化大发展大繁荣。11 月 7 日，教育部发布了《高等学校哲学社会科学繁荣计划（2011—2020 年）》，旨在大力提升高等学校人才培养、科学研究、社会服务、文化传承创新的能力和水平。12 月 7 日，全国人大常委会副委员长、中国红十字会会长华建敏在中国红十字会九届三次理事会上提出："要深化理论研究，充分挖掘红十字文化内涵，推进红十字文化中国化，广泛传播人道理念，在全社会推动形成良好的道德风

① 在 2009 年 4 月于苏州大学召开的"红十字运动与慈善文化"国际学术研讨会上，红十字运动研究中心主任、江苏红十字运动研究基地负责人、苏州大学教授池子华指出，经过一百多年波澜壮阔的实践发展和学术界呕心沥血的开拓性研究，在人文社科领域构建一门"新红学"——红十字学，条件已经具备，时机已经成熟。见池子华：《创建"红十字学"刍议》，《中国红十字报》2009 年 4 月 17 日。

② 池子华、郝如一：《2011 年红十字理论研究之回顾》，《中国红十字报》2012 年 1 月 3 日。

尚。"① 红十字"文化工程"已然成为红十字会总体建设目标之一②。进一步加强与拓展红十字运动理论研究，尤其是对红十字文化中国化的研究，已成为历史与现实的呼唤。

有鉴于此，红十字运动研究中心继续发挥高等学校与业界合作的优势，汇聚研究队伍，科学选题，出版一套《红十字文化丛书》，弘扬有利于国家富强、民族振兴、人民幸福、社会和谐的思想和精神，凸显红十字文化在中国文化园地中的地位，使红十字文化在神州大地上更加枝繁叶茂，促进中国红十字事业可持续发展，推动红十字文化的国际交流。

《红十字文化丛书》的出版，得到了江苏省红十字会、苏州大学社会学院、苏州市红十字会、上海市嘉定区红十字会、合肥工业大学出版社等单位的鼎力支持，也得到红十字国际委员会东亚代表处及中国红十字会总会、中国红十字基金会的关心和指导，在此谨致衷心感谢。

池子华

2012 年 6 月于苏州大学

---

① 《中国红十字会九届三次理事会召开》，《中国红十字报》2011 年 12 月 9 日。

② 池子华：《"文化工程"应成为红十字会总体建设目标之一》，《中国红十字报》2009 年 12 月 11 日。

目　录

绪　论

一、选题缘起

众所周知，日本列岛因其复杂的自然和地质环境，是世界上地震发生率最高的地区之一。有关统计显示，仅从 1868 年至 1968 年的 100 年间，发生里氏 7 级以上的大地震就达 37 次之多，平均每 2.7 年发生一次①。因此，日本历史上的地震与灾害问题早已得到相关领域学者的重视和关切。不过，在很长一段时间内，这方面的研究主要是自然科学工作者出于灾害预防和工程建设等问题的现实需要而展开的。

随着中国社会史研究的复兴与发展，灾荒与救济吸引了越来越多研究者的关注，并一跃成为社会史研究的热门课题，涌现出大批的研究成果。然而遗憾的是，对于灾荒的国际救护，现今的许多研究大都是把灾荒和自然环境视为社会生活的内容或背景，忽略了灾害救护在特定历史时空下所蕴含的深沉的政治含义，从而也就未能深入地透视出民族主义与国际人道主义在救护中的互动关系。

近代以来，由于日本的侵略扩张，中日两国之间充满着尖锐的民族矛盾。1923 年，更是中日关系史上不同寻常的一年。这一年，日本先是蛮横地拒绝取消臭名昭著的"二十一条"；接着又自恃武力，拒绝归还业已到期的旅顺、大连；随后，又制造了长沙"六一惨案"等事端。日本政府的霸道和占我国土的野心，激起了中国人民的强烈愤慨。为回应日本的霸道行径，挽回民族利权，中国社会各界奔走呼号，游行示威，号召国人抵制日货，提倡国货，对日本进行经济绝交，各地的对日国民外交大会也纷纷召开。在这种历史环境下，从某种意义上来说，面对国耻家仇，此时抵日、排日、仇日成为中国人民对日态度的主题和无奈的

---

①　黄增华：《21 世纪东京都的地震问题分析及其防震防灾对策思考》，《地震学刊》2000年第 2 期。

诉求方式。就在中日关系处于这种特殊、敏感的历史时期，中国社会排日、抵日民族情绪异常浓烈之时，9月1日，日本关东地区突发了亘古未有的大地震。

关东大地震及其引发的火灾、海啸、山崩等次生灾害给东京、横滨、横须贺等地造成了重大的人员伤亡和财产损失。其震级之大、破坏之烈、袭击范围之广、次生灾害种类之多是世界灾害史上少有的一次综合性大灾难，堪称日本自然灾害之最。面对惨烈的灾况，中国社会各界受民族矛盾、外交关系、价值取向等诸多因素的叠加影响，对日灾的反应和看法也就不尽相同。但即便如此，中国民众深明大义，以德报怨，虽屡遭天灾人祸的侵扰，民生困苦，却依然践行着救灾恤邻的古训。从个人到社团、从政府到民间发起了大规模的赈济日灾行动，理性地将抵日、排日与救灾、救人区分开来，积极赈济日灾。

特殊历史时期，由大规模的排日活动到积极的赈日行为，这种复杂的民族心理流变过程与多样的赈济日灾方式却鲜有人关注，这不能不说是一个遗憾，从而使得本选题具有深入研究的可能与必要。在细细梳理相关史料之后不难发现，中国民间各界在积极、热烈援助日本震灾的过程中，始终贯穿着民族主义与人道主义的情怀，这值得我们深思和研究。

21世纪以来，全球进入地震活跃期。近年来，各地强震不断，如中国汶川8.0级地震、所罗门群岛7.2级地震、海地地区7.3级地震、智利8.8级地震、墨西哥7.1级地震、苏门答腊北部7.8级地震、中国玉树7.1级地震、尼科巴群岛7.6级地震、印度尼西亚7.0级地震、新不列颠地区7.2级地震、瓦努阿图7.4级地震、新西兰7.2级地震、加利福尼亚湾7.0级地震、苏门答腊南部6.1级地震、巴基斯坦7.1级地震、日本东北部海域9.0级地震……震灾在给人类带来巨大伤害的同时，又颂扬了互帮互助、扶危济困的人间美德。以今天的视角来审视中国对日本关东地震的救护历程，希冀能为我们当今时代的抗震救灾和国际援助提供一些经验借鉴和道德示范。

二、研究综述

1923年关东大地震，不论是伤亡人数，还是财产损失，其带来的后果都可以"名扬"地震史册，是20世纪世界最大的地震灾害之一。但目前，学术界对其研究却较为薄弱。

据笔者所查，民国时期涉及关东大地震的作品多为对灾区实况的介绍。日灾发生后，中国一些省份、相关组织派人前往灾区调查慰问。他们赴日后将自己在灾区的所见、所闻、所感记录下来，或汇编成书，或以文章形式见于报刊。代表性的有杨鹤庆的《日本大震灾实记》①、林骙的《日灾的观察》② 等，这些作品可以说是对日灾的纪实报道。杨氏在《日本大震灾实记》一书中，重点描述了东京、横滨、横须贺、镰仓、房州、热海、箱根等受灾地的损害状况，介绍了日本皇室为救灾而颁布的诏书、紧急敕令，记述了日本政府的救灾举措及发布的复兴告谕、复兴敕令等。此外，该书对旅日留学生、华工的受灾状况以及中国红十字会赴日救护情况也略有着墨。林骙的《日灾的观察》一文，首先统计了人员与房屋的损失、产业的损失、文化上的损失等；其次记述了日本政府处置震灾的措施、东京等地复兴方案的公布等；最后，作者表达了对灾区所见所闻的感受，并阐述了对此次地震后中日关系的看法。由于杨氏、林氏两人均亲自到过灾区，其灾区记录具有一定的可信度。所以其作品既可以说是关东震灾的研究成果，亦可以作为关东震灾史料，值得甄别参考。此外，张梓生的《日本大地震记》③、幼雄的《日本大地震》④ 等文章对关东灾况等方面的记述也较为详细。

另外，这一时期关注关东大地震的各界人士，在《东方杂志》《向导》《努力周报》《史地学报》《矿业杂志》《太平洋》《孤军》《五九》《共进》《东北文化月报》《少年中国》《学艺》《新民国杂志》《中外经济周刊》《商学季刊》等刊物上发表了一系列文章。这些文章或是论述日灾对中国经济的影响，或是预测日灾后中日关系的走向，或是从地质学角度来分析日灾发生的缘由，或是在目睹日本当局的救灾成效后而抨击中国国内时政，等等。总之，这些文章涉及诸多方面，为本课题的研究提供了许多重要的参考资料。

新中国成立后，学界对关东大地震的研究主要涉及三个方面的内容：一、中国社会各界、各地对日本关东大地震的援助和救护；二、震灾发生后，对旅日华工、朝鲜人被杀事件的考察；三、由关东震灾引发的相关启示及经验教训方面的探讨。现就这三方面已取得的主要研究成果简述如下。

中国各界、各团体、各地对日本震灾的赈济、救护是学者们研究的

---

① 杨鹤庆：《日本大震灾实记》，中国红十字会西安分会发行（1923 年 11 月）。
② 林骙：《日灾的观察》，《东方杂志》第 20 卷第 21 号（1923 年 11 月 10 日）。
③ 张梓生：《日本大地震记》，《东方杂志》第 20 卷第 16 号（1923 年 8 月 25 日）。
④ 幼雄：《日本大地震》，《东方杂志》第 20 卷第 16 号（1923 年 8 月 25 日）。

重点。如王继麟在《中国各界对日本关东大震灾的赈济》一文中，总结了中国此次救济日本震灾所表现出的四个特点：（一）行动快，规模大；（二）各界慷慨解囊，解衣节食，踊跃捐助，充分表现了中国人民救灾恤邻的优良传统和崇高的人道主义精神；（三）显示了中国人民不念旧恶的宽阔胸怀；（四）表达了中国各界希望日本改变对华政策、与中国友好相处的愿望。该文并归纳出救济日本的四种主要方式：其一，发慰问函电或到日本使馆慰问；其二，各地、各界发起成立许多赈济日灾组织，以及采取其他各种方式，进行募捐，开展救助活动；其三，筹办赈灾物品，装船运往日本；其四，派出慰问考察队和医疗救护团。他认为中国各界对日无私的救助，加深了两国人民的感情，使两国关系出现了某些新的生机。但作者最后强调，中国要发展同日本的平等友好关系，只有经过比经济绝交更加彻底的针锋相对斗争，取得打倒日本军国主义的胜利之后，才有可能①。

李学智的《1923 年中国人对日本震灾的赈济行动》一文，详细地列举了全国各地特别是上海、江苏、天津、北京、广州等地的商界、教育团体、社会名流、银行业、宗教团体、慈善组织等各界人士对日灾做出的反应，充分表现了中国人民真诚的救灾恤邻之情。文章中，他用较大篇幅从募集赈款、运送物资、派出红十字救护队等方面论述了中国人民对日灾的钱、粮、物、医之助。最后，文章总结道：中国各界人士以高度的理智，"将抵制日本的侵略扩张行为与发扬人道主义救灾恤邻区分开来"；"将奉行对华扩张政策的日本政府与日本人民区别开来，对不幸受灾的日本民众表示了极大的同情，积极赈救"；并"对于某些人对赈救日灾的消极情绪，人们进行了说服和劝导"。他认为，此次中国人民赈救日灾的行动，"不排除其中有希望通过赈救行动，提高中国的国际地位，且感化日人，以利于今后的对日外交的成分"②。

周斌的博士论文《20 世纪 20 年代民间外交观念及其实践活动》③，以数千字的篇幅简要地回顾了关东大地震与中国人民的对日援助。作者认为国人对日灾援助一事，有力地反击了外人对中国人盲目排外的诬蔑，证明中国人民并非为达到废除不平等条约的目的，而不顾中外人民之间的友谊。

———————————

① 王继麟：《中国各界对日本关东大震灾的赈济》，《史学月刊》1987 年第 1 期。

② 李学智：《1923 年中国人对日本震灾的赈济行动》，《近代史研究》1998 年第 3 期。

③ 周斌：《20 世纪 20 年代民间外交观念及其实践活动》，中国社会科学院 2003 年博士学位论文。

彭南生的《民族主义与人道主义的交织：1923 年上海民间团体的抵制日货与赈济日灾》一文，以《申报》的记载为基础，以上海民间团体为例，重构 1923 年抵制日货与赈济日灾活动的历史图景，并解读这些活动背后的理念，诠释了人道主义的普世价值和救灾恤邻的传统美德。该文首先论述了上海商人团体的抵制日货运动，其中上海各路商界、各业商人采取抵制日货、提倡国货的方式实行对日经济绝交，并取得了一定的成效。其次，该文分析了上海民间团体赈济日灾的善举：致电、致函慰问日本受灾人民，表达中国人民的深切哀悼与同情；各民间团体纷纷组织起来，募集救灾款项和物资；派遣救护人员赴日本灾区直接参加调查与救助。最后，该文认为抵制日货运动与赈济日灾活动相互交织，演奏出一曲理性民族主义与人道主义的交响变奏曲：抵制日货的初衷与目的明确；"抵货运动的组织者和参与者，既没有因为抵制日货而拒绝赈济日灾，也没有由于日本政府的侵略行径而放弃对日本灾民的救助，而是理性地将日本侵略者与日本灾民区分开来，将赈济日灾与抵制日货结合起来，展示了民族主义与人道主义的人格力量"[1]。

在各地区对日赈灾的研究方面，向常水以湖南为例，论述了湖南省对关东地震的援助。其文《论湖南对 1923 年日本震灾的救助》认为，虽然湖南自身经济萧条、灾患不断，但民众仍积极赈济日本震灾：成立机构，发动各界捐款；响应号召，允许日本在湘采买谷米。这一行动反映了赈灾活动超越国界和政治的人道主义的本质[2]。代华撰文以浙江为例，简析了浙江对此次震灾的回应：不仅对灾况深表同情，尽力赈济日灾；还关心旅日侨胞安危，积极接运灾侨归籍[3]。

在政府赈灾研究方面，杜永镇在《孙中山对日本地震灾民的同情与支援》一文中，阐述了孙中山在广东东江前线督战时获悉日灾的噩耗后，于 9 月 4 日代表中国人民致电日本政府，表示诚挚的慰问，再现了孙中山与日本人民结下的深厚友谊[4]。代华论述了张作霖、张学良父子对关东震灾的赈济行为[5]。梁瑞敏的《日本关东大地震与中国朝野的救

① 彭南生：《民族主义与人道主义的交织：1923 年上海民间团体的抵制日货与赈济日灾》，《学术月刊》2008 年第 6 期。

② 向常水：《论湖南对 1923 年日本震灾的救助》，《湖南第一师范学报》2009 年第 2 期。

③ 代华：《简析浙江对 1923 年日本关东震灾的回应》，《鸡西大学学报》2012 年第 12 期。

④ 杜永镇：《孙中山对日本地震灾民的同情与支援》，《社会科学战线》1981 年第 4 期。

⑤ 代华：《略论张作霖、张学良父子对 1923 年日本关东大地震的赈济》，《内蒙古农业大学学报》（社会科学版）2012 年第 4 期。

援》，分别从中国媒体对日灾的报道、北洋政府身处困境下对日救援、北洋政府对日救援的启示等方面进行研究①。

此外，陈祖恩、李华兴在《白龙山人——王一亭传》一书中，细致地描述了王一亭为赈济日灾所做出的奉献。文章认为"王一亭是1923年9月1日关东大地震时，以上海为中心的援助活动的先锋。以米、麦开始，多次将许多救助物资送到日本。"此外，他还组织中国佛教徒对地震罹难者进行慰灵吊祭活动②。

关于红卍字会与关东地震的关系，高鹏程在《红卍字会对日本关东大震灾的救助及影响》一文中指出，"红卍字会的社会救助事业不仅仅局限于国内，1923年9月对日本关东大地震的救助是其施惠海外之始"。他阐述了红卍字会运粮赈日的行动，称这既提高了红卍字会自身知名度，又赢得了日本民众的好感③。李光伟的硕士学位论文《道院·道德社·世界红卍字会——新兴民间宗教慈善组织的历史考察（1916—1954）》④，也考察了济南红卍字会对日本震灾的劝募活动与募款效果。

中国红十字会对日本震灾的救护，是学者们较为关注的热点之一。吴纪椿、李咏霓的《关东大地震中的中国救护队》一文，简要地概述了中国红十字会对日灾的救护，文章认为"中国红十字会以自己的感人行动，写下了我们两国人民友谊长河中令人怀念的篇章"⑤。李灼华的《一次成功的国际地震救灾行动》⑥，从中国红十字会对日灾的救护决策、募集救灾物款、灾区救死扶伤、遣返灾侨等方面梳理了中国红十字会的救灾历程。周秋光《民国北京政府时期中国红十字会的国际交往》⑦一文，不仅考察了中国红十字会赴日救护的举措，还叙述了中国红十字会对回国灾侨的医治与随船护送归籍。池子华在《红十字与近代中国》一书中全面论述中国红十字会对日救护举措，并指出中国红十字会"在援外行动中，1923年对日本关东大地震的人道救援，颇有声色，堪称范例"。

① 梁瑞敏：《日本关东大地震与中国朝野的救援》，《河北学刊》2011年第4期。
② 陈祖恩、李华兴：《白龙山人——王一亭传》，上海辞书出版社2007年版。
③ 高鹏程：《红卍字会对日本关东大震灾的救助及影响》，《〈红十字运动研究〉2008年卷》，安徽人民出版社2008年版。
④ 李光伟：《道院·道德社·世界红卍字会——新兴民间宗教慈善组织的历史考察（1916—1954）》，山东师范大学2008年硕士学位论文。
⑤ 吴纪椿、李咏霓：《关东大地震中的中国救护队》，《人民日报》1981年2月9日。
⑥ 李灼华：《一次成功的国际地震救灾行动》，《灾害学》1993年第3期。
⑦ 周秋光：《民国北京政府时期中国红十字会的国际交往》，《湖南师范大学社会科学学报》2002年第4期。

他认为："中国红十字会的扶桑之行，对加深中日两国人民的友谊，意义重大，而其良好的国际影响，亦有不可低估者。"① 代华、池子华的《1923年日本关东大地震与中国红十字会的人道救援》一文，从中国红十字会对日救护筹备、救护内容及救护特点等方面，考察了中国红十字会的救护历程②。

此外，值得补充的是，对关东大地震灾况本身的研究也有学者涉及。池子华、代华在《1923年日本关东大地震及其援救——以〈申报〉报道的内容为主要依据》一文，对灾况特征：余震频率高、持续时间长，次生灾害并发、破坏力大；救灾举措：成立救灾机构、灾区戒严以维护社会稳定、征集物资、安置灾民、加强对灾区金融的监督与管理，以及国际社会的大力救助；救灾评价与启示：救灾及时、措施得当，得到广泛地支持与援助，灾区重建迅速、规划合理等方面进行了全面的梳理与总结。该文认为火灾、海啸、山崩等次生灾害是导致惨况的主因③。

震灾后旅日华工、朝鲜人被杀事件，是学术界研究关东大地震所涉及的另一重点。章志诚的《日本在关东大地震期间惨杀浙籍旅日华工与北洋政府对日本当局的交涉》一文，全面系统地论述了在日华工从事工作的类别、生存环境、日本"青年团"杀害浙籍工人情状及人数、回国浙籍工人数量及北洋政府对日交涉的过程与结果。文中沉痛地指出，要深刻认识日本军国主义的反动本性与北洋政府的昏庸腐败，牢记"弱国无外交"的历史教训④。苏虹的《东瀛沉冤七十载：六百余华工惨死始末》一文，从旅日华工生存状况、地震期间华工遇害始末、幸存者的血泪控诉、国内民众抗议日本人暴行活动、日本当局隐藏惨案真相等方面揭露和抨击了行凶者的凶残与北洋政府当局的软弱⑤。言心立的《关东大地震时对旅日华工的屠杀》一文，首先概述了我国人民广泛开展的赈灾活动；其次重点阐述了温州、处州籍华工震灾时的悲惨遭遇，并对温州人被害场所、死伤情况作了统计；最后认为由于中国国际地位低下，北洋政府昏庸无能，致使对日交涉失败，由此该文得出"只有国家强大

---

① 池子华：《红十字与近代中国》，安徽人民出版社2004年版，第114—123页。

② 代华、池子华：《1923年日本关东大地震与中国红十字会的人道救援》，《福建论坛》（人文社会科学版）2012年第1期。

③ 池子华、代华：《1923年日本关东大地震及其援救——以〈申报〉报道的内容为主要依据》，《安徽师范大学学报》（人文社会科学版）2011年第4期。

④ 章志诚：《日本在关东大地震期间惨杀浙籍旅日华工与北洋政府对日本当局的交涉》，《浙江学刊》1990年第6期。

⑤ 苏虹：《东瀛沉冤七十载：六百余华工惨死始末》，《纵横》1996年第1期。

了，才能改变'弱国无外交'的局面"的结论①。

在研究旅日华工被杀事件中，旅日华工领袖王希天被害一案引起了众多学者的关注。陈铁健在《尘封半个世纪的五四先驱王希天》一文中，叙述了进步青年王希天的成长经历和在日遇难情形②。随后，他的《日本政府掩盖大岛町和王希天血案的真相》一文，在梳理了大量的资料后，文章认为日本政府和军方是大岛町和王希天血案的制造者，又是掩盖真相的策划者③。刘武生在《周恩来与王希天》一文中，叙述了周恩来与王希天的交往过程，赞扬了这位侨日华工领袖为维护海外华工权利所做出的杰出贡献④。相关的研究论文还有任秀珍的《为华工奋斗的英勇战士——王希天》⑤及《旅日华工领袖王希天》⑥、苏虹的《王希天被害真相》⑦、萧斌如的《东瀛遗憾——王希天烈士殉难记》⑧、王霖的《爱国护侨的民主斗士——王希天烈士生平事略》⑨、庄金铨、孙贵田的《爱国志士王希天》⑩，等等。另外值得一提的是，对于王希天的研究还出版了论文集⑪。这些都推动了对该事件的研究乃至对关东地震相关问题的研究。

日本也有多位学者关注关东大地震后旅日华人被杀事件，并撰写了相关文章，如仁木富美子的《关东大地震，屠杀中国人》《大地震时的中国人大屠杀——中国工人和王希天为何被杀》⑫《王希天与华工》⑬，

① 言心立：《关东大地震时对旅日华工的屠杀》，载温州市政协文史资料委员会、浙江省政协文史资料委员会编：《东瀛沉冤——日本关东大地震惨杀华工案》（浙江文史资料第57辑），浙江人民出版社1995年版。

② 陈铁健：《尘封半个世纪的五四先驱王希天》，《中共党史研究》1999年第4期。

③ 陈铁健：《日本政府掩盖大岛町和王希天血案的真相》，《浙江社会科学》2000年第5期。

④ 刘武生：《周恩来与王希天》，《纵横》2009年第7期。

⑤ 任秀珍：《为华工奋斗的英勇战士——王希天》，《社会科学战线》1981年第3期。

⑥ 任秀珍：《旅日华工领袖王希天》，《文史精华》1996年第1期。

⑦ 苏虹：《王希天被害真相》，《文史精华》1996年第1期。

⑧ 萧斌如：《东瀛遗憾——王希天烈士殉难记》，《档案与史学》1996年第4期。

⑨ 王霖：《爱国护侨的民主斗士——王希天烈士生平事略》，《党史纵横》1996年第1期。

⑩ 庄金铨、孙贵田：《爱国志士王希天》，《纵横》1996年第4期。

⑪ 长春王希天研究会编：《王希天研究文集》，长春出版社1996年版。

⑫ ［日］仁木富美子：《关东大地震，屠杀中国人》《大地震时的中国人大屠杀——中国工人和王希天为何被杀》，载温州市政协文史资料委员会、浙江省政协文史资料委员会编：《东瀛沉冤——日本关东大地震惨杀华工案》（浙江文史资料第57辑），浙江人民出版社1995年版。

⑬ ［日］仁木富美子：《王希天与华工》，载长春王希天研究会编：《王希天研究文集》，长春出版社1996年版。

田原洋的《关东大地震与王希天事件》①《拂晓的惨杀》②，斋藤秋男的《秋雨中的竹林背后》③，今井清一的《关东大地震时残杀中国人惨案真相》与《久保野茂次日记与王希天事件》④，松冈文平的《论关东大震灾后的华人虐杀事件》⑤，等等。

关于关东震灾的经验教训也为学者所关注。黄增华在《21世纪东京都的地震问题分析及其防震防灾对策思考》一文中，通过对1923年关东地震与1995年阪神地震的比较与分析，提出防震减灾建议，以期对我国的城市防震减灾有一些启示⑥。卢秀梅的硕士论文《城市防灾公园规划问题的研究》认为，地震发生在人口密集、建筑物、生命线系统日益复杂的现代化大城市，造成的损失更是无法估计，通过对关东地震、阪神地震等灾情分析后发现，公园成为城市重要的灾害隔离带，它能够起到阻止火势的蔓延、疏散避难人员、提供临时生活空间等功能，为此应该科学合理地设立"防灾公园"，从而做到"平时是公园，灾时好避难"的双重功效⑦。

从关东大地震已有的研究成果中不难看出，学者们运用相关学科理论就某个方面对关东大地震进行了较为细致的研究，研究的内容主要集中在震灾救护、受害华工交涉与灾害防护上。这其中，中国社会各界赈济关东震灾成为目前关东大地震研究中的重点，并且也取得了一些成绩，这为深入、全面研究关东震灾提供了参考和借鉴。不可否认，从现有研究成果来看，在某些具体问题上的研究比较深入，但有一些研究领域则尚未触及或尚未完全展开，无论是研究的广度或深度，都有进一步拓展与提升的必要。有鉴于此，在借鉴学术界已有研究成果的基础上，

① ［日］田原洋：《关东大地震与王希天事件》，载温州市政协文史资料委员会、浙江省政协文史资料委员会编：《东瀛沉冤——日本关东大地震惨杀华工案》（浙江文史资料第57辑），浙江人民出版社1995年版。

② ［日］田原洋：《拂晓的惨杀》，载长春王希天研究会编：《王希天纪念文集》，长春出版社1996年版。

③ 斋藤秋男：《秋雨中的竹林背后》，载温州市政协文史资料委员会、浙江省政协文史资料委员会编：《东瀛沉冤——日本关东大地震惨杀华工案》（浙江文史资料第57辑），浙江人民出版社1995年版。

④ ［日］今井清一：《关东大地震时残杀中国人惨案真相》《久保野茂次日记与王希天事件》，载长春王希天研究会编：《王希天研究文集》，长春出版社1996年版。

⑤ ［日］松冈文平：《论关东大震灾后的华人虐杀事件》，载长春王希天研究会编：《王希天研究文集》，长春出版社1996年版。

⑥ 黄增华：《21世纪东京都的地震问题分析及其防震防灾对策思考》，《地震学刊》2000年第2期。

⑦ 卢秀梅：《城市防灾公园规划问题的研究》，河北理工大学2005年硕士学位论文。

本课题利用报刊等文献资料，在结合时代背景的基础上，全面考察关东大地震发生后中国舆论、官方、民间的评论及行动，由此透视出民族主义与人道主义的内涵。

三、文献资料与研究方法

（一）文献资料

1923 年日本关东大地震爆发后，报刊竞相刊载和评论此次震灾以及救灾等相关内容。因此，报纸、杂志等资料是本选题研究的最主要、最直接的史料来源，其他相关文献则为研究提供了相应的资料补充。

1. 报纸

近代出版的报纸是研究近代历史的史料来源之一。笔者尽可能地搜集并梳理了民国时期的《申报》《民国日报》《大公报》《新闻报》《晨报》《时报》《苏州晨报》《（长沙）大公报》《中华新报》《盛京时报》《时言报》《实事白话报》《新黎里报》《新周庄报》《努力周报》《广州民国日报》等诸多报纸，试图从中了解灾情灾况、舆论评论以及赈灾情形，以期还原历史的本来面貌。

2. 杂志

各类期刊里也有丰富的史料，如《东方杂志》《五九》《孤军》《共进》《史地学报》《少年中国》《太平洋》《矿业杂志》《学艺》《学生文艺丛刊》《新民国杂志》《向导》《中外经济周刊》《商学季刊》《来复》《进德季刊》《矿冶》《浙江兵事杂志》《银行周报》《新农业季刊》《华年》等，都或多或少载有关东震灾的信息。

此外，民间慈善组织所发行的刊物、材料中也有关东震灾方面的资料，如中国红十字会的《中国红十字会月刊》，中国华洋义赈会的《救灾会刊》与《赈务报告书》等。

3. 其他文献

其他相关文献为本选题的研究提供了相应的资料补充，如《游日同人筹赈会征信录》《上海总商会议事录》《政府公报》《外交公报》《湖北省志》《吉林文史资料》《天津文史资料选辑》《苏州史志资料选辑》《中华民国史史料外编（中文部分）——前日本末次研究所情报资料》《中华民国史史料长编》《中日关系史料——排日问题》《中国红十字会历史资料选编，1904—1949》《中华民国外交史资料选编，1919—1931》《（民国）大事史料长编》《王希天档案史料选编》《中华民国史档案资料汇编：第三辑（民众运动）》，等等。

（二）研究方法

本课题主要采用历史实证的方法，以大量报刊、相关文献等原始资料为依据，努力做到论从史出。在探究关东地震灾况时，笔者尝试使用计量分析法，以增强说服力与清晰度；在论述报刊舆论、官方、民间三个层面对日灾的响应时，尝试运用比较法来综合加以考察。全书则采用整体考察与个案分析相结合的研究思路，剖析中国各界与日本震灾的互动关系，这样既有"面"的广度，又有"点"的深度。

四、基本框架

全书由绪论、正文、余论等部分组成，其中正文共分五章。

绪论部分主要是介绍了本选题的基本情况，包括选题缘由、研究综述、文献资料、研究方法等方面。

第一章概述了关东大地震的灾况、特征及救护。关东大地震带来的损害，无论是人员伤亡，还是财产损失，都称得上是空前所未有。大火、海啸、山崩等次生灾害是导致惨况的主因。震灾发生后，日本当局积极应对，国际社会也奉献爱心，给予日本必要的援助。

第二章论述了中国的报刊舆论对日灾的评析与反思。中国民众首先从《申报》等报纸上得知日本关东地震的消息。对于灾情灾况，报刊发表了大量社论予以评析，既有灾情分析的、又有原因探寻的，其评析的范围涉及多个方面。将日灾与中国现实联系起来，从而引发了报刊舆论的深刻反思。反思的内容不仅有抨击时弊的，也有从中看到中国发展机会之所在，反思内容广泛。

第三章阐述了中国官方对日灾的响应。上自民国北京政府，下至各省军民长官，对日灾抱以同情的态度。不仅在言语上表示慰问，官方还纷纷慷慨解囊赈救日本灾区。此外，还组织各种筹赈日灾会、举办游园会为日灾募集善款。在赈灾的过程中，北京政府议决开弛米禁、征收海关常关附加税，打着赈日的幌子敛财，两项决议一经公布便遭到社会各界的强烈反对与抵制。

第四章分析了中国民间对日灾的赈济。1923 年，中日首先在撤废"二十一条"及收回旅顺、大连等问题上尖锐对立，并由此引发了中国民间各界轰轰烈烈的抵制日货、对日实行经济绝交等民众运动。随后，长沙"六一惨案"的发生为中日民族冲突起到了推波助澜的作用。在此环境下，受外交关系、民族矛盾、价值观念等多重因素的制约，民间抵日情绪异常浓烈。但即便如此，民间各界最终还是秉承救灾恤邻的古训，一致积极、热烈地赈济日灾。民间赈济日灾以捐款、捐物、助医为主要内容，其中多地发起、成立的救护日灾团体，则是赈济日灾的重要施行者；一些常设性救灾机构，也积极参与日本灾后赈济。

第五章为个案研究，细致地探讨了中国红十字会亲赴日本灾区的救护历程。中国红十字会救护日灾主要是派遣医护队赴日援救，疗治伤病灾民，遣送灾侨归籍，取得了良好的救护效果与社会声誉。

余论部分指出，在中日民族矛盾激化的背景下，面对日本关东震灾，中国人民既维护国家的正当利权，同时又饱含着浓浓的人道情怀，折射出中华民族理性、包容的道德情操与扶危济困的人道精神。

总之，本书的基本结构从横向面来看，由整体分析与个案考察组成。从纵向面来看，主要分为三部分：其一，中国报刊舆论的响应；其二，中国官方的响应；其三，中国民间的响应。

第一章 "至惨之巨灾":
1923 年日本关东大地震概述

　　日本，亚洲东部岛国，西隔东海、黄海、朝鲜海峡、日本海同中国、朝鲜、韩国、俄罗斯相望，东临太平洋。其领土由本州、北海道、九州、四国这 4 个大岛和 3900 多个小岛组成，面积 37.78 万平方公里。

　　日本位于太平洋西岸火山地震带，多火山，地震频繁①。全境共有火山 200 多座，平均每天发生地震约 4 次，有"地震国"之称。在日本历史上，曾发生过两千多次大地震。日本东京附近，平均每 3 天就会发生一次有感地震，无感地震更是数不胜数②。

　　关东地区位于日本本州岛中东部，总面积约 3 万平方公里，日本重要的工业区——京滨工业区就在关东地区。这里人口稠密、工业发达、经济繁荣，是日本政治、经济、文化中心。1923 年（大正 12 年）9 月 1 日中午 11 时 58 分，关东地区突发强烈地震，地震在关东地区的相模湾内，距离横滨 60 多公里，距东京 90 多公里；地震强度为里氏 8.2 级，史称"关东大地震"。此次地震波及关东一府六县和山梨、静冈地区，其中东京市、神奈川县和千叶县南部受害尤其严重。地震震毁 12 万户，烧毁 45 万户，死亡及下落不明者达 14 万人③。地震造成东京城内 85%、横滨 96% 的建筑物不复存在；使日本 1/20 的财富化为灰烬，财产损失高达 28 亿美元（现值 300 亿美元以上）。其中，人口稠密的东京地区伤亡惨重，死亡 7 万余人，其中烧死的占 80%，淹死的占 15.7%，被建筑物压死的占 4.3%④。

　　本章将主要考察关东大地震带来的损害状况，探究此次地震灾况的特征，并简析震灾发生后的救护举措。

---

① 《辞海》（中），上海辞书出版社 1999 年版，第 3881—3882 页。

② 吴正清编著：《大灾难》，新世界出版社 2011 年版，第 228 页。

③ ［日］竹内理三等编：《日本历史辞典》，沈仁安等译，天津人民出版社 1988 年版，第 393 页。

④ 李原、黄资慧编著：《20 世纪灾祸志》，福建教育出版社 1992 年版，第 27 页。

第一节 地震的损害分析

灾难的发生，紧随其后的往往是人员伤亡与财产损失，关东大地震也不例外。关东大地震是 20 世纪地震史上"三大毁灭性地震"之一，同时又是最大地震火灾，经济财富损失最惨重的灾难性大地震[①]。此次地震及其衍生的次生灾害，造成的遇难人数超过日俄战争的死亡人数。

一、伤亡的人数

据日本临时赈灾救护事务调查局调查，东京府、神奈川县、千叶县、埼玉县、静冈县、山梨县、茨城县等一府六县，此次震灾中死亡总人数逾 10 万、下落不明者近 4 万人，考虑到失踪者生还可能性较小，两组数字累计起来损失人数高达 14 万之众，可谓人员伤亡极大。与其他受灾地相比，不论是死亡人数、下落不明者，还是受伤者，东京地区都高居榜首，紧随其后的是神奈川县，其中横滨市是该县的重灾区。这两地伤亡人数都迈进万人大关[②]。从表 1-1 中可知一府六县人员伤亡具体情况。

表 1-1 关东地震中一府六县人员伤亡情况简表

府县	推算人口（千人）	死者（人）	伤者（人）	下落不明（人）	其他（千人）	合计（千人）
东京府	4035	68184	44030	34873	1387	1534
神奈川县	1379	29412	54223	3828	868	955
千叶县	1347	1345	2784	13	106	110
埼玉县	1355	228	512	—	47	48
静冈县	602	20	116	—	14	14
山梨县	697	275	1243	68	72	73
茨城县	1399	10	54		2	2
合计	10814	99474	102962	38782	2496	2736

资料来源：［日］山田国雄：《関東大震災 69 年》，每日新聞社 1992 年 10 月 2 日发行，第 154 页。东京府、静冈县的推算人口是除去没有受灾城市的人数进行计算的。

如果说表 1-1 的伤亡数字是整体、宏观上的一种归纳，那么下表则是以东京府为个案，详细地对该地区的所属区域进行统计，清晰、明了，让人一目了然（详见下页表 1-2）。

---

① 江华：《危及人类的 100 场大灾难》，武汉出版社 2011 年版，第 7 页。

② ［日］山田国雄：《関東大震災 69 年》，每日新聞社 1992 年 10 月 2 日发行，第 154 页。

表 1-2 东京府罹灾人数表

单位：人

区域	东京市部（东京市）														东京郡部									
	神田区	日本桥区	京桥区	芝区	麻布区	赤坂区	四谷区	牛込区	小石川区	本乡区	下谷区	浅草区	本所区	深川区	八王子市	荏原郡	丰多摩郡	北丰岛郡	南足立郡	南葛饰郡	大岛郡	西多摩郡	南多摩郡	北多摩郡
总数	65500	127000	136800	190400	93300	62700	68400	148900	170800	131200	186100	247500	281000	194200	44300	292500	347300	481300	62800	238100	19400	90600	81700	111400
死亡	201	535	465	362	74	80	4	54	112	86	440	3085	50071	10714	3	118	59	626	89	150	7	—	21	8
伤者	6949	1845	740	5349	166	95	65	1166	557	73	3130	4349	9437	7174	9	163	184	1674	218	416	7	4	41	27
下落不明	350	421	1725	107	6	1	3	35	218	29	329	5890	8537	15051	—	5	3	589	9	24	—	—	3	4
罹灾者总数	39588	116111	123203	79017	3806	14153	6085	4199	5027	32826	131120	241683	252000	172725	245	22205	5631	95400	12877	52871	475	39	9559	1282

资料来源：[日] 山田国雄：《关东大震灾 69 年》，每日新闻社 1992 年 10 月 2 日发行，第 155 页。人口总数是 9 月 1 日的推算调查结果。

从上表不难归纳出，东京府死亡人数总计 68184 人、下落不明者 34873 人、伤者 44030 人。其中，东京市部的死、伤人数均远远高于郡部，前者死、伤总计为分别为 67106 人、41296 人；后者则为 1078 人、2734 人①。在东京市各区中，本所、深川、浅草、日本桥、神田等区伤亡最重，究其原因，这既与此次灾害强度有关，同时市区人口过于密集，也是造成人员大量伤亡的重要因素。

二、损失的财产

此次灾害不仅造成大量人员伤亡，还使日本 1/20 的财产化为灰烬。根据《大正事件大辞典》的记载，我们可以大致了解到灾区各地财产损失情况（详见表 1-3）。

表 1-3　关东大地震财产损失统计表

地区	家屋 （千日元）	家财 （千日元）	商品 （千日元）	合计 （千日元）
东京市	3831150	957787	2000000	6788937
东京府	689132	86141	5000	780273
横滨市	467550	116887	200000	784437
横须贺市	47223	11805	3000	62028
神奈川县	142586	35646	3000	181232
埼玉县	85866	8586	2000	96452
山梨县	22360	2236	1000	25596
千叶县	59179	5917	2000	67096
合计	5345046	1225005	2216000	8787421 *

资料来源：〔日〕山田国雄：《関东大震災 69 年》，每日新闻社 1992 年 10 月 2 日发行，第 157 页。在有 * 标记的计算中，公有物品和其他损失额共 137 万日元。

上表中损坏的家屋一项共约值 5345046 千日元、家财损失 1225005 千日元、商品损失 2216000 千日元，三项合计近百亿日元②。在受损的地区方面，东京与横滨市仍旧是财产损失的重灾区。从损失内容来看，家屋毁坏最为严重，其损失额近占总损失额的七成。对于财产损失中的"主角"家屋，临时赈灾救护事务调查局也做过调查、统计（可见表 1-4）。

---

① 〔日〕山田国雄：《関东大震災 69 年》，每日新闻社 1992 年 10 月 2 日发行，第 155 页。
② 〔日〕山田国雄：《関东大震災 69 年》，每日新闻社 1992 年 10 月 2 日发行，第 157 页。

表1-4　家屋受灾状况表　　　　　　　　单位：户

府县	东京府	神奈川县	千叶县	埼玉县	静冈县	山梨县	茨城县	合计
户数	827000	274300	262600	244900	117000	127400	269700	2122900
全坏	16481	66853	14385	4853	588	2297	130	105587
半坏	23246	61521	7525	3880	2250	10219	331	108972
全烧	310371	65029	449	—	—	5	—	375854
半烧	758	19	—	—	—	—	—	777
合计	350856	193849＊	22359	8733	2838	13182＊	461	592278＊

资料来源：［日］山田国雄：《関東大震災69年》，每日新聞社1992年10月2日发行，第154页。＊中包含被冲走的房屋。表中东京府、静冈县的户数是除去没有受灾城市进行计算的。

由表1-4可知，一府六县中完全被震毁的家屋105587户、半毁家屋108972户；被大火完全焚毁家屋375854户、半烧毁的家屋有777户[1]。总之，毁坏或受损家务总计约60万户。其中，东京府完全毁坏或受损户数约占该地总户的42%，相比之下，神奈川县这一数字则高达71%。大量家屋的损坏，致使灾民流离失所，困苦不堪。

总之，无论是人员伤亡，还是财产损失，此次地震灾害造成的后果都是空前的。

第二节　灾况的特征探究

此次灾害中，余震频率高、强度大、持续时间长，火灾并发且造成重大人员伤亡与财产损失，海啸、山崩等次生灾害接踵而至，助"震"为虐。这些既是此次灾情的特点，又是导致惨况的主因。

一、余震频率高、持续时间长

余震频发、持续时间长，是此次灾害的突出特征之一。仅就东京地区而言，从9月1日到11月30日，三个月时间里余震就高达千余次。该地每日余震次数详见表1-5、表1-6、表1-7：

---

① ［日］山田国雄：《関東大震災69年》，每日新聞社1992年10月2日发行，第154页。

表 1-5　东京地区每日余震回数表（1923 年 9 月 1 日至 9 月 30 日）

时间	回数	时间	回数	时间	回数	时间	回数	时间	回数
9 月 1 日	356	9 月 7 日	43	9 月 13 日	15	9 月 19 日	5	9 月 25 日	6
9 月 2 日	289	9 月 8 日	36	9 月 14 日	11	9 月 20 日	6	9 月 26 日	8
9 月 3 日	173	9 月 9 日	30	9 月 15 日	6	9 月 21 日	4	9 月 27 日	1
9 月 4 日	143	9 月 10 日	19	9 月 16 日	5	9 月 22 日	4	9 月 28 日	3
9 月 5 日	63	9 月 11 日	17	9 月 17 日	7	9 月 23 日	—	9 月 29 日	2
9 月 6 日	45	9 月 12 日	12	9 月 18 日	2	9 月 24 日	2	9 月 30 日	3

资料来源：［日］山田国雄：《関東大震災 69 年》，每日新聞社 1992 年 10 月 2 日发行，第 154 页。

表 1-6　东京地区每日余震回数表（1923 年 10 月 1 日至 10 月 31 日）

时间	回数	时间	回数	时间	回数	时间	回数
10 月 1 日	10	10 月 9 日	4	10 月 17 日	1	10 月 25 日	1
10 月 2 日	1	10 月 10 日	—	10 月 18 日	—	10 月 26 日	2
10 月 3 日	4	10 月 11 日	—	10 月 19 日	4	10 月 27 日	1
10 月 4 日	1	10 月 12 日	1	10 月 20 日	2	10 月 28 日	1
10 月 5 日	3	10 月 13 日	2	10 月 21 日	4	10 月 29 日	3
10 月 6 日	1	10 月 14 日	7	10 月 22 日	1	10 月 30 日	—
10 月 7 日	4	10 月 15 日	1	10 月 23 日	3	10 月 31 日	1
10 月 8 日	1	10 月 16 日	1	10 月 24 日	1		

资料来源：［日］山田国雄：《関東大震災 69 年》，每日新聞社 1992 年 10 月 2 日发行，第 154 页。

表 1-7　东京地区每日余震回数表（1923 年 11 月 1 日至 11 月 30 日）

时间	回数	时间	回数	时间	回数	时间	回数	时间	回数
11 月 1 日	3	11 月 7 日	3	11 月 13 日	1	11 月 19 日	4	11 月 25 日	1
11 月 2 日	4	11 月 8 日	—	11 月 14 日	—	11 月 20 日	3	11 月 26 日	1
11 月 3 日	—	11 月 9 日	1	11 月 15 日	—	11 月 21 日	1	11 月 27 日	1

时间	回数	时间	回数	时间	回数	时间	回数	时间	回数
11 月 4 日	—	11 月 10 日	1	11 月 16 日	2	11 月 22 日	4	11 月 28 日	4
11 月 5 日	4	11 月 11 日	1	11 月 17 日	—	11 月 23 日	2	11 月 29 日	1
11 月 6 日	3	11 月 12 日	1	11 月 18 日	2	11 月 24 日	—	11 月 30 日	1

资料来源：［日］山田国雄：《関東大震災 69 年》，每日新聞社 1992 年 10 月 2 日发行，第 154 页。

由上面三表统计可知，东京 9 月份余震次数合计为 1316 次、10 月份为 66 次、11 月份为 49 次，三个月余震次数共计 1431 次[1]，平均每天余震次数近 16 次，仅就这点而言可知震区的受灾惨烈程度。

三个月时间内，东京地区几乎是天天有余震，往往是一日数震、甚至是"百震"。其中关东地震后的二周内为余震密集期，自 9 月 1 日至 14 日，余震次数合计 1252 次，占 9 月份余震总次数的 95.1%、占三个月余震总次数的 87.5%。如此高密度的余震，严重威胁灾区民众的生命、财产安全，更加重了救灾的风险与难度。

10 月、11 月余震次数较 9 月份明显"回落"，但对灾民的情绪有一定的影响，毕竟此时众人早已是"惊弓之鸟"。

二、次生灾害并发、破坏力大

由于地震发生时正值烧火做饭的中午，加上当时的房屋多为木结构，因此倒塌后立即着火。地震致使煤气泄漏，遇火即燃；供水管道破裂，消防设施损坏而无法及时施救；街道拥挤与堵塞，等等。这些因素汇聚在一起，加速了火灾的蔓延且无法控制，使得东京等地变成一片火海。

机关、学校、报馆、商行、居民房屋、外国驻东京使馆等建筑荡然无存，甚至连皇宫也被大火烧去一部分。东京"南北三十九町，东西亘三里，全市二分之一，为火灾全毁，呈惨淡之光景，火至三日午前八时始熄"[2]。根据日本陆军测量部的调查，我们可知东京各区被焚的情况（详见表 1-8）。

---

① ［日］山田国雄：《関東大震災 69 年》，每日新聞社 1992 年 10 月 2 日发行，第 154 页。
② 《日本大地震损害纪（三）》，《申报》1923 年 9 月 5 日。

表1-8 东京市各区被焚情况表

区分	全面积（方里）	烧失面积（方里）	烧失率（%）
麹町区	0.537	0.124	23
神田区	0.201	0.189	94
日本桥区	0.202	0.202	100
京桥区	0.331	0.304	91
芝区	0.558	0.159	28
赤坂区	0.279	0.021	7
麻布区	0.278	—	—
四谷区	0.210	0.004	1
牛込区	0.338	0.001	—
小石川区	0.393	0.017	4
本乡区	0.316	0.057	18
下谷区	0.327	0.159	48
浅草区	0.342	0.328	95
本所区	0.424	0.403	95
深川区	0.534	0.457	85
合计	5.267	2.425	46

资料来源：［日］山田国雄：《関東大震災69年》，每日新闻社1992年10月2日发行，第155页。

从上表可以看出，本所、深川、神田、日本桥、京桥和浅草受灾最重，几乎化为乌有，烧毁面积占东京15区总面积的35.8%；麹町、本乡、赤坂、芝、小石川、下谷等区受灾较大，约占总面积的10%；受灾程度低的只有三个区[1]。可以说整个东京市区的精华尽失。由此可见，东京火灾的惨烈程度。

不仅东京各区火灾严重，横滨也未能幸免。作为日本重要港口城市和工商业集中地，横滨全市已成焦土，不毁于地震即毁于大火[2]。横滨工商业损失极为惨重，几乎被焚毁殆尽。横滨为丝业出口中心地，因此劫难，丝业出口集散地甚至"拟移至名古屋"[3]。从美国商务参赞安立德的调查中，我们可以了解到横滨工商业的受损状况（详见表1-9）。

---

① ［日］山田国雄：《関東大震災69年》，每日新闻社1992年10月2日发行，第155页。
② 《一周间国外大事纪略》，《申报》1923年9月9日。
③ 《一周间国外大事纪略》，《申报》1923年9月16日。

表 1-9　横滨工商业受损情况表

类别	银行	丝业	商业公司	运输公司	栈房公司	造船厂	纺织公司	化学品及药品	火险公司	人寿险公司	总计
灾前	40	28	44	108	18	8	56	21	8	2	326
焚毁	38	27	44	101	9	5	56	19	8	2	309
尚存	2	1	0	7	2	3	0	2	0	0	17

资料来源：《日本震灾损失之推算与调查》，《（长沙）大公报》1923 年 11 月 28 日。

地震引发的大火不仅烧毁地面建筑，还造成大量人员伤亡。具有代表性的例子是，地震发生后大量灾民逃往陆军被服厂避难。不久，火势蔓延到该处，被烧死或窒息而死者约有 38000 人[1]，灾难现场惨不忍睹。

1923 年 12 月份完成的一份"东京死亡分类表"，可以让我们更好地了解到地震中被大火焚死或溺水死亡的情况。地震发生后，东京被烧（压）死、溺死的就有 6 万多人，其中无法辨别性别的遇难者就有 42132 人[2]，毫无疑问其中大多为火烧所致（详见下页表 1-10）。

地震诱发的海啸和山崩也造成了巨大的损害。芝、本所、深川、浅草等地，"为数次之大海啸所洗"[3]。"箱根等地有好几处山崩，沿海又有重大的海啸；所有灾区的房屋，几乎不被震倒，即被烧毁及海潮卷去"[4]。

亲赴灾区调查灾情的西安红十字分会会长杨鹤庆在其《日本大震灾实记》一书中记述道：热海地震爆发时，掀起二丈余高的海啸，冲失 300 户，倒坏 60 余户，死伤百余人。"铁桥下附近居民百二十余户，三百五十人，被土砂埋没，不见片影。根府川驿火车乘客百五十人，颠覆海中，仅机关车沉下，反转可见，客车粉碎，漂流浪间，几无踪迹"[5]。

综而观之，关东地区的损害状况，无论是其受灾规模，还是破坏程度都令世人震惊。强烈的地震、猛烈的火势、狂涛的海啸，尸骸满街、残垣断壁，惊恐与无助，哀号与哭泣。这些惨烈的画面随后被切换成大小不一的铅字，9 月 2 日出现在上海的《申报》《时报》《民国日报》等报刊的醒目位置上。

---

① ［日］吉村昭：《関東大震災》，文藝春秋 1977 年版，第 71 页。
② ［日］山田国雄：《関東大震災 69 年》，每日新闻社 1992 年 10 月 2 日发行，第 156 页。
③ 《日本大地震损害纪（二）》，《申报》1923 年 9 月 4 日。
④ 张梓生：《日本大地震记》，《东方杂志》第 20 卷第 16 号（1923 年 8 月 25 日）。
⑤ 杨鹤庆：《日本大震灾实记》，中国红十字会西安分会发行（1923 年 11 月），第19 页。

民族主义与人道主义

表1-10 东京地区因灾死亡类别表

单位：人

区分 死亡类别		麹町区	神田区	日本桥区	京桥区	芝区	麻布区	赤坂区	四谷区	牛込区	小石川区	本乡区	下谷区	浅草区	本所区	深川区	船户	郡部	合计
烧(压)死	男	71	357	144	164	162	13	27	2	19	164	30	114	369	3737	671	—	787	6831
	女	33	391	104	98	81	22	49	2	34	52	15	83	715	3045	607	—	1059	6390
	性别不详	—	96	42	36	23	—	—	—	—	—	10	5	1242	40134	527	17	—	42132
溺死	男	—	3	29	6	3	—	—	—	—	—	—	—	52	666	468	1104	—	2331
	女	—	1	27	2	1	—	—	—	—	—	—	—	148	811	484	1262	—	2736
合计		104	848	346	306	270	35	76	4	53	216	55	202	2526	48393	2757	2383	1846	61420

资料来源：[日] 山田国雄：《关东大震灾69年》，每日新闻社1992年10月2日发行，第156页。

第三节　震灾的救护举措[1]

面对惨烈的地震灾情，日本当局及时协调各方力量，采取多种救灾措施；与此同时，国际社会也给予日本必要的援助和救护。有关救灾方面的情况，《申报》进行了连续、大量的报道。

一、日本的自救措施

（一）成立救灾机构

9月2日，内阁决议设置临时震灾救护事务局，专管震灾被害救护事务。临时震灾救护事务局由总裁、副总裁、参与、委员、事务官、书记等组成，总裁由内阁总理自任，副总裁由内务大臣担任，参与为内务、大藏、陆海军、递信、农商务、铁道各省之次官及社会局长、警视总监、东京府知事、东京市长[2]。由此可知，临时震灾救护事务局是由首相掌管、各部门共同参与的一个震灾救护专门机构，统筹领导灾后救援工作。

临时震灾救护事务局成立后，在灾区救护资金预算、赈款的筹集与使用、米粮的管理、灾民的安抚、鳏寡孤残等弱势群体的赡养、公共福利设施的建设等方面发挥了巨大的作用。

（二）灾区戒严，维护社会稳定

关东地震后，一些不法分子乘机滋事，抢劫、强奸、仇杀等暴力事件时有发生，加上朝鲜人、社会主义者"投毒""放火"的谣言，使得人心惶惶。为保障灾区的正常秩序，9月2日内阁发布戒严令，戒严区域为东京市、荏原郡、丰多摩郡、北丰岛郡、南足立郡、南葛西郡[3]，并在陆军省内设置戒严司令部，管辖区域为东京府及神奈川县，司令为福田雅太郎[4]。同日，东京、横滨先后宣布戒严，由陆军、警察等维持治安。5日，决定戒严区域扩展至千叶县和琦玉县。同时，东京自晚九时起，绝对禁止一般通行[5]。

---

① 本节内容参见池子华、代华：《1923年日本关东大地震及其援救——以〈申报〉报道的内容为主要依据》，《安徽师范大学学报》（人文社会科学版）2011年第4期。

② 林骙：《日灾的观察》，《东方杂志》第20卷第21号。

③ 《日本大地震损害纪（二）》，《申报》1923年9月4日。

④ 《日本大地震损害纪（三）》，《申报》1923年9月5日。

⑤ 《日本大地震损害纪（五）》，《申报》1923年9月7日。

地震发生后，人们纷纷入京探寻亲友或从事其他活动，考虑到地震灾区的实际情况，东京市戒严令规定："凡未携带食粮者，均禁止入市。"① 不久，鉴于东京日趋险恶的混乱形势，"至三日午前零时，又将戒严令改正，不论携带食品与否，无论何人，绝对禁止入市"②。5日，又公布新的入城条件：（一）带公务者，（二）自携带食粮品者，（三）东京市内有家族，必须归宅者，如不经官厅之审查，概绝对禁止入市③。在戒严令和军警的共同作用下，东京等地的"秩序亦日渐恢复"④。

震后各地谣言四起，为肃清流言，安定民心，6日内阁发布取缔谣言令，"苟以煽动骚扰，暴行危害生命财产，扰乱治安为目的，而散放谣言者，处十年以下之徒刑，或三千元以下之罚金"⑤。另外，政府还发行震灾汇报，宣传震灾真相，"以防人心之动摇"⑥。

（三）征集物资，安置灾民

灾民安置妥当与否，关系到他们的生命安全和社会稳定。在各地支援灾区的同时，日本政府于9月2日颁布紧急征取令，规定"征取粮食、建筑材料、医药品、车辆等运输器及人工，并命各县知事发表征取令，违令者须处以三千元以下之罚金，或三年以下之徒刑，所给物价以年来平均市价为率"⑦。

（1）粮食方面。粮食的来源则向大阪、神户、名古屋等地征集，如农商务大臣致电大阪食粮局，请其"务须于三日以内，将神户大阪存米五十万石，急送横滨"。政府还"特派军舰商船，向东北大阪名古屋各地征收食料"⑧。东京市粮食分配权"集中于戒严司令部之手，经各区当局分给难民"⑨。粮食分配方针是：一、灾民之无产者，给与糙米及白米，不收费；二、灾民之有产者，每户每日准购二升五合，价格为白米四角半、糙米四角⑩。

（2）住宿方面。学校、剧院、寺院、兵营等场所被征发或主动提供

① 《日本大地震损害纪》，《申报》1923年9月3日。
② 《日本大地震损害纪（二）》，《申报》1923年9月4日。
③ 《日本大地震损害纪（四）》，《申报》1923年9月6日。
④ 《日本大地震损害纪（九）》，《申报》1923年9月11日。
⑤ 《日本大地震损害纪（六）》，《申报》1923年9月8日。
⑥ 《日本震灾概况（续）》，《申报》1923年10月19日。
⑦ 《日本地震大火灾二记》，《申报》1923年9月4日。
⑧ 《日本大地震损害纪（二）》，《申报》1923年9月4日。
⑨ 《日本大地震损害纪（七）》，《申报》1923年9月9日。
⑩ 《日本大地震损害纪（十）》，《申报》1923年9月12日。

给灾民临时居住。东京"所有各学校各寺院等，收容十余万"①灾民。
14日东方社大阪报道，"增上寺、浅草寺、宽永寺等共二百七十三寺，
收容灾民共一万八千人，其中增上一寺所收容者有八千人"②。大阪各
"剧场、寺院、兵营等皆收容此等难民，若犹不足，拟再急造假屋"，并
且还"将开放府下之中小学校，收容避难学生授业"③。同时，海陆军的
帐篷也被用于安置难民。政府还架设临时屋棚，以蔽风雨。截止到16
日，政府所征集的木材"已达十六万石，合捐输之木材计，达三十二万
石"，"制铁所之锌板一千一百吨，已运入芝浦港，充建筑假屋用"④。
大批建房材料或被用来搭盖临时板房以供灾民使用，或提供给灾民让其
自建。日本天皇还命令从御林采集木材，赐予东京及各县灾地，用于建
造棚屋⑤。

（3）其他方面。气候渐凉，难民衣服尚缺，政府号召民众捐献衣
被。大阪府救护部拟送单衣五万件，因裁缝过少，难以短时间内缝制完
成，于是对全体女学生下总动员令："凡府市私立高等女学校、各等职
业学校、裁缝女学校生徒四千名，从十一日起，于十日以内，必须全体
竣事。"⑥因灾伤亡的难民也被妥善安置，受伤灾民由各府县救护班负责
医治，各处建筑物充当病院。日本赤十字社、济生会等社团也积极诊治
伤病人员。对于遇难者，由警察厅督率夫役，收拾尸骸，建立临时火葬
场，集中焚烧，以避免疫情的发生。对欲前往别处避难的灾民，政府征
集车辆船只免费运送。铁道省声明："不必买票，可搭乘火车赴全国各
地。"⑦大阪商船公司规定："灾民搭船者，有官厅证明，由日本各港一
概免费。"⑧此举对缓解灾区救助压力与灾后重建，都有一定的积极
意义。

（四）对灾区金融的监督与管理

震后灾区的必需品供求紧张，为防止营业者乘机垄断或操纵物价，
日本政府颁布取缔暴利令，涉及物品包括：一，食料品；二，炊餐具及
食器；三，薪炭、油及其他燃料，及照明用品；四，船车与其他运搬

---

① 《日本大地震损害纪（九）》，《申报》1923年9月11日。
② 《日本大地震损害纪（十三）》，《申报》1923年9月15日。
③ 《日本大地震损害纪（七）》，《申报》1923年9月9日。
④ 《日本大地震损害纪（十六）》，《申报》1923年9月18日。
⑤ 《日本大地震损害纪（四）》，《申报》1923年9月6日。
⑥ 《日本大地震损害纪（十一）》，《申报》1923年9月13日。
⑦ 《日本大地震损害纪（四）》，《申报》1923年9月6日。
⑧ 《日本大地震损害纪（五）》，《申报》1923年9月7日。

具，及其使用之消耗品；五，建筑材料（含筵席及各种家具）；六，药品及其他卫生材料；七，棉毛、棉毛丝、棉毛布及其制品；八，纸；九，捆包用材料；十，履物雨具及扫除用品；十一，笔墨及其他文房具①。对"以得暴利为目的，囤买必需品，或居奇不卖，或以不当之价格，从事贩卖者，处三年以下之徒刑，或三千元以下之罚金"②。

暴利取缔令具有两面性：一方面效果显著，"自峻严之暴利取缔令公布以来，一时回涨甚劲之特种品，行情顿呈疲软之状，金属类如亚铅铁板等，因东京一带建设临时居住，约需二万吨，一方适用征发令，一方暴利令之束缚，七日平板跌去一元五角，比灾后高价实暴跌十一元，其他木材亦站定未动，砂糖则小去一元，足证取缔令之功效"③。另一方面，加剧财政界的不安。横滨"商品则受震灾与暴利取缔令之影响，而现衰颓"④。

地震后，考虑到灾区各种款项支付与偿还的实际情况，6日，日皇颁发支付延期令，即"关于私法上金钱债务之支付延期，及票据等权利保存行为之延长"，其主要内容如下：

第一条，1923年9月1日前"所发行之票据，至是月三十日，应行支付私法上之金钱债务"，如果债务者的住所及营业所在东京、神奈川县、静冈县、琦玉县、千叶县及受震灾影响的区域，或"经敕令认为经济上不安之区域者，其支付期间，得延长三十日"，如果债务者的营业所在受灾区域以外，则不在此限。

第二条，以下支付不采用上述规定：（一）国府县及其他公共团体的债务支付，（二）薪水与工资的支付，（三）每日从银行支取百元以内的存款。

第三条，"票据，其他关于邮便存款"，从1923年9月1日起到9月30日止，享有第一条规定区域内的权利，"而于其应行报告之时，在三十日以内行之者，仍生效力"⑤。

据此可以得知，支付延期令是一种延长债务支付时间的临时经济措施，协调债权人与债主之间的关系，其实质是稳定金融，维护金融秩

---

① 林骙：《日灾的观察》，《东方杂志》第20卷第21号。
② 《日本大地震损害纪（六）》，《申报》1923年9月8日。
③ 《日本大地震损害纪（七）》，《申报》1923年9月9日。
④ 《日本大地震损害纪（九）》，《申报》1923年9月11日。
⑤ 《日本大地震损害纪（六）》，《申报》1923年9月8日。

序。在各银行相继恢复营业和灾区局面稳定后，支付延期令在9月底被废止①。

另外，政府还减免灾区税款与生活必需品的进口税等，"凡灾区内之人民得按其损失之轻重，免蠲或减轻本年之所得税营业税，其他国税，准展缓缴付。建筑材料及日用必需品之入口税，暂时蠲免，或加减轻"②。减免税收的政策取得了较好的效果。

日本政府的救灾举措收到了一定的成效，赢得了赞誉。《西方观察报》称："日本收拾劫后之局面，其勇气与毅力至可钦佩，设一西方国家遇此，其能否于仓促之际，镇定紊乱，如日人之神速，正未易言。"③不过，救灾过程中也暴露出一些问题，如地震一周后"东京无家可归之数十万灾民，于本乡、牛込、麻布等彷徨以求安全地带，过一日且算一日"；物价的高昂加剧了灾区民众的苦楚，"日政府所发之暴利取缔令，亦只有名无实，物价暴腾"④；一些暴徒趁灾起事，虐杀在日朝鲜人与我国旅日侨胞等。

二、国际社会的响应

日本地震发生后，国际社会通过不同方式向日本表达慰问或给予援助，《申报》也都给予了密切的关注。如美国总统柯立芝号召国人捐助日本赈灾经费，并训令太平洋及远东海陆军尽力扶助日本；同时饬令航运部派船赴横滨，于需要时移送灾民⑤。据统计，此次救济日灾美国红十字会用去美金千万元，海军300万元，陆军600万元（其中400万元用于购置衣服，发给20万灾民⑥）。

法国与意大利致电日本政府表示慰问，同时还通过降半旗、游戏场所停止营业一天的方式以示同情和哀悼⑦；澳大利亚政府除拨款赈济日灾外，还将建筑材料及防疫药品运往日本；奥地利政府则打算派遣医士、工程技师、建筑家等，帮助日本恢复工程建设；在英国，由伦敦市长发起的日灾筹赈会，到11日已募集赈款近10万镑⑧；苏联政府也决

---

① 《日本灾后兴复记（三）》，《申报》1923年9月26日。
② 《日本地震大灾十三志》，《申报》1923年9月15日。
③ 《日本大灾善后记》，《申报》1923年9月17日。
④ 《日本大地震损害纪（九）》，《申报》1923年9月11日。
⑤ 《日本大灾后各国之救助》，《申报》1923年9月5日。
⑥ 《美国赈日事务之结束》，《申报》1923年10月27日。
⑦ 《各国赈救日灾》，《申报》1923年9月8日。
⑧ 《日灾后各国之赈捐》，《申报》1923年9月13日。

定其在太平洋的船只装载物资赴日赈济，并"劝人民勿赴游戏场或招待会，藉以表示恤邻之同情"①。

国际社会对日灾的同情和援助，使日本人民深受感动，其中中国社会各界对日灾的援助尤其引人瞩目。20 世纪 20 年代初期，日本侵略中国的野心日趋膨胀，制造了一系列暴力事件和惨案，造成了中日民族矛盾逐步升级。面对国耻家仇，中国人民掀起了三次反日、抵日运动的浪潮。就在关东大地震发生前数月，中日双方在废除"二十一条"、归还旅顺与大连等事件的交涉上冲突频起，长沙等地又出现了日军枪杀我国民众的流血惨案，中国多地发起了声势浩大的对日运动。在此背景下，当日本大地震的消息传入中国后，虽然舆论反应不尽相同，但中国人民毅然本着救灾恤邻的人道主义情怀，从政府到民间、从个人到社团发起了大规模的救济日灾行动。有关这方面的内容将在后面的章节中予以详论。

① 《各国救济日灾记》，《申报》1923 年 9 月 7 日。

第二章　中国报刊舆论的响应：
对关东大地震的评析与反思

报纸、杂志等是发表舆论、宣传舆论、引导舆论的重要媒介和载体。日本关东大地震发生后，中国相关的报刊给予了不同程度的关注。它们或刊载日本灾况与救灾的信息，或刊发论说对震灾本身进行评述。不仅如此，相关问题还引起了舆论的深思与反省。

第一节　关东地震后的舆论评析

20 世纪 20 年代初期，中国国内军阀混战不已，政治控制相对松弛，思想多元并存，这些为新闻业的发展创造了宽松的环境。日本关东大地震发生后，报刊纷纷刊文对这"亘古未有之浩劫"，从不同立场和角度加以评述。由于报馆林立、利害迥异，加之受民族矛盾、价值观念等多重因素的叠加影响，使得中国舆论界对日本震灾的看法也不尽相同。

一、"天灾人祸最堪伤"

1923 年 9 月 2 日，上海的《申报》《时报》《民国日报》等报纸，较早地刊载了关东地震的消息。随后，《日本东京地震大火之惨状》①《空前悲惨之日本大地震》②《愈形凄惨之东邻灾讯》③《日本空前之浩劫》④《可骇之日本天灾》⑤ 等新闻，纷纷出现在北京、天津、广州、长沙、奉天等地报刊的显要位置。"至惨之巨灾""有史以来之大惨剧""从来未有之巨祸""千古之浩劫""亘古未有之奇灾""惨不忍闻之灾"

---

① 《日本东京地震大火之惨状》，《民国日报》1923 年 9 月 3 日。
② 《空前悲惨之日本大地震》，《晨报》1923 年 9 月 3 日。
③ 《愈形凄惨之东邻灾讯》，《盛京时报》1923 年 9 月 5 日。
④ 《日本空前之浩劫》，《大公报》1923 年 9 月 3 日。
⑤ 《可骇之日本天灾》，《广州民国日报》1923 年 9 月 5 日。

"人类之至悲"等语句，在报刊中更是俯拾皆是。仅就此点而言，已可窥察出报刊舆论对日本震灾的惊骇之态与恻隐之情。

关东地震造成了重大的人员伤亡和物质损失，引起报刊舆论的普遍同情。报刊纷纷发表评论，对此表现出悲痛和惋惜的心态。如上海"中国各报对于日本此次天灾均皆著有论评，以表示同情，咸谓是系日本国家及国民空前之大不幸"①。9月3日，《申报》发表时评《悲日本地震大火灾》，指出："此次日本东京、横滨及附近各大市镇，因大地震后而至大火灾，诚可谓世界希有之惨剧矣。仅以东京而言，各大建筑、各大机关、各有名大学、各有名报馆、各有名商行，大半毁灭。起火之处，至八十余所。烧失之繁市，至有八区；烧毁之家，至有四十四万余户，损失之产业，至有数十大亿，然火尚未息也。人口之损失，现尚未全悉，仅一二大工厂大建筑之倒毙，已有数百数千人之报告；仅横滨一市，已有五万人之多，然尚非切实调查也。其余交通机关之损害，市政附属之丧失，更不知凡几，此岂非人类至惨之巨灾耶？凡属人类，皆当闻而同悲。"② 这种"同悲"情感也被《东方杂志》所接受，日本此次"遭受这亘古罕有的奇灾，自然觉得无限的悲惋"③。《中华新报》发表的论评认为：日本发生人类稀有之大厄，凡闻之者，莫不震骇欲绝，而表深厚之同情于日本国民④。《孤军》则直接指出："日本人受了莫大的天灾，值得我们同情，自然不消说得。"⑤ 9月5日，《申报》的社论《吾国民对于日本大劫之态度》，除再次描述"骇人听闻之日本天灾"惨象内容外，又说："天胡不吊，降此鞠凶，凡在人群，孰不洒其一掬同情之热泪。"⑥ 从"同悲"到洒"同情之热泪"，这种情感的递进和深化，足以说明关东地震的惨烈程度。

《新闻报》的时评《日本地震惨劫》，对灾区的财产损失和民众遇难均表示出极大的痛惜之情："日本因地震发生大火，东京横滨要区，均遭巨灾，焚毁四十四万余户。损失之巨，约略计之，已不下十六亿。至于人民之死伤，尤难数计。仅一电气厂，毙工人六百名，富士纺织公司，压毙工人，竟有八千之众，此真亘古未有之浩劫。且重要官署、学

① 《沪言论界对日同情》，《盛京时报》1923 年 9 月 5 日。
② 《悲日本地震大火灾》，《申报》1923 年 9 月 3 日。
③ 坚瓠：《日本地震杂感》，《东方杂志》第 20 卷第 15 号（1923 年 8 月 10 日）。
④ 一苇：《日本大震灾》，《中华新报》1923 年 9 月 3 日。
⑤ 允臧：《为东京被杀之朝鲜人一哭》，《孤军》第 1 卷第 11 期（1923 年 9 月）。
⑥ 抱一：《吾国民对于日本大劫之态度》，《申报》1923 年 9 月 5 日。

校、银行、大商店多已化为焦土，明治维新以来之文明建设，毁灭者不鲜。吾人闻此耗，诚不禁为邻邦人士痛惜之也。"① 同情之心，溢于言表。《盛京时报》刊发的论说《日本之天灾》，也对此表达了同样的情感："天灾流行，何国蔑有，然未有如此次日本震灾之剧烈之惨恻者也。自一日以至三日，东京横滨间，建筑物之毁坏，人口之死亡，其一种凄惨景象，殆有不堪目观者。"据"大阪所传消息，震灾不已，而火灾继之；火灾不已，而海啸继之；海啸甫平，又为暴风雨所袭。人民之不死于震而死于火，不死于火而死于水，不死于水而死于暴风雨者。其数当以几十万计，或尽至百万，亦未可知。可谓天地间至大之浩劫，而为本世纪中所未曾见之巨灾，即谓为自有史以来，空前之惨祸，当亦无不可。以日本安政时代之天灾，与今日较，瞠乎后矣，嗟乎悲哉。死者已矣，彼生者之流离失所，而成为鳏寡孤独，啼饥号寒者，情何以堪"②。这种人间地狱般的场景，难免不引起舆论的强烈感慨与共鸣。

需要提及的是，在悲悯因灾伤亡的民众时，报刊还尤其痛惜震灾中遇难的各个领域的"专家"，并且将其与日本乃至世界的发展联系在一起加以考察。《时报》的《论日本地震》谓："这回所涂炭二十万生灵当中，一定有多少已经造就或将要造求〔就〕的文学家、美术家、科学家，等等。他们将来对于社会上一定能有多少贡献。"并推断这种损失"不单是日本的，是世界的"③。

相较于言论性较强的社论、时评，一些以此次日本地震灾况为主题的诗歌也出现在报刊中。如《盛京时报》和《民国日报》均刊登了一篇《日本大地震》④ 的诗：

> 黑烟满塞大空，
> 红焰紧幕天宇……
> 一片惨景。
> 我捧着一张新闻，
> 只看见，
> 爆裂、淹没、惨极、剧烈、全毁、全没等字样。
> 只看见，

---

① 浩然：《日本地震惨劫》，《新闻报》1923 年 9 月 3 日。
② 顽：《日本之天灾》，《盛京时报》1923 年 9 月 6 日。
③ 《论日本地震》，《时报》1923 年 9 月 27 日。
④ 天底：《日本大地震》，《盛京时报》1923 年 9 月 11 日；《民国日报》1923 年 9 月 7 日。

空前、未见、浮尸、难民、践踏、死伤等字眼。

只看见，

万、兆、千、亿、无数、无数、全死等字样。

我急等着看，

捧着报纸却只是眩然。

我不能驾起飞机去慰问，

我只得在黄海岸上和他们同声叫天。

我不为伟大的建筑物悲伤，

我不为绝世的珠宝怜惜，

我不为东方的文化中心地哀恸，

我只为无数万冤魂嚎啕，

参天的黑烟红焰中，

咆哮着多多少生灵，

一片瓦砾焦土上，

腐碎了多多少父母妻子，

……

诗中描绘事发时天崩地裂的场景，震撼人心；生离死别、满目疮痍，更是催人泪下。字里行间尽显悲痛与惋惜。

与上面压抑、沉闷的语调不同，《苏州晨报》刊载的《日本大火曲》① 则略显轻快活泼、具有浓郁的江南特色：

日本呀，东京，大呀大地震，竦笃前日夜黄昏，嗳呀，听听吓煞人，嗳呀嗳嗳吓，听听吓煞人。

东京呀，横滨，房子摇勿定，洋房坍脱□淘成，嗳呀，实头真结滚，嗳呀嗳嗳呀，实头真结滚。

再有吓，火山，冒出烟火来，四面八方才受灾，嗳呀，日人救命喊，嗳呀嗳嗳呀，日人救命喊。

自来呀，水管，才吓才裂开，各处许多救火队，嗳呀，勿敢上前来，嗳吓嗳嗳呀，勿敢上前来。

各处吓，大桥，完全才烧断，高大洋房折两段，嗳呀，建筑才烧完，嗳呀嗳嗳呀，建筑才烧完。

损失吓，财产，目下勿能计，大约共有十五亿，嗳呀，倷想阿邪

① 钝汉：《日本大火曲》，《苏州晨报》1923 年 9 月 5 日。

气，嗳呀嗳嗳呀，倷想阿邪气。

被害呀，性命，多得勿相信，共总烧死念万零，嗳呀，看看真伤心，嗳呀嗳嗳呀，看看真伤心。

看看呀，现在，此次大震灾，比较永元大火灾，嗳呀，何止十百倍，嗳呀嗳嗳呀，何止十百倍。

留日吓，华侨，搭仔留学生，财产焚去性命丧，嗳呀，想想真心伤，嗳呀嗳嗳呀，想想真心伤。

心中呀，悲惨，两泪落纷纷，只好祝福愿你们，嗳呀，灵魂上天室，嗳呀嗳嗳呀，灵魂上天庭。

再如，该报还刊有《日灾新十叹》①，"叹"的是地震、海啸、大火，"叹"的是堆积如山的尸首，"叹"的是无数损毁的建筑，流露出的却是无尽的伤感与悲悯：

第一叹来叹日本，区区那格来唱新唱春，日本地震真真苦，死脱那格百姓数勿清。

第二叹来叹东洋，地震那格海啸真凶猛，外加大火四处烧，救火那格会里无法想。

第三叹来叹百姓，大哭那格小喊直惨闻，火大等时救命喊，谷落那格三姆成灰烬。

第四叹来叹口气，格格那格地震大来西，性命送脱勿勿少，损失那格总有几十亿。

第五叹来叹尸山，尸首那格堆得好像山，房屋坍脱无其数，铁路那格弄得才分散。

第六叹来叹东京，东京那格乃是日都城，此次地震才弄光，全国那格精华烧干净。

第七叹来叹留日生，我国那格留日众学生，生死存亡都不知，急煞那格屋里老亲娘。

第八叹来叹横滨，横滨那格挨着最繁盛，现在全城成焦土，连搭那格草木无一根。

第九叹来叹华侨，华侨那格死脱勿勿少，为吃格碗断命饭，遭此大灾阿苦恼。

……

① 牢紫：《日灾新十叹》，《苏州晨报》1923 年 9 月 16 日。

此外，苏南地区流行的"五更调"也唱到："一更一点月正清，日本大地震，咦呀得而哙，真真大灾星，人未死得无道成，十万另，为有难民，多得数勿清，咦呀得而哙，无食真可恨。二更二点月上升，看见惨伤心，咦呀得而哙，建筑烧干尽，繁华锦地变灰尘，大伤损，财产算算，五千万有另，咦呀得而哙，缺少食物品。"① 透过"五更调"流畅的语调，一幅人间惨剧呈现在时人面前。

除了对于物质、人口上的损害评论外，文化上的损失亦是舆论同情日本震灾的另一重点。《努力周报》载文认为，巨大的损失固然是此次大震灾的结果，但有的损失可以说是日本的不幸，有的损失则是日本的幸事。"换一句话说，就是有些损失，是真正的损失；有些损失，不是真正的损失。譬如东京的帝国大学、图书馆、博物馆，各重要的文化组织的破坏与毁灭，是真正的损失。而东京的炮兵工厂、横滨的兵工厂、横须贺的海军军港，这些反文化组织的破坏与毁灭，乃对于日本是有利益的，不得谓为损失"。随后，该报提醒读者：现在我们要注意的是物质上的损失，无论是有益还是无益，要恢复起来，都不是什么难的事情。然而许多文化产品，如帝国大学的研究报告，图书馆中古人绝版的书籍，以及博物馆中不可再得的物品，一旦毁灭了，要求恢复，已是不可能的事。"这一类的损失，我们与其说他是物质的，不如说他是精神的，较为恰当一些"②。

《时报》刊载的时评《论日本地震》也认为，物质、产业以及人口损失均可以在短期内复其原状，"顶大的损失，还是文化的方面"。为突出此点，该评论特在文章前的按语中申明"文化上受损最重"③。《史地学报》对此持相同论调："物质上之损失，固然不可胜计。而文化上之残破，尤为无量。"当得知东京帝国大学图书馆所藏珍贵书籍因"此次浩劫，恐亦归乌有矣"，该报深表"惜哉"④。《申报》对此则进一步补充道："此次日本之京滨大地震，文艺界之损失，亦至为巨大。东京帝国大学之图书馆中，所保存之文库史典，以及各类之重要图书，综计被焚者，有七万九千余册之多。其中日本朝野之认为最可惜而最名贵者，厥为'西藏佛经'一种，共有数千册。日人视此藏经如拱璧，谓系世界孤本，即西藏亦无副本。故此次被焚，从此亦与世长辞，世界上再无此

① 白头公公：《救济日灾五更调》，《苏州晨报》1923 年 9 月 16 日。
② 叔永：《日本震灾和精神上的损失》，《努力周报》第 72 期（1923 年 9 月 30 日）。
③ 《论日本地震》，《时报》1923 年 9 月 27 日。
④ 《日本地震之文化上的损失》，《史地学报》第 2 卷第 7 期（1923 年 11 月），第 150 页。

经发现之一日矣。"① 惋惜之情自然流露。

与具体的物质损耗相比，《时报》则进一步论说了文化的价值与影响。该报指出，东京为日本经济、文化中心，地震使东京帝国大学、帝国博物院、图书馆等大多成为灰烬。"各科专家费几十年心血所研究的成绩，几十年工夫所搜集的标本、图书，均化为乌有，这是非三五年所能恢复原状的"。对于地震中可能被焚毁的珍贵史料、书籍，其认为"损失就非数十万包棉花或几万所洋楼所可比拟了"②。这样的论调，在其他报刊中同样有记载。如《努力周报》的《日本的地震》一文指出，地震使日本维新60年以来的精华，都化为乌有，其对日本国力的影响自不待言。尤为可惜的便是博物馆和图书馆内中所藏的都是中国古代的书籍器具、东洋文化的结晶，如今都付之一炬。"这种文化上的损失，是不可以金钱计算的"③。《共进》则担忧"从此东亚文化将更穷乏，东亚学术的发达，亦将受莫大的应〔影〕响"④。《东方杂志》也认为："这固然是日本的不幸，而且也是世界文化的不幸。"⑤

报刊舆论在同情日灾的同时，也试图阐述造成巨大损害的缘由。《申报》认为这回日本发生"亘古所未见"的灾害，是因为"招了天妒"。"可怜的日本，好（不）容易以三岛小国，做到国富民强的一步，再厉害没有了，谁知偏偏招了天妒。这一回地震和大火灾同时发作，生命财产，不知损失了多少，可给日本一个莫大的打击咧哎"⑥。随后，该报在星期增刊上刊发的《日本地震大灾纪》一文补充道：日本五六十年以来朝野协力同心，共谋进展，一帆顺风，竿头直上，成绩斐然。物质文明几得与欧美各强相颉颃，举世钦慕之余，竟召天妒，择其精华荟萃之区而摧残之，谁当不为之悼惜哉。大阪工业中心未曾波及，诚不幸中之大幸也，否则真将根本动摇矣⑦。诚然，这种解释带有浓厚的迷信色彩，不过却从侧面反映了此次地震的损害程度之大，惋惜之情油然而生。另外，有观点认为日本未迁都朝鲜，以致"遭此次八月三十一日（应为9月1日）最剧烈之惨祸，……若能早日将东三省之问题，从心所欲，布置完妥，以竟其迁都之功，则三越吴服店、电气工业会社、帝

---

① 《日本地震中之文艺损失》，《申报》1923 年 10 月 30 日。

② 《论日本地震》，《时报》1923 年 9 月 27 日。

③ y：《日本的地震》，《努力周报》第 69 期（1923 年 9 月 9 日）。

④ 志新：《空前未有之日本大地震》，《共进》第 45 期（1923 年 9 月 10 日）。

⑤ 坚瓠：《日本地震杂感》，《东方杂志》第 20 卷第 15 号（1923 年 8 月 10 日）。

⑥ 鹃：《三言两语》，《申报》1923 年 9 月 4 日。

⑦ 《日本地震大灾纪》，《申报》1923 年 9 月 9 日。

国保险会社等等之大建筑，或可亦从缓改设。则此次震灾，东京纵受损失，其损害之程度，自可减少，必不致于若是之惨酷也"①。这种言论显然是荒谬的，为侵略他国找寻借口。

当然，更多的解释是从地质学和日本所处的地质环境的角度去分析的，这一时期的众多报刊相继刊载了大量有关地震发生原理的文章②，甚至出现多家主流报刊转载同一篇解释地震现象的文章③。《少年中国》的文章《地震与人类安全》，在概述地震发生机理后，较为详细地概括了导致此次惨况的众多因素：这次损失之所以如此之大，除主要原因地震外，"增加破坏动力的至少有电线走电、煤气管炸裂、自来水管炸裂、一切爆烈的原质的着火、人烟居住的稠密、空地稀少、居屋太高……等原因"，文章认为以上这些潜在的危险因素是可以改良与预防的。最后，该文得出结论：这一次日本地震，与其说是震灾，不如说是火灾；与其说是天灾，不如说是人祸。"地震与人类的安全，诚然是十分有损害的，但就过去地震事实而言，种种损害，又似不能专门归罪于地震"，并提醒道：今后"对于地震的应付与设备，亦不能照以前那么不讲究了"④。这些分析符合客观实际，结论也是中肯的。

关于悲悯与同情日灾的动因，报刊舆论也做了说明。《民国日报》的时评认为，同情日本震灾"是因为人类本有好善心理"⑤。《中华新报》的论评《沪人救济日灾之热心》，从中国数千年的文化传承与积淀来阐述同情日灾的缘由："中国立国，以敦厚为主，数千年之精神涵养，所入甚深，故对外则讲平和，对内则尚仁政。"虽然内纷外扰不断，但大多数中国民众"依然牢守数千年来之遗调，而成为天性。即此次沪人全体对于日本巨灾之恳切同情，固人类当然之事，尤为吾民必然之事也"⑥。《申报》认为日本地震之灾，可称为空前之浩劫，凡有人心者，

---

① 须家桢：《日本大地震后东三省之实业问题》，《申报》1924年1月13日。

② 如《地震》，《申报》1923年9月17日；幼雄：《地震的研究》，《东方杂志》第20卷第16号（1923年8月25日）；《日本地震史及此次大地震原因》，《矿业杂志》第5卷第9期（1923年10月31日）；光：《辟美博士造谣并浅说地震》，《太平洋》第4卷第6号；沈懋德：《地震谈》，《努力周报》第72期（1923年9月30日），等等。

③ 如《地震浅说》一文被《晨报》（1923年9月9日）、《大公报》（1923年9月12日）、《（长沙）大公报》（1923年9月14日）、《共进》（第46期）、《东方杂志》（第20卷第16号）等报刊刊载。

④ 杨钟健：《地震与人类的安全》，《少年中国》第4卷第7期（1923年9月）。

⑤ 《日人暴行》，《民国日报》1923年10月15日。

⑥ 一苇：《沪人救济日灾之热心》，《中华新报》1923年9月5日。

民族主义与人道主义

036

谁不为之震悼。何况人道主义日昌，为数年来世界之趋势，此非可仅以主义鼓吹也，当验之于事实①。

由上可知，人道情怀是同情日灾的内在驱动力。

二、"急宜救济日灾"

社会舆论普遍认为，中国人对日本这回空前的地震灾变，除同情慰问外，还应该出全力来救济，像救济自己一样②。《晨报副镌》在"论坛"一栏中称："素以地震国著名的东邻，今既遇着空前的浩劫，在同洲的我国同胞，当然要引起一种同情的辛酸，还要尽力一种热肠的援助，这是不消说的。"③《中华新报》的沪评《此举是也》也指出：救灾恤邻，古有明训。我国当仁不让，宜尽力以谋④。舆论一方面赞同救济日灾，又从救助的原因、方式、建议及意义等方面一一作了剖析。

（一）缘由

舆论呼吁救助日灾的原因主要有：在日侨胞的需要、人道主义的促使及"大国民"风范的标榜。

1. 救助本国侨胞的驱使

中日两国因地缘、文化等因由，明治维新以来，越来越多的中国人东渡日本，或谋生或求学，东京、横滨、神户等地成为华人汇聚之地。关东地震发生后，该地华人的安危备受国内民众关注和牵挂，救护侨胞乃至援助日本灾民，就显得尤为急迫。1923 年 9 月 3 日，《新闻报》的时评《日本地震惨劫》称："吾人于恤邻之中，尤深驰念者，即侨日之同胞。横滨为华商萃集之地，留学生则多在东京。今横滨已化荒墟，东京半成焦土，吾国人士，状况如何？姑无论生命可虑，即失家无食，流离道路，将何以堪。今一方须迅速调查被灾者状况，一方应急筹救济之方，早日赴援，毋令经商负笈于海外者，填异国之沟壑也。"⑤ 同日，该报的"编辑余话"记述道："吾所急欲言者，即留日学生与其他华侨之善后问题是已。"统观各电，有帝国大学、商科大学化为乌有之说，教育界同人应"组织团体，设法救济留学生暨其他华侨，实为迫不容缓之

---

① 觉：《国际与人道》，《申报》1923 年 9 月 6 日。
② 楚伦：《中国人急宜救济日灾》，《民国日报》1923 年 9 月 5 日。
③ 演群：《日本地震的推测与感想》，《晨报副镌》1923 年 9 月 24 日。
④ 灵：《此举是也》，《中华新报》1923 年 9 月 4 日。
⑤ 浩然：《日本地震惨劫》，《新闻报》1923 年 9 月 3 日。

举"①。

9月5日,《申报》发表社论《吾国民对于日本大劫之态度》,首先肯定了救助日本震灾的意义,认为应"视人之难,若己之难",虽然中日两国因种种问题发生情感上的障碍,但救灾恤邻是全世界人类共同之美德。随即该文指出:"况乎此次日本大灾,凡侨日同胞,被害者必非少数。横滨侨商,集中于山下町,而华工则集中于深川及本所。留东学生三千,在东京者不下千人,大都聚居于神田区。今据报载,上列数地,悉已荡为灰烬。我同胞之既死者已无及矣,其濒死而未绝者,与未死而流离失所者,呼号求救之声,吾国民苟一念及,岂能一刻安者?然则解衣推食,人道也,亦人情也。"② 该报还指出,重要的是"今被难之中,有吾国之学生与商民,吾人何能自处于旁观之地位"③。

这种见解也在其他报刊中相继表露,《盛京时报》的论说《救灾须急切》指出:"拯东邻灾民于水深火热中,并有以使侨日华民与留学生早安衽席也,此则记者涓涓之诚,所最为属意者焉"。并指出"早一日一时之救助,足以使灾民早苏一日一时之苦痛,其理至为明显,吾国人既表示同情于日本之灾变者,尚其急切图之"④。《时报》刊发的时评《为日本地震告国人》则更直截了当:"京阪间尤为我国之留学经商者荟萃之所,即不为日人计,忍不为该处之华侨计乎。"⑤《共进》认为若不设法救济,则"残余待哺之苦同胞,更将受莫大之痛苦,救灾恤邻,义不容辞,全国国民,当共图之"⑥。据此可知,虽然舆论大张旗鼓地为救护日本震灾呐喊、造势,但不可否认的是,救护本国灾侨应是其救护日灾的第一反应和重要目的。

2. 人道主义的促使

日本此次奇灾,以人道而论,我国自当恤彼灾民,捐助巨款⑦。虽然近年来"日本当局对于我国的举动,固然有不能令国人满意的地方,……然际此奇灾发现的时候,就人道上立论,我们总觉得国人极有起来救助邻人的必要。我们是人类,我们见几百万的同类顿遭这一种的

① 竞民:《日本地震与留日学生》,《新闻报》1923年9月3日。
② 抱一:《吾国民对于日本大劫之态度》,《申报》1923年9月5日。
③ 《日本天灾之急宜筹赈》,《申报》1923年9月5日。
④ 顽:《救灾须急切》,《盛京时报》1923年9月9日。
⑤ 《为日本地震告国人》,《时报》1923年9月4日。
⑥ 志新:《空前未有之日本大地震》,《共进》第45期(1923年9月10日)。
⑦ 《不可思议》,《实事白话报》1923年9月27日。

大难，我们的心总觉得不忍坐视，我们应与以相当的帮助"①。可以看出，《实事白话报》和《孤军》的短评均从人道立场上肯定了救助日本震灾的必要性。

9月7日，《新闻报》的时评《天灾人祸》认为：日本发生空前巨灾，损失生命财产无数，"凡属人类，无不一致吊慰，竭力往援。况我与日本，近□同洲，谊切唇齿，更宜尽力救援"②。《盛京时报》的论说《日本之天灾》也持相同的见解：凡属人类，不问其为何种民族，对于日本此次之天灾，未有不寄以同情者。"盖救灾恤邻，不独为国家所应尔，要亦人类互助之义务，矧其为不经见之灾变者乎。仁慈恻隐，根于天性"③。还有言论补充道，对日本"这次的救济，是中国人做人的本分，尤其是对于平日感情不甚圆满的日本，应该表现中国民族忠厚的精神"④。

与因"不忍坐视""做人的本分"等缘由而发起救助日灾相比，《民国日报》的言论则将是否救助日灾，上升到民族荣辱的高度。刊发于该报的言论《中国人急宜救济日灾》，就是这一倾向的代表："在这种人类的惨境中，若还记着前嫌，不愿援手，便是中国民族的大耻。"言论援引了1921年中国救济苏俄旱灾为例，认为"对于不幸的同伴"，中国"负有救济的天职"。如果此次"不救日灾，就是中国人不识大体"。该文指出，外交的争持和天灾的救济，是绝不相涉的两事。不然，混为一谈，拉在一起，便不免被世界笑中国人绝顶糊涂。言论最后呼吁道："要尽人类中做同伴的天职，要仿识大体的中国人，要免被世界笑为绝顶糊涂，都应出全力来救济日灾！"⑤

舆论在阐明救护日灾必要性与重要性的同时，也提醒和告诫民众："关于赈灾的目的，我们以为只应注重人类互助这一点。我们绝不应该主张：（一）我们救济日本为提高国际地位起见而行的，（二）我们救济日本为对日本布施恩惠而行的。这两种利己的见地，我以为决非讲人类互助的人们所应取。"⑥《新闻报》也强调，我之救灾"固自尽其人类互助之责任而已，初未尝有市惠之心，责报之念"⑦。

---

① 寿康：《国人对于日本大震灾应取的态度》，《孤军》第1卷第11期（1923年9月）。
② 东雷：《天灾人祸》，《新闻报》1923年9月7日。
③ 顽：《日本之天灾》，《盛京时报》1923年9月6日。
④ 楚伧：《中国人急宜救济日灾》，《民国日报》1923年9月5日。
⑤ 楚伧：《中国人急宜救济日灾》，《民国日报》1923年9月5日。
⑥ 寿康：《国人对于日本大震灾应取的态度》，《孤军》第1卷第11期（1923年9月）。
⑦ 独鹤：《救灾》，《新闻报》1923年9月7日。

实际上，上面评论中出现的字眼，如"人道""不忍坐视""人类道德""人类互助""救灾恤邻""天性""做人的本分""天职""识大体"等，皆为人道主义在不同语境下的另类体现和复制。正是身怀这种人道精神和救死扶伤的传统美德，使得中华民族义无反顾地积极援济日本震灾，践行着以德报怨的义举。

3. "大国民"风范的标榜

新文化运动后自由与民主观念深入人心，民众的国民意识较为强烈，时人常常以所谓的"大国民"身份自居，对外交往中尤其注重体现"大国民"风范，这在呼吁对日援助中也时常显露出来。

《努力周报》刊文《"大国民"的外交》谓：常常听见国人说如何才是"大国民"的态度，现在我们要在对于遭受惨劫后的日本的态度等问题上，寻求这句话的例证。这一次天灾地变，使日本遭空前未曾有的惨劫，在我们自诩为"大国民"的中国人，自不忍隔岸观火，自不应在这种人间惨劫中，想到以前民族间的仇恨。为此，该文预言，"从今以后，恐怕要改变从前排日仇日的态度。我们不欢迎从前的日本打出帝国主义的旗子来替我们东方的鱼肉民族，张一张威风，亦能在我们身上与欧美的帝国主义者机会均平的分一杯羹。我们却欢迎这一位不能再打帝国主义的旗子的日本，投入反抗帝国主义的民族里，作一个先驱。"① 在这样的基调下，援助日本震灾也就成为情理之中的事了。

《新闻报》的时评《救灾》则认为，不能将中日之间的恩怨与人道救灾混为一谈，否则有失"大国民"的风范。"中日两国，因种种之外交关系，年来感情，日趋于恶劣。然外交为一问题，救灾为又一问题。盖本诸人类之同情，固有不容坐视者，不若是，且失其大国民之态度矣"。随后，该文对灾后日本提出希望，"愿在日人方面，经此大创，殊不能不有两种觉悟：（一）祸患之来，未可逆睹，故虽强有力者，有时亦不能不需弱者之助。惟然而恃强凌弱之举，乃为背乎世界之公理。（二）中日两国，相处最近，相需最殷，设有危难，缓急可恃。故始终当凛于唇齿之谊，不应暌离。苟日人能了解斯旨，皆大灾以后，亟舍弃其侵略主义，谋真正之亲善，则为东亚前途计，真可不吊而贺矣"②。

在"大国民"身份的驱使下，舆论一方面提倡忘记仇恨，救护日灾；一方面又对灾后中日关系满怀良好希望。

---

① S. C.：《"大国民"的外交》，《努力周报》第 70 期（1923 年 9 月 16 日）。

② 独鹤：《救灾》，《新闻报》1923 年 9 月 7 日。

（二）方式

关于救护日灾的方式，报刊舆论也给出了相关的建议。关东地震发生后，交通断绝，信息不畅，灾区侨商学子生死安危状况不明，引起国内民众担忧。9月5日，《新闻报》的时评《救济日灾》建议派遣专门人员前往灾区实地调查灾情，政、商、学界联合起来，共同谋划援助侨胞。"日本大灾，今据东电，中国公使馆已烧毁，横滨中国领事馆亦毁灭。此外学生侨商，所受损害，更不知几何。据京电北京因留学生存亡不明，曾发电向日本探问，至今未得复。此时日本交通机关纷乱，发电何能达到？即使达到，东京在扰乱之中，横滨已全灭，孰为之查问？即使有人查问，在彼罹灾者，已无家可归，虽查问亦难得消息。为今之计，惟有派遣专员，前往调查。仅恃政界，尚恐不能周详，商学各界，当共筹一办法，援助海外同胞也"①。上述一系列疑问，真实地道出了灾区的现状，给出的建议合情合理，具有可行性。不过，政府当局与民间社团也确实这么去做的，可谓是不谋而合。9月6日，在外交部的敦促下，新任驻日代办施履本赴日慰问震灾，并办理被灾华侨善后事宜。汤尔和、江庸等亦代表中国红十字会及救济会赴日慰问救护②。

囿于条件所限，亲赴灾区救护的毕竟是少数，国内民众或社团则纷纷将捐募的款物，或通过日本驻华领署转交灾区，或直接汇寄日本。然而手续烦琐，费时耗力，如东三省"各镇县情形不同，办法不无差异，款项浩繁，手续尤宜澈清。若听各镇县商民自定办法，其所收赈款势必交日领署、日商会者，有之华官署、华商会者，有之纷纭凌乱，莫由调查。杯水车薪，殊不足明我商民乐善恤邻之至意也"③。针对这一现状，报刊舆论也纷纷出谋划策，如《盛京时报》"自由论坛"一栏的《我之救济东邻震灾办法谈》建议，可"先于三省总商会，发起附设一日灾救济会，特选专员董其事，各镇县得于商会内附设分会。所收之赈款，□数汇解总会，然后由总会派员前往东邻施济办法。既能一致手续，亦甚清楚被灾者得享实惠，施赈者亦偿夙衷。能如此，方不负群策群力，以共成此伟大济急之善举也"④。后来的事实证明，此种方式被一些社团所采用。

① 浩然：《救济日灾》，《新闻报》1923年9月5日。
② 李振华：《近代中国国内外大事记》，见沈云龙主编：《近代中国史料丛刊续编》（第67辑），（台北）文海出版社1977年版，第4507页。
③ 子宾：《我之救济东邻震灾办法谈》，《盛京时报》1923年9月11日。
④ 子宾：《我之救济东邻震灾办法谈》，《盛京时报》1923年9月11日。

民国时期时局动荡，经济凋敝，劝募不易收效。为此，一些非常规的筹款方法被报刊广为宣传。《申报》刊载的《劝节省纸烟消耗费移充日本灾赈》就是其中一例，文章指出，为日灾倾囊拯助者，颇不乏人，然而杯水车薪，无济于事。"窃思年来纸烟一种，每年之消耗额，不下数千万金，此皆我国民平日无谓之消耗。鄙意以为与其消耗于无谓，曷若输之于赈款"。用"节纸烟之消耗，以拯救东邻之灾民，移消耗而为正用，何乐而不为哉。凡我国民，盖三思之"①。随后，节省"建醮费"用来赈济日灾的方法又被媒体报道。"打醮"时期，里巷之间，家家户户，黄榜高悬，触处皆是。每日所费除正项开销外，一切杂费非数十金不举。贫而无力者，亦必典衣质物以为之。事过之后，病魔未必远离，灾祸未必就消，此实迷信中之最无谓者。"曷若将此款项，集合成数，移充日灾。于己一无所损，而救人一命，积德无量，此真求福祛祸之法。较之建醮以消灾厄，而灾厄未必能消者，熟权利害，当知去取矣"②。

尽管如此，舆论还是认为要理性地看待此事，建议救助日灾要量力而行，"纯洁而无他"。《实事白话报》认为，赈灾恤邻尤为重要，但是不可忽视本国民穷财尽之苦况与赈灾筹款之能力，否则"还行的什么善啊！"③ 9 月 11 日，《时报》的时论《救济日灾之解释》则认为，赈灾是"由人类出乎良心之自然，各尽其能力，各如其为所当为，而无丝毫勉强与利用之心杂于其间者也"。"无论捐输之款，若何多少，然其心固甚纯洁而无他也"④。

此外，一些打着救灾幌子、暗地敛财的做法受到舆论的严厉批评。据《时报》记载，日灾发生后，上海华法各界出现日灾义赈奖券，在各茶肆兜售。奖券每张 5 元，头等奖 10 万。奖券印刷粗糙，发行处章程又模糊不清。因此被认为是"一种滑稽式之敛财法"⑤。对此，该报时评说："今竟有幸他人之灾，而牟一己之利者。其行可鄙，其心则尤可诛也。""考此种欺诈行为，半固由于人心之不古，道德之沦亡，半亦由于

---

① C. S. Pao：《劝节省纸烟消耗费移充日本灾赈》，《申报》1923 年 9 月 19 日。

② 《申报》对"建醮"的解释为："时交秋令，疾病较多，此盖饮食不慎或身受寒冷之故。而一般迷信者流，以为疾病之来，必有鬼神从中作祟。于是延请僧道，设置祈祷，冀消灾厄，名曰打醮。以上海一地为盛，而上海尤以妓馆为最虔敬。"见卓卢：《节省建醮费赈济日灾之吾见》，《申报》1923 年 9 月 26 日。

③ 《救灾感言》，《实事白话报》1923 年 10 月 6 日。

④ 景寒：《救济日灾之解释》，《时报》1923 年 9 月 11 日。

⑤ 《发现赈日奖券》，《时报》1923 年 9 月 12 日。

社会人士侥幸心有以致之耳。"同时，又指出该行为"在受其给者，以为既得赈济日灾之美名，又有厚利之希望，何乐而不为哉。然而被骗者多一文之输出，即被难者少一文之资助。故此事于被给者之损失尚小，而灾民所受之影响实大"，因此建议官厅"查究而禁止之"①。

（三）意义

报刊舆论对救助日本震灾所产生的积极意义怀抱期望。《东方杂志》乐观地指出：中国国内各地集会筹款救助震灾，颇见热心，中日两国人民的感情从此一变，而中日邦交也将从此面目一新了②。

与上述立场相同，《民国日报》的时评《救济日本巨灾》，则对灾后日本对华政策提出希望，"日本也当于灾后注意于国内的整理，谅解中国人民的好感。"并希冀两国以此为契机，和平共处，互惠互利。"所以此次日本巨灾，固然是日本的大不幸，然能因此恢复中日亲善，保持东亚永久和平，在中国固有益，在日本也不能谓无利"③。《中华新报》对灾后中日关系更是信心满怀："庶从兹以往，中日两国间之猜疑，一扫而消除。此非特东亚之幸，抑亦世界和平之先声也。"④

三、因"祸"得"福"

关东地震带来的巨大损害，博得了舆论的广泛同情和声援。不过，很多报刊对此也持乐观的反应，谓"塞翁失马，焉知非福"，认为只有大"破"才有大"立"。换言之，此次地震之祸后，倘使日本乃至世界得和平与发展，则是祸中之福。

1923年9月18日的《盛京时报》发表论说《东京震灾——与日本之前途》谓：天下事往往有因福而致祸者，亦往往有转祸而为福者。故塞翁得马不足为喜，失马不足为忧，何也？人事之无常，而结果乃适得其反耳。"此次东京大地震，与日本国家之前途，乃亦犹如塞翁失马之例，名虽为祸，实则为福。故吾人之于日本，盖欲以吊而转为贺也"⑤。《东北文化月报》刊载的言论《对于东邻巨灾之感谢》认为："天下事，经一度之牺牲，即有一番之收获。"今"日本本岛东京首都、横滨要港猝罹震灾，死伤巨万，焚失亿兆。虽天灾与人祸不同，其为毁损则一，

---

① 纯：《发现赈日奖券》，《时报》1923年9月12日。
② 张梓生：《日本大地震记》，《东方杂志》第20卷第16号（1923年8月25日）。
③ 《救济日本巨灾》，《民国日报》1923年9月5日。
④ 灵：《此举是也》，《中华新报》1923年9月4日。
⑤ 于思：《东京震灾——与日本之前途》，《盛京时报》1923年9月18日。

准有一度牺牲必有一番收获之例。日本此次之重大牺牲，果将有如何之收获乎？以日本本国言之，将见国民生活之基础、文化之根本、思想之筹范等，可得崭新之觉悟与改造之良机也。人家经一度患难，其后嗣必良。草木经一度芟夷，其再生必茂"①。

许多报刊舆论认为关东震灾是"福"而非"祸"，其缘由主要表现在以下几个方面：

其一，地震促使日本社会风气的改变，日人自此由骄奢变勤俭，务实、严肃、团结之风再起。

9月6日，《中华新报》发表论评《读英报论日灾之影响》曰：关东地震对日本"精神上之影响，则非常有益"。随后，该评亦列举三点加以说明：第一，日本年来狃于数次之战胜，及经济上之发，俗尚奢靡，浸成骄盈。故政党弄权，富豪擅利，精神上早非明治维新之旧。然今兹之灾，足使全体日人，于一刹那间同返于明治初年紧张严肃之气象，又深感举国一致之必要。凡一民族，惟在有此等创业精神时，始有进步。第二，日本年来，思想混沌，新旧激争。然此次之灾，足使新者旧者，皆顿时屏除客气，灭绝空论，惟以国力之恢复为务。夫常人所谓思想，所谓主义，固由信仰而生，亦半含游戏消遣鸣高炫世等元素。真正精神的高潮，必在此等大打击、大患难之后，始能见之。第三，吾人愿信日本举国，当由是而笃信平和主义，更实感人类互助之必要，与争权夺利之卑微。其外交方针，国民情感，且将由是而带一种新倾向、新精神。夫以自守有余之日本，而更努力于平和建国之途。则国力虽损，有何碍乎？上面这段言论，既肯定了灾前日本存在的种种弊端和不良现象，更对灾后的和平重建与恢复满怀期待，这在该报评论的开始部分可以找寻到答案："日本之损失诚大矣，……而精神方面，反可促其进步。祸者福所倚，顾视其国民之决心何如耳。"②

地震引发日本社会思想层面的变化，报刊中亦多有记载。如《盛京时报》的论说认为：日本自维新以来，其所有能骤致富强者，因其国民性秉承我中华先儒之教泽，富勤劳、节俭、谦抑、忠勇之美德也。但自欧战以来，日本富力骤增，物质文明大进，精神文明乃欲扫地以尽。人心腐败，达到极点。"向之称为勤劳者，今则变为怠逸者；向之称为节

① 橐吾：《对于东邻巨灾之感谢》，《东北文化月报》第2卷第9号（1923年9月15日），第461—462页。

② 一苇：《读英报论日灾之影响》，《中华新报》1923年9月6日

俭者，今则变为奢侈矣；向之称为谦抑者，今则变为傲慢矣；向之称为忠勇者，今则变为诈怯矣。记者二十年前留学日本，深慕日本之美风，及去岁再游日本，乃深骇日本人之堕落，已断言日本非起社会革命，必至亡国"。这次大地震，物质文明虽多遭破坏，但精神上则"不啻与以一服清洁散。彼酗歌醉舞之国民，受此大刺激，当亦知自反其本，而向坚实紧张一方面用力矣，岂非日本前途之福哉"①。

其二，地震摧毁了军事设施，国力损失较大，消除了他国对日本的猜疑，有利于东亚乃至世界的和平。

此次地震与火灾，造成东京的炮兵工厂、横滨的兵工厂、横须贺的海军军港等一系列军事设施的破坏与毁灭。舆论认为这"对于日本是有利益的，不得谓为损失"②，甚至断言这些损失值得"可庆"③。个中缘由，我们可以从报刊的记载中得到解释。"今经一度震灾，而东京炮兵工场、海陆军省、火药库、横须贺海军港、海军镇守府等，凡昔日所以惹起疑畏之中心，发展野心之根据，荡乎殆尽。自此中国人对于日本人提倡亲善者，无庸戒忌，应和日本人以提倡亲善者，亦无庸引嫌。……岂非不幸中之大幸哉"④。《盛京时报》的论说谓：日本原本是世界一弱小国耳，自维新以来，一战而胜中华，再战而胜强俄，三战而胜暴德。三十年中，由小而骤大，由弱而骤强，更由贫而骤富。竟以一无名小国，一跃而为世界三大强国之一。压倒先辈，气吞世界。于是全世界各国对于日本之猜忌、恐怖、嫉妒，一时并起，于是各国不约而同地流行排日之空气。自有此次大地震，日本损失生命数十万人，损失财产数十亿万，复兴之业期以十年，灾害之酷等于战败。故各国知日本皆无能为，将所谓猜忌、恐怖、嫉妒，弃之九霄云外，反以真挚之人类爱，对日本寄以深厚之同情，排日空气乃一扫而尽，以向日到处受排之日人今乃无往不利矣。同时，该文还补充道：欧战以后，远东方面为世界注目的中心，日美两国为争夺太平洋霸权，不惜互为假想之敌。日俄、中日两方面亦常欠圆满，故"军备缩小虽已赞成，而实际上则着着筹备如临大敌焉。自日本有大地震以来，世界之同情集于日本之一隅，发挥人类爱之真精神，竟将猜嫌争斗之念消灭殆尽。世界之和

① 于思：《东京震灾——与日本之前途》，《盛京时报》1923 年 9 月 18 日。
② 叔永：《日本震灾和精神上的损失》，《努力周报》第 72 期（1923 年 9 月 30 日）。
③ 衡哲：《对于今后日本的一个希望》，《努力周报》第 72 期（1923 年 9 月 30 日）。
④ 橐吾：《对于东邻巨灾之感谢》，《东北文化月报》第 2 卷第 9 号（1923 年 9 月 15 日）。

平，人类之幸福，将自此实现焉。塞翁失马，焉知非福"①。

但总体上看，中国舆论界对于"祸""福"之说还是报之以小心翼翼的态度："东京的炮兵工厂是用甲午战后中国的赔款所建的，他与日本武力政策的关系，可想而知。其余横滨的兵工厂，横须贺的军港，以及参谋部的军用地图，那一样不是日本战神的养命滋料呢？现在一旦毁灭，那个凶肥的战神或者可以逐渐瘦削起来，以至于饿毙罢。"②

其实这种和平论调的真实目的值得怀疑，虽然其梦想"猜嫌争斗之念消灭"，但现实情形是"争斗之念"不仅不会因为震灾得到缓和与消除，反而会在震后变本加厉，这由日本政府的侵略政策所决定的。

其三，城市布局的乱象在地震中暴露，灾后城市建设的规划趋于科学、合理。

关东地震造成的巨大人员伤亡和财产损失，与城市规划不合理及基础设施不完备有密切关系，这在灾时和灾后均有体现。"查日本震灾之时，人口死亡之多，其原因亦有在于都市行政之未臻完善。如水道之不改良，以致火灾起后消防无能为力；市内大公园之缺少，以致避难难民无从收容；警察之不足，以致临时不敷支配；桥梁之不足，以致火灾时难民无处逃生；运河之不通，以致水道断绝后再无给水之来源；爆发药品安置之无方，以致到处引起火灾；电车设备之不完全，以致郊外生活之不便。都市上所有之缺点，均于此次震灾大火时发见之"③。这段材料详细、客观地分析了惨况形成的种种原因，准确地指出了问题的症结所在。当然，这些问题也都引起了日本政府的高度关注，并在城市重建中力求改正，以免悲剧重现。现在"帝都复兴院已经成立，得此极大之经验，已有根本上之改良计划。果能实现，则将来日本市民之生活，亦未尝不因此大劫，而得其保障者也"④。

其实，早在地震前，面对欧美各国日新月异、美轮美奂的都市建筑群，日本民众艳羡不已。日本市民"莫不有一大东京之虚像焉，所恨非有一定之时日，一时断难实现，此无可如何之事也。不意此次地震，全市毁其大半，于是乘此机会，改造东京之说喧腾一时。是实天与其便，玉成其大东京之计划也。至论损失一节，为数固令人可惊。然有各国之

---

① 于思：《东京震灾——与日本之前途》，《盛京时报》1923年9月18日。

② 衡哲：《对于今后日本的一个希望》，《努力周报》第72期（1923年9月30日）。

③ 谢乐：《序四》，见杨鹤庆：《日本大震灾实记》，中国红十字会西安分会发行（1923年11月），第10页。

④ 谢乐：《序四》，见杨鹤庆：《日本大震灾实记》，中国红十字会西安分会发行（1923年11月），第10页。

踊跃捐输，所得或过于所失，亦不可知。语云塞翁失马，安知非福，其日本此次地震之谓欤"①。地震可谓是为造就崭新的大东京提供了机遇。

值得一提的是，此次东京等地遭遇的重大变故，报刊舆论认为势必将推进科技的发展和深入。1923 年 9 月 6 日，《时报》的时评《日本之祸福》认为，日本"此次之受祸独巨，即以事先一无所知，猝不及备之故。然经此巨创而后，吾知该国之各专门家，必殚精竭虑，探索此次地震之原因，研究预防趋避之法，以备再有第二次震灾之发生，不言可知焉。果然如此，则自此以后，日本于科学上、政治上暨一切经营设施上必有一番极大之改革刷新，而别成一新局面，不难断言"。所以，日本此次之灾，就目前之损害计，固为日本之祸，然就国家之文明进步言，未始非日本之福②。

四、"天灾为不可抗力"

"我们近世的文明，建筑在一个很重要的观念上，就是培根所说的'征服天然'。一切自然现象的研究，都是想了解天然的定律，懂得天然的定律，才能够驱策天然的势力。但是在我们应用天然势力的当中，竟发生了一种势力，他的伟大同我们的力量比起来，简直是不可方物。我们几十年几百年铢积寸累所得的，他可以用几分钟的力量，毁灭净尽"③。这是关东地震发生后，《努力周报》刊发的《日本震灾和精神上的损失》上一段话。这段材料既肯定了自然灾害这种"势力"的破坏性与突发性，又承认了人类力量的弱小，无法与之对抗。

敬畏大自然，是人类本能的体现；探求自然规律，亦是人类孜孜不倦的追求。在大自然的威力目前，舆论感叹自然界力量的强大，"人力"终究难以"胜天"。日本"此次受了空前的大地震，在几分钟之内，把一个繁华富丽的东京、横滨和沿海一带的许多重要市镇，几乎完全毁灭了。此种灾难，在身当其境的，那种迷离、震荡、惨痛、哀伤，觉得自然界势力的强大，而人力终归无权。这些可怜的心理必定完全占据了罹灾者的心脑，是不言可知的了"④。

这种场景，难免会引起悲观的论调。《东北文化月报》的言论《对于东邻巨灾之感谢》说道："所谓工于谋人者，不能谋天。苟天心不眷，

---

① 蛰庵：《大东京之实现》，《时报》1923 年 9 月 15 日。
② 蛰庵：《日本之祸福》，《时报》1923 年 9 月 6 日。
③ 叔永：《日本震灾和精神上的损失》，《努力周报》第 72 期（1923 年 9 月 30 日）。
④ 叔永：《日本震灾和精神上的损失》，《努力周报》第 72 期（1923 年 9 月 30 日）。

则数十年之旱魃，数千里之震灾，亦不能断其必无。斯时无论政治若何修明，学术若何精进，恐举国内之全力，决不能自为营救。"① 这些言论不免有些武断，但也真实地道出了大灾大难袭来时的凄惨画面，人类的努力显得不堪一击。对此，《努力周报》称：这样看起来，我们征服天然的信仰，不是要完全扫地吗？我们岂不要说"吃饭、饮酒，而且寻乐，因为明天你容许就要死了"吗？② 这种困惑与无奈，折射出人类在大自然面前的渺小和无助。正如《中华新报》的论评所说："观东京之巨灾，诚不禁叹人类之卑微。"③

这种无奈与迷茫之情，舆论也能坦然面对，既肯定了人类自身的不足，也给予了理解的态度。"到今天为止，我们人类对于自然的抵抗力，还不十分充足。尤其是这样可恐怖的变起仓猝的地震，使安居上边的人，实在似乎有些无所措手足"④。并认为要消除这种恐慌与不安，"没有别的救济方法，只有科学智识，再多的科学智识"⑤。

然而，对于科学在预报和处理灾害时的表现，则众说纷纭，意见各异。"有的回想到科学的价值，解不掉一种怀疑；有的静念着伟大的自然，更加上一层恐怖"⑥。《时报》的《哀火海》指出：日本科学进步，年来颇可惊异。平日设施防御，不为不周且密。乃此次巨灾，竟至万夫束手，朝野瞠目。于是"叹天灾为不可抗力，而科学万能，终究不能成立也"⑦。

以上言论，也得到其他报刊的回应。《晨报副镌》的杂感《日本的震灾》接受了此种定调，但言词上却更加激烈与不满。该文谓：日本的地震测量机关是世界闻名的，这回来了如此的大祸，居然没有一点儿预报。不禁让人产生如下感想：科学的力量还有限得很，如果真要控制自然，我们还须切实做研究的功夫。什么现在是科学万能时代的话，都未免太乐观，而且夸大了。文章随后补充道，据"近日报上所载，竟连震源都不曾考查确定，不是这班先生们的本领简陋得可以，就是人类的科

① 橐吾：《对于东邻巨灾之感谢》，《东北文化月报》第2卷第9号（1923年9月15日）。
② 叔永：《日本震灾和精神上的损失》，《努力周报》第72期（1923年9月30日）。
③ 记者：《鸣呼浩劫》，《中华新报》1923年9月4日。
④ 杨钟健：《地震与人类的安全》，《少年中国》第4卷第7期（1923年9月）。
⑤ 叔永：《日本震灾和精神上的损失》，《努力周报》第72期（1923年9月30日）。
⑥ 章鸿钊：《日本震灾与我国所得的教训》，《申报》1923年10月10日；《学艺》第5卷第10号（1924年）。
⑦ 清波：《哀火海》，《时报》1923年9月5日。

学知识还浅薄得可以了"①。

与《时报》和《晨报副镌》的评论相比，《东北文化月报》的言论《对于东邻巨灾之感谢》对于科学的态度则趋向于否定："科学昌明至于今日，诚可谓战胜天然而唱凯矣。独至地坼山崩，风狂海溢。则虽有千百奈端、瓦特、富兰克令，且将与村童牧竖，同作哀黎，势必不能乞灵于科学。"②

对于上述论调，《申报》则持相反的观点，认为科学的发展有一个从幼稚到成熟的阶段，对地震的预测亦是如此。10月10日，该报刊发了《日本震灾与我国所得的教训》一文，认为："无论那一种科学，大概最初都极幼稚，到后来才逐渐发展、逐渐分离、逐渐独立，又逐渐变迁。学理越进越深，总没有终了的境界，地震学也自然是一样的。不过地震的起源，每在地下深深的藏着，不像地面上的自然作用容易直接去观察，所以要觅预知的途径，也比较的稍难。但既成一种科学，当然要受因果律的支配。就是日本这回地震，也有最明著的地质和历史的关系，决不是偶然的一回事。或疑地震虽有相当的原因，何以这次，日本的地震学家竟没有什么预报。现在却不能断定他们有没有预报，但记得约二十年前，他们早已有'五十年内东京当发生大地震'的警告了。这个理由，因为历史上地震的统计，大略有一个活动的周期。东京的大地震，从日本庆安二年（西一六四九）、元禄十六年（西一六九四）、到安政二年（西一八五五），中间经过三次，平均恰得一〇三年。在这个平均期内，认为同样地震有复活的机会，所以有这样坚决的论断。"③《努力周报》的文章《日本震灾和精神上的损失》补充道：我们虽不敢希望以科学研究的结果，竟能做到地震的预报，如日月蚀的预报和天气预报一样。但我们很希望以自然知识增加的结果，不至于因一点灾难，就弄得惊慌失措，去走那倒退的路。我们要记得自然的力量，虽然很强大，但总是无意识的，很自然的，不像人为的灾患那样可怕可恶④。

尽管如此，舆论还是理性地指出，不管我们的科学如何得进步，地震仍旧客观存在；当灾害来临时，重要的是人类要互帮互助，体现人类特有的道德。地震"若要完全去消灭这种灾害，无论科学怎样进步，人

① 柏生：《日本的震灾》，《晨报副镌》1923年9月8日。
② 橐吾：《对于东邻巨灾之感谢》，《东北文化月报》第2卷第9号（1923年9月15日）。
③ 章鸿钊：《日本震灾与我国所得的教训》，《申报》1923年10月10日。
④ 叔永：《日本震灾和精神上的损失》，《努力周报》第72期（1923年9月30日）。

类决没有回天的能力。我们从前只想依着环境去图生存，现在方知道物质界里的环境，还是容易破坏的，那末究竟应该依着什么呢？我们试回头想想，现在日本劫后的灾民，究竟是依靠上帝在那里呵护呢？还是依靠人类的救济？这是不消说的，除去他们本国的同胞，世界上无论那一国那一族人民，都是抱着人类共存的觉悟，在那里努力救济他们"。所以，"人类要依着物质的环境去过生活，还不如依着道德去过生活。环境有时还要破坏，道德没有时候可以破坏的"①。

五、多行不义必自毙

灾害的发生，伴随其后的往往是因果报应、上天警示等论调。关东地震发生后，中国舆论的反应之一，便是认为这是上天在惩罚日本。

曾赴日调查灾情的中华学艺社代表林骙在给《日本大震灾实记》作序时写道：日灾的结果，日本人均说是"天罚"。即我不信天、不信神，素无迷信的人，走到灾地一看，亦觉如此。他接着写道："你想，维新五十年苦心惨淡，经过中日战争和日俄战争那两番的胜利，又拣着欧战那最大的一个便宜，才积下这么繁盛的一个东京和一个横滨，这实在不容易啊！所以，当震灾未起之前，日本人在世界中若不多是横行阔步到了极点了。不独日本人自身，即世界人亦莫不信日本是天的骄子！谁会想到，……大动而特动起来了呢？谁又想到，这个地动了不算，这个火还跟着会发生了许多处，大烧而特烧起来了呢？其结果，把偌大一个横滨烧成一片焦土，偌大一个东京烧得四分五裂。把人命烧死几十万，把财产烧掉几十亿。其损失之大，把欧战中所得的吐了出来，还嫌不够。这个灾到底是多大啊！所以，就是没有迷信的人，到这个时候，也不能不信起孔夫子所说的那个天命，而视出什么天罚来了！我呢？我虽然是科学之徒，也不能不说是'宇宙的索债'。"②

上述言论并非个案。1923 年 9 月 6 日的《新闻报》刊发了题为《吊东京火灾文》一文，该文认为东京遭此大劫，既是地震火灾所为，也是天意如此："东京一炬，几成焦土。呜呼，烧东京者，地震也，非火也。起火者，电也，亦天意也。"③

舆论认为，这种天罚、索债、天意是日本多年来多行不义招致的恶

---

① 章鸿钊：《日本震灾与我国所得的教训》，《申报》1923 年 10 月 10 日。
② 林骙：《序二》，见杨鹤庆：《日本大震灾实记》，中国红十字会西安分会发行（1923 年 11 月），第 2—3 页。
③ 天台山农：《吊东京火灾文》，《新闻报》1923 年 9 月 6 日。

果。《学生文艺丛刊》载文认为，日本多年来横行不义，终究获罪于天。"日本虽怙恶不悛，致遭天法。"①《苏州晨报》上还登载了采用"仿热昏调"写成的《东京火灾》一文，云："吃饱饭来无事情，还是唱唱看报景。新闻报里看分明，看见一庄大灾情。就是日本格东京，外加还有是横滨。诸君听见吃一惊，就是地震大火情。从古未有如此情，死脱格人弄弗清。人家烧脱数弗尽，就勒九月二日浪，上午前头六点零，地震炸开顶吃紧，火山喷火喷得紧。人家烧得痛伤心，四十万家有挂零。单说电气厂里人，二人有格六百零。富士纺织二厂人，亦有二千挂点另。诸君听见吃一惊，阿伤心来弗伤心。照我区区想一想，本常矮奴狠劲劲。要想中原来吞进，天上看看气不平。此次一次大灾情，拨里一点小灵星。"② 该文简洁流畅，通俗易懂。不难想象，在坊间邻里广为传唱。

有人还编成了脍炙人口的"四季歌"吟唱道："春季里来梅花开，日本地震真海外，九月一日恶时辰，损失总有几万万。夏季里来荷花开，东邻政府心太很〔狠〕，所以天公有眼睛，空前灾星降来临。"③

10月16日至19日，《追吊日灾文》连载于《苏州晨报》上，文章指出了日灾产生的"因"与导致的"果"，向民众印证因果善报的理念。16日，该文描述道："我闻夫东邻日本，强暴存心。欺我中华，连年无停。甲午一役，台湾被割。韩邦开火，占我领土。联军入京，五十万银。袁老洪宪，念一条件。哀的美敦，逼人承认。湘西长沙，枪杀学生。如此凶狠，人岂不恨。"④ 17日，该文接着指出："订以苛约，存以野心。使我同胞，闻之心惊。何乃物极必败，早有成训。九月朔晨，称祸地震。海啸山裂，一时俱作。东京横滨，咸遭灾殃。"⑤ 19日，该文总结道："我闻之日邦待遇，纵奸弄刁。强则同盟，弱则操军。对我中国，满想鲸吞。奈何天意，忽而地震。火山爆发，祝融又临。东京横滨，几成焦土。太后皇子，咸受惊扰。皇亲国戚，难免伤亡。四十万户，同焚于火。二十万人，皆殁斯役。数载搜刮，历年精英，付之一炬。"⑥ 这段材料，为我们清晰勾勒出日本欺我中华——日人意图鲸吞我

① 黎宾旸：《日本横遭天灾中国应表示如何之态度》，《学生文艺丛刊》第1卷第3集（1924年3月），第11页。
② 瞿渭源：《东京火灾》，《苏州晨报》1923年9月20日。
③ 俊民：《赈济四季歌》，《苏州晨报》1923年9月22日。
④ 俊民：《追吊日灾文》，《苏州晨报》1923年10月16日。
⑤ 俊民：《追吊日灾文》，《苏州晨报》1923年10月17日。
⑥ 俊民：《追吊日灾文》，《苏州晨报》1923年10月19日。

国——上天降灾东邻的因果关系画面。

将日本近年来所做的"恶迹"与因果报应联系在一起的还有不少，如长沙《大公报》发文道："轰轰然平地一声，烧死万人，水池枯涸，火山奔腾，忽闻地震，石破天惊，墙坍壁倒，倾压宫城，四十万户，断送火神。或有告予曰，此大火灾也。祸起东京，呼号痛哭，怜不忍闻，伤□哉。人欤天欤？殆因果欤。吾闻夫旅顺不还，大连扣住。二十一条，难犯众怒。湘生西归，京伶东渡。强夺矿山，共管铁路。……多行不义必自毙，人善人欺天不欺。呜乎噫嘻。"① 多行不义必自毙，恶有恶报，时人终究从中可以得到丝许精神慰藉。

此时，舆论界之所以持有上述论调，究其原因离不开深沉的时代背景因素，离不开对中日民族关系的考察。众所周知，中日两国一衣带水，唇齿相依。然自明治维新以来，日本屡犯我国，夺地谋利，无不有其身影。蛮横霸道，制造惨案，更是司空见惯。中日琉球事件交涉、1894—1895 年甲午战争及《马关条约》的签订、1904—1905 发生在中国领土上的日俄战争及涉及中国内容的《朴次茅斯和约》、控制东北、强占青岛、出台"二十一条"等等，无不是日本奉行大陆扩张政策的"杰作"，两国间因此充满了尖锐的民族矛盾。"因此我国人引以为奇耻大辱，对于日本的感情，也一天坏似一天"，"无论到那里，试执一三尺童子面问他谁是我的敌国，他必冲口而出，说是日本"②。

1923 年是中国与日本风波迭起、冲突不断的一年。1 月 19 日，北京政府参议院议决"二十一条"无效③。3 月 10 日，北京政府外交部与中国驻日使馆在北京、东京两处同时向日本政府及日本驻华使馆提出照会，称："本国国会，于民国十二年一月常会，议决对于民国四年五月廿五日所缔结之中日条约及换文，认为无效，准本国参议院咨请查照办理前来，足征本国民意，始终一致。而旅（顺）、大（连）租期，又瞬将届满，本政府认为改良中日关系之时机，业已成熟，特向贵政府重行声明：所有民国四年五月廿五日所缔结之中日条约及换文，除已经解决及已经贵国政府声明放弃，并撤回所保留各项外，应即全部废止，并希指定日期，以便商酌旅（顺）、大（连）接收办法，及关于民国四年中日条约及换文作废后之各项问题。本国政府深信贵国政府及国民看重中

---

① 《吊日本大火文》，《（长沙）大公报》1923 年 9 月 17 日。
② 吴研因：《教育上对日态度当如何》，《新闻报》1923 年 9 月 7 日。
③ 《参议院议决二十一条无效》，《申报》1923 年 1 月 22 日。

日邦交，必能容纳本国国民全体之意思，将数年间两国亲睦之障碍，完全扫除，从此两国国民得谋真实之亲善，东亚和平，益臻巩固，岂惟中日两国之福，抑亦世界之幸也。"①

同日，外交部将此照会内容通电告之相关部门和省份。电文②如下：

北京参众两院、各部院，保定、洛阳各巡阅使，北京检阅使，各省督军、督理，各省省长，张家口、承德、归化各都统，上海护军使、各镇守使，各省省议会钧鉴：查民国四年，中日条约及换文，经国会宣布无效而旅大租期又旬将届满。兹特于三月十日，由本部及驻日本使馆在北京、东京两处同时向日本政府及驻京日使提出照会，声明废止。

对于中国方面的正当要求，日本则蛮横地予以拒绝："日政府以为今无理由接受贵政府因请取消所指条约，而涉及讨论收回旅顺、大连之建议。"③ 日本政府的蛮横与霸道，激起了中国人民的强烈不满与愤慨。中国民众在旅顺、大连原租借期届满④之际，发起了声势浩大的废除"二十一条"、要求收回旅顺和大连的运动。"自日本拒绝二十一条牒文后，国人闻之，无不愤慨，尤以商学界为最"⑤。

据《申报》载：17 日，西门有 10 余名小学生，悬旅顺、大连地图一大张于墙壁，旁贴"力争旅大""取消二十一条""国人速起""拒买日货"等字样，"见有行人经过，无论上中下各种阶级，必婉为阻止，向之为五分钟之演说，听者多为所感动"⑥。

19 日，北京各校在燕大女校开会，决议组织北京基督教学校收回旅大后援会，其宗旨"纯为旅大问题，不问政潮学潮，亦不为额外之运动"。

---

① 《外部公表撤废二十一条通牒》，《申报》1923 年 3 月 12 日；《外交部声明废止中日条约收回旅大办法通电》，见中国第二历史档案馆编：《中华民国史档案资料汇编：第三辑（民众运动）》，江苏古籍出版社 1991 年版，第 631—632 页。

② 《外交部声明废止中日条约收回旅大办法通电》，见中国第二历史档案馆编：《中华民国史档案资料汇编：第三辑（民众运动）》，江苏古籍出版社 1991 年版，第 631 页。

③ 《日政府对于撤废二十一条之覆文》，《申报》1923 年 3 月 15 日。

④ 注：俄国从清政府手中获取了旅顺、大连 25 年的租借权，至 1923 年 3 月 27 日期满归还中国。1905 年 9 月 5 日，俄、日两国签订《朴次茅斯和约》，该条约正约五条为：俄国将旅顺口、大连湾及其附近领土、领水之租借权，以及界内的一切设施财产，转让给日本。1915 年 5 月，日本逼迫袁世凯签订"二十一条"，其中规定："两缔约国约定，旅顺、大连之租借期限并南满洲铁路及安奉铁路期限，皆延长为九十九年。"见赵佳楹：《中国近代外交史》，世界知识出版社 2008 年版，第 513 页；日本外务省编：《日本外交年表并主要文书》（上）文书部分，第 404—407 页。转引自米庆余：《近代日本的东亚战略和政策》，人民出版社 2007 年版，第 286—287 页。

⑤ 《日本拒绝牒文声中之商学界》，《申报》1923 年 3 月 18 日。

⑥ 《日本拒绝牒文声中之商学界》，《申报》1923 年 3 月 18 日。

浙江美专则呼吁重组全浙学生联合会，决定"本华府会议之成案，振五四运动之精神。除对日本领事署严重表示民意，请其电达日政府考量容纳外，一面请愿军民两长，一致通电抗争；一面电促北京当局，迅将全案交由国际联盟会裁判所公断"。并指出："万一日政府骄悍自恃，不顾公理，则立请政府明令断绝两国邦交。"①

哈尔滨市民组织的国民外交后援会，为讨论收回旅大问题，特在道外公园召开市民大会。有多数市民，手持白旗，上书取消二十一条、收回旅顺大连等字样，向公园走去。此外，"各车马上皆插有白旗"。上午十时，各团体陆续到场，"公园竟无隙地，约计有万人以上"②。民众的愿望和决心可见一斑。

另外，据财政部档案记载，1923 年 3 月 24 日，参议院议员宋桢等194 人③联名通电全国呼吁一致力争收回旅顺、大连。电文④内容如下：

民国四年日本胁迫行为强袁世凯氏承认日本提出之二十一条，我国民

---

① 《各省学生对于廿一条之愤慨》，《申报》1923 年 3 月 23 日。

② 《滨江通讯》，《申报》1923 年 3 月 24 日。

③ 他们是：宋 桢、王文芹、江 浩、王法勤、李广濂、籍忠寅、郭熙洽、张树柟、臧景祺、孙乃祥、赵连琪、王秉谦、杨绳祖、萧文彬、赵成恩、赵学良、谷家荫、吴子青、华鉴增、刘 哲、李伯荆、刘正堃、姚翰卿、郭相维、杨崇山、战涤尘、刘凤翔、解树强、秦锡圭、王立廷、沈维贤、丁文班、潘成锷、辛 汉、丁铭礼、桂殿华、张我华、胡壁城、李靖国、张云翼、吕祖翼、黄缌熙、汤 漪、邹树声、刘 濂、符鼎升、蔡复灵、萧辉锦、毛玉麟、熊正瑗、王家襄、童杭时、许 燊、金兆棪、郑际平、沈钧儒、王正廷、盛邦彦、孙棣三、李兆年、范毓桂、雷焕猷、陈祖烈、刘映奎、裴章渝、潘训初、刘以芬、韩玉辰、董昆瀛、牟鸿勋、高仲和、张 汉、周兆沅、廖辅仁、叶兰彬、周震鳞、盛 时、田永正、向乃祺、彭邠栋、席 业、刘星楷、尹宏庆、萧承弼、张鲁泉、王凤鸎、张骏烈、王乐平、张汉章、王伊文、陈铭鉴、李 槃、黄佩兰、毛印相、万鸿图、侯汝吴、任同堂、张 瑞、营廷献、苗雨润、田应璜、王用宾、张联魁、李素绶、桐 溪、窦应日、焦易堂、范 樵、李述膺、张蔚森、岳云韬、张凤翔、杨逢盛、赵世钰、万宝成、文登瀛、魏鸿翼、王鑫润、梁登瀛、范振绪、姜 继、郑 浚、赵守愚、李凤威、何海涛、蒋举清、阎光耀、李 澜、刘隽佺、徐万清、师敬先、孔昭凤、王 猷、吴连炬、王 湘、赵时钦、潘江棱、肇 锡、潘大道、李英铨、黄锡铨、彭建析、易仁善、李茂之、李自芳、黄金声、杨永泰、林丙华、刘景云、郭杨森、黄绍来、马君异、雷 殷、雷椿昆、潘乃德、陈峻云、李文治、王人文、李正阳、孙光庭、何 畏、周泽南、张金鉴、黄光操、胡庆雯、吴仵荣、张 炜、周恭寿、鄂博噶、台纳谟图、祺克慎、刘丕元、张文车、李 端、多布震德、色赖托布、陆大坊、宋汝海、邓芷灵、博彦得勒、格尔棍布扎布、郭布瀛、龚焕辰、巫怀清、刘文通、巴达玛林沁、王泽分、胡 钧、李安陆、那旺呢麻、龚庆霖、陈寿如、沈智夫、冯自由。《参议院议员呼吁全国一致力争收回旅大通电》，见中国第二历史档案馆编：《中华民国史档案资料汇编：第三辑（民众运动）》，江苏古籍出版社 1991 年版，第 636—637 页。

④ 《参议院议员呼吁全国一致力争收回旅大通电》，见中国第二历史档案馆编：《中华民国史档案资料汇编：第三辑（民众运动）》，江苏古籍出版社 1991 年版，第 635—636 页。

引为奇耻，矢死不能承认者非一日矣。本年一月国会本全国民意自始否认之表示，对于中日条约及其附件中之各项换文加以否认，宣告无效。政府据此咨达日本并与订期商榷接收旅大办法。乃日本概予拒绝，全不理会，案诸国际通义，凡国际间缔结条约以基于两缔结国双方之同意，为成立条约之要素。若出于片面之要求，由于迫胁之结果如二十一条之往事者，而亦谓之条约非所闻矣。兹请就日本复文中之尤为荒谬者加以辨正。其复文谓：大正四年之中日条约及交换公文，原经两国受正当全权委任之代表正式签字，且经中日两国元首之批准。查国际间条约批准之手续，各依其国宪法之规定，日本之批权在天皇，而我国之批准权在国会。故凡未经国会承诺之条约即与未批准之草条等耳。襄者美总统威尔逊与各国所订之国际联盟条约，一经上院否认，□国即认为条约不成立。亦当然之事也。其复文又谓：对于贵国政府所提议各节，如协议接收旅顺、大连之办法及该条约及交换公文废止后之善后措置，均无何等应酬之必要。查日本取得租旅大之根据，据于中日会议之东三省条约该约第二款，明载日本政府承允按照中俄两国所订借地及造路原约实力遵行，而俄租旅顺、大连湾条约第二款，租地期限画当此约之日后起定二十五年为限，照约扣至本年三月租期已满。日本应按照原约交还旅大。乃对我提议悍然不顾其条约上义务之所在，而谓无何等应酬之必要。国际之间诈无信义条约之设，期于履行。彼竟不惜以破坏国际条约者破坏其国际信义。苟利于彼未正式批准者，强认作条件，不利于彼，本明白约定者亦不为履行，是而可忍孰为可忍。抑更进者，国会乃国民代表政府，乃国民公仆，其不承诺也，抗争也，固自有其职责之所在。然遇此外交棘手问题，使其持之不能不坚争之；不能不力者则有待于全国民之严厉监督。近世国际关系之倾向，已由政府外交进而为国民外交，矧在我主权所属之国民，到此存亡关头；安有不被发缨冠，出而自救者乎。今海内方域四分五裂，有此弱点适以造成外力欺凌之机会，然语云：兄弟阋墙外御其侮，令内政问题不一致，而对外方针之所在则应有举国一致精神之表现，此不能不大彻大悟者。自民国四年以来，否认中日条约之国民运动，在国内国外亦可谓百折不回矣。此次交涉乃其最后之一日而最后胜利将于全国民之最后努力卜之。愿我国民父诏其子，兄诫其弟，朋友互相策励奋发，力争坚持到底，同人不敏愿效前驱。父老昆仲共鉴斯言。

上述通电，回顾了二十一条及旅顺、大连租借问题的由来，陈述了日方的非法性与不正当性，并指出了应对的策略和方法。

此时，不仅议员们有所动作，其他社会各界的呼声亦是高涨与急迫。现列举事例几则，特加说明。

【事例一】

北京宪友俱乐部等团体呼吁收回旅大愿为后援电①
(1923 年 3 月 26 日)

　　万急。北京大总统，……旅大租期本日届满，国人主张照约收回，国际公例，应许交还威海其明证也。不意，日政府不顾国交，藉口于廿一条条约抗不交还。夫廿一条条约，本由强迫而来，未经国会同意。当时国民誓死否认，悬为国耻，根本上未尝成立。日人既承认我国国体，即不能不顾我国约法。况青岛之战，原为日德战争，我国既加入协约，当然不能受片面之条件，抢占领土，破坏世界公理，扰乱东亚和平，日人实负其咎。故参战以后，关于廿一条问题，我国累次抗争，能得欧美各国之同情。此后日人无论如何，我但持以正义，百折不挠，终必有收回之一日。愿我国人同心合力为外交后援。旅大一日未收回，我国人之运动一日不止。谨此誓言，始终不折。

　　中华民国十二年三月二十六日是卢观音堂十号宪友俱乐部、宣外二百号颐园七号俱乐部、宪民社法治统一会、广誉社九团体、国会议员同叩廿宥。

【事例二】

中华自治协会天津支会誓死收回旅大代电②
(1923 年 3 月 27 日)

　　慨自日人占据旅大，强暴横恣已有年矣。国人含诟受辱，匪伊朝夕。今幸租限届满，自应依法收回复我主权，发我国光。讵彼日人贪暴性成，以二十一条为抵赖理由，岂知二十一条在巴黎和会，日代表已声明抛弃，揆诸法理自无拒绝余地。似此强迫胁逼，无理取闹，实为环球所共愤，人类所不容，国际信用既失，中日亲善何在。我国领土所系，存亡所关，若非群起奋斗，抵死力争是二十一条无取消之日，旅大两港

　　① 《北京宪友俱乐部等团体呼吁收回旅大愿为后援电》，见中国第二历史档案馆编：《中华民国史档案资料汇编：第三辑（民众运动）》，江苏古籍出版社 1991 年版，第 632—633 页。
　　② 《中华自治协会天津支会誓死收回旅大代电》，见中国第二历史档案馆编：《中华民国史档案资料汇编：第三辑（民众运动）》，江苏古籍出版社 1991 年版，第 633 页。

无收回之期，朝鲜亡国殷鉴，匪遥为奴为隶，岂不寒心，衰崩侨压，谁能幸免。千钧一发，机不可失，生死关头，在此一举，不达目的，宁死勿渝。愿我同胞起而奋斗，时急势迫，勿再犹疑。

中华自治协会天津支会叩

【事例三】

武汉国民大会要求力争收回旅大电①
（1923 年 3 月 27 日）

日人对于交还旅大及取消二十一条两案，蔑弃信义，吾国誓与不共戴天。今日武阳、夏口各团体、各学校及各界人士在汉口民生路老圃开国民大会，到者十余万人，当场议决金愿牺牲一切，力抗强敌，非达到照约交还旅顺、大连及完全取消二十一条不止。如有迟遁圆顾者，国人即认为公敌，当共讨之。临电迫切，无任愤慨。武汉国民大会叩。沁印。

阅读上述事例不难发现，废除二十一条及收回旅顺、大连是民众共同的诉求与心声；"百折不挠"，"同心合力为外交后援"则是其一致持有的态度和决心。

声讨控诉之外，全国多地出现抵制日货、主张对日实行经济绝交、示威游行、散发传单等形式的民众运动。如 3 月 16 日，上海民国路及沪北六路商界联合会等赞成对日经济绝交之主张②。次日，上海各公团及各界爱国人士百余人在救国联合会开会，讨论对日问题，各团体代表"均系主张据约力争，如日本犹固执不逊，即实行经济断交"，并决定成立"国民对日外交大会"③。3 月 24 日，上海二百多个团体、一万余人参加的市民大会在总商会召开。到会人员"对于否认二十一条，收回旅大，全场一致"。并发出"致各国政府电""致日本国民电""致全国国民电"。致全国国民电曰：本日上海市民在总商会开对日外交市民大会，到者万余人，"全体主张收回旅大，并绝对不承认二十一条，在未达目

① 《武汉国民大会要求力争收回旅大电》，见中国第二历史档案馆编：《中华民国史档案资料汇编·第三辑（民众运动）》，江苏古籍出版社 1991 年版，第 633—634 页。
② 《商界对二十一条约之愤慨》，《申报》1923 年 3 月 17 日。
③ 《国民对日外交大会成立纪》，《申报》1923 年 3 月 18 日。

的前，全国对日经济绝交"。并指出"国家存亡，在此一举，希一致进行"①。

在湖北，武汉学生联合会对于"日本之蔑视我国民意，尤为愤慨"，该会集议后决定"抵制劣货"，"与日人断绝经济及原料往来"等。汉口商界团体"亦纷纷集议，对付日本之办法"，拟在汉口总商会开一联席会议，"讨论抵制劣货事宜，以便公同遵守"②。

3月23日下午，浙江国民外交大会假省教育会开会，各团体及学校代表到者百余人。在商讨抵制日货、经济绝交问题时，会上有人主张对日本须取不合作主义：不买日货；货不卖于日本；金钱不愿为日人赚去；亦不赚日人的钱③。此建议得到与会者的支持。

山东各界"自日人将我国提出废除二十一条通牒完全拒绝后，异常愤慨，连日正酝酿反对，以促日人之觉悟"。该省惠民县公民宋云青，印发传单，号召各界速起力争。他认为"我国虽弱，民气尚强，此时要图，惟有提倡全国拒绝日货之一法，尚足以致其死命。倘能协力同心，一致抵抗，未始不达致废约目的"。并呼吁道："凡我同胞，咸具热诚，千请我各界诸公，抱此宗旨，坚决履行，填海移山，有进

---

① 到会团体有：宁波旅沪同乡会、绍兴旅沪同乡会、广肇公所、大埔同乡会、福建同乡会、温州旅沪同乡会、南通旅沪同乡会、各路商界总联合会、纳税华人会、国民对日外交大会、救国联合会、全国学生联合会、上海学生会、留日学生救国团、纱厂联合会、中国工会、上海工会、全国各界联合会、女界联合会、江淮同乡会、台州同乡会、全国民生协济会、中华全国道路建设协会、中华国民励耻会、中华救国十人团、中华武术会、商务书馆、山东会馆、大中华纱厂、华丰纱厂、恒丰纱厂、先施公司、粉面公所、洋布商会、上海银行、棉业银行、耶稣自立会总会、救火联合会、湖南劳工会、中华劳动会、粤侨工会、西服业同志会、电器升降同志会、中华电器工界联合会、驻沪参战华工会、三友实业社、旅沪宁绍台工商协会、全皖旅沪厚生会、旅沪安徽改造同志会、励志宣讲团、少年宣讲团、上海古玩公会、华商料器业公会、宁绍公司、履业公会、天后宫商市公会、闸北救火会、闸北商业公会、闸北慈善团、闸北残废院、闸北地方自治筹备会、闸北水炉业公会、闸北惠儿院、上海学商公会、上海烟口业众和社、淞沪粮食会、上海船栈房联合会、诸暨同乡会、广东自治会、北市洋货公会、江西旅沪工商联合会，此外，各马路会有南京路、河南路、山东路、山西路、法租界、百老汇路、北山西路、沪北五区、四马路、汉口路、江西路、天潼福德路、崇明路、北海路、邑庙豫园、北城、东北城、民国路、虹江路、沪北六路、五马路、虹口六路、闸北五路、西华德路、沪东路、新闸路、文监师路、吴淞路、爱克路、胡家木桥、福建路、浙江路、武昌路、北京路等联合会，及北京大学、澄衷中学、绍兴公学、南洋路矿学校、岭南中学、中华女子公学、坤范女中学、南洋甲种商校、承天学校、青年会日校、民福学校、铁华学校、爱国公学、广肇公学、宁波第一公学、宁波第二公学、宁波第三公学、大同学校、平民义务学校、同芳学院、竞志学校、中国商业公学、志成学校等二百余个团体。见《上海市民大会开会纪》，《申报》1923年3月25日。

② 《鄂公团力争廿一条与旅大》，《申报》1923年3月24日。

③ 《浙江国民外交大会纪事》，《申报》1923年3月24日。

无退。"①

另外，"北大学生欲在天安门开会，业经严禁。该会因而未能开成。有在人丛中秘密散发传单者亦经没收驱逐"②。

再如，"中华国民收回旅大协进会"的传单，其内容充满愤恨、不满与抗争，并指出旅顺、大连收回的重要性。传单详情③如下：

> 同胞啊！请看日本的蛮横，国民当竭力抗争。
>
> 旅顺口大连湾，原是我国最好的军港哟！在光绪年间，租与俄国，后来日本把俄国打败，一切权利就归他承受了。你想要是一国的军港要归了敌人掌握，那就如同人的咽喉被人勒住一样，他还能够活着吗？那知日本居心险毒，因旅大租借期限，原是廿五年，到今年三月廿七日就期满了。于是乘了欧战的空子，中国没有帮手的时候，用极强横的手段，提出廿一条，逼着我们承认。劲要将旅大租借期限，展至九十九年，（到民国八十六年期满）你想他是什么居心呢？幸而袁世凯时代，国会被他解散，廿一条未经国会通过。按照国际公法，当然是不能有效的。今年三月到旅大交还日子了。日本不但不遵约交还，反说违法的廿一条一定有效，你说世界上还有公理吗？我们要是不竭力抗争，国家还能立国吗？国民还有什么人格吗？同胞呀！快醒了吧！努力援助政府吧！要等到亡国的时候后悔可就迟啦！

在游行示威方面，据参陆办公处档案《北京宪兵司令镇压各校为收回旅大示威运动报告》可知，"本月廿六日下午一时顷，天安门前有北京各学校及各团体男女学生等约二、三千人，为收回旅大暨废弃二十一条交涉，开国民大会作示威运动，以为政府后盾。至一时三十分整队向各街市游行，散发传单，三时余，始各回校"④。

临时执政府档案《唐丰泰报告学生游行要求收回旅大致王怀庆呈》记载，3月28日"下午一时余，有全国及京师商会并第二中学、尚志学校、山东中学等共一千余人为收回旅大取消二十一条事在街市游行，散发传单。在天安门前集合赴公府，派代表人孙学仕等五人，面见元首。

---

① 《鲁闻撷要》，《申报》1923年3月23日。

② 《薛之珩严禁北大在天安门开会散发传单致王怀庆函》，见中国第二历史档案馆编：《中华民国史档案资料汇编：第三辑（民众运动）》，江苏古籍出版社1991年版，第647页。

③ 《中华国民收回旅大协进会传单宣言及通电》，见中国第二历史档案馆编：《中华民国史档案资料汇编：第三辑（民众运动）》，江苏古籍出版社1991年版，第640页。

④ 《北京宪兵司令镇压各校为收回旅大示威运动报告》，见中国第二历史档案馆编：《中华民国史档案资料汇编：第三辑（民众运动）》，江苏古籍出版社1991年版，第634页。

经陆军次长金永炎代表向众言收回旅大必达到目的,至三时又赴国务院递请愿呈,至四时余出西华门回西珠市口商会后各散"①。

陆军部档案显示,在福州"连日闽中学界联合游行,士气激昂,舆情感奋,所望国人同心协力,一致进行,作外交之后援,达废约之目的"②。

内务部档案载,自旅大问题发生后,"陕各校学生虽亦运动示威,抵制日货,而态度稳健,秩序整齐,并无逾越范围之举"③。

关于上述种种情状,《东方杂志》亦载文道:"于三月二十六日旅大应收回的日期前后所发生的示威游行,在国内各省各地日有所见。于三月二十五日的上海五万余人大示威游行后,更有四月十五日天津二十余万人的大示威游行,接着'五七'纪念、'五九'纪念,相继而至,国民外交运动的表示也陆续而起……示威游行以外,还有抵制日货。……这回已经不用前回'抵制劣货'的名称,而用'经济绝交'的新名词了。自从四月七日上海对日市民大会执行委员会议决经济绝交大纲后,各地次第开始检查并禁运日货。"对此,《东方杂志》指出:日本本年对华的商业,在未排货以前,本来有出超变为入超的危险。现在再加以各商帮的相约不进日货,商业的损失,是可以预想的④。

有学者认为,1923年春,中国人民先后发起了"三二六"与"五七"国耻纪念两个抵日运动高潮⑤。

一波未平,一波又起。6月1日,日本水兵在长沙枪杀民众,制造了"六一惨案"。惨案发生后,数万市民举行反日大示威⑥,"我全国官民同深愤慨,一时函电纷驰,都主张速撤日舰,再向日本严重交涉"⑦。

---

① 《唐丰泰报告学生游行要求收回旅大致王怀庆呈》,见中国第二历史档案馆编:《中华民国史档案资料汇编·第三辑(民众运动)》,江苏古籍出版社1991年版,第634—635页。

② 《萨镇冰为力争收回旅大福州各中学举行游行电》,见中国第二历史档案馆编:《中华民国史档案资料汇编·第三辑(民众运动)》,江苏古籍出版社1991年版,第637—638页。

③ 《徐文永报告陕省抵制日货情形密电》,见中国第二历史档案馆编:《中华民国史档案资料汇编·第三辑(民众运动)》,江苏古籍出版社1991年版,第646页。

④ 《"废止二十一条"的中国国民外交》,《东方杂志》第20卷第7号(1923年4月10日)。

⑤ 顾明义等:《日本侵占旅大四十年史》,辽宁人民出版社1991年版,第545、546、564页。转引自马建标:《湖南外交后援会、湘案交涉与1923年的国民外交运动》,载金光耀、王建朗主编:《北洋时期的中国外交》,复旦大学出版社2006年版,第300页。

⑥ 罗元铮主编:《中华民国实录》第一卷下册,吉林人民出版社1998年版,第799页。

⑦ 《长沙日舰肇事交涉(二)》,《东方杂志》第20卷第11号(1923年6月10日)。

案发后，湖南省长赵恒惕通电全国，其电文①如下：

> 万万万万万万万万急。北京参众两院、总统府各部、各省督军、省长、督理、督办，各师、旅长，各镇守使，教育会，农会，工会，商会，各法团，各报馆均鉴：近自旅大问题发生，全国舆情鼎沸。湘省日商杂处，特恐惹起龃龉，官厅尽力防护。并曾迭向日领声明负责。不料，昨晨日轮武陵抵埠，适值市民游行演讲，日本商人故意挑衅，而曾在宜昌肇事之日兵舰伏见号，率派徒手水兵游行河畔，启人惊疑。当经交涉司杨宣诚向日领交涉，将水兵撤回。乃日领竟置若罔闻。该舰更蔑视国际公法，反派全副武装兵士上岸，由官长指挥突向人丛冲击，枪刀齐下，立毙二人，重伤多人，血肉狼藉，情形凶暴，惨不可言。……现在市民愤激异常，商店罢市、学生罢课、工人罢工，万众一心，势将溃决。……

6月3日，湖南省政府向日抗议，除要求日舰立即驶离外，还向日方提出五项要求：（一）撤换日领与舰长；（二）开枪日兵以军法治罪；（三）水兵上岸侵我主权，须日政府道歉；（四）抚恤死伤者；（五）担保以后不再发生此事。6月4日，日领事答复"措词含混，除表示谦忱外，丝毫不得要领"。不仅如此，"日政府派四艘驱逐舰来华，以张声势"②，可谓是气焰嚣张。与此同时，湖南省教育会、商会、工会、农会、律师公会、教联员联合会、报界联合会通电云："此次市民学生等为收回旅大及废除二十一条事运〔游〕行讲演，纯本爱国良心。市民极守秩序，该国兵舰无端上岸，当由外交长官据约力阻，彼置不理，反敢开枪惨杀，实为横暴已极。现在民情愤激，除停市、停工、停学三日为死者表示哀悼外，特请政府严重交涉。……此不独我三千万湘民未有之奇耻，抑全国同胞所不能不漠视者也。"③江西督军蔡成勋、湖南陆军第一师师长宋鹤庚与第二师师长鲁涤平、陕西督军刘镇华、开封督理张福来和省长张凤台、张家口都统张锡元、武昌督军萧耀南、济南省长熊炳琦、蚌埠督军马联甲等也先后通电提出抗议或指责日方暴行："蔑视公法，毒虐生灵"；"侵犯我主权，助长我内乱"；"拒还旅顺大连，幸灾乐

---

① 《赵恒惕等关于长沙六一惨案引起罢课罢市罢工通电》，见中国第二历史档案馆编：《中华民国史档案资料汇编：第三辑（民众运动）》，江苏古籍出版社1991年版，第652页。

② 《长沙日舰肇事交涉（一）》，《东方杂志》第20卷第10号（1923年5月25日）。

③ 《赵恒惕等关于长沙六一惨案引起罢课罢市罢工通电》，见中国第二历史档案馆编：《中华民国史档案资料汇编：第三辑（民众运动）》，江苏古籍出版社1991年版，第653页。

祸"；"积虑处心，肆彼侵略主义"；"毫无悔祸之心"①。

声讨交涉之外，长沙惨案传单出现。传单内容②如下：

日本军舰在湖南杀人！

大家快起来抗争罢！

湖南人这次因为取消二十一条和收回旅大的问题，大家一致起来抵制日货，这本是我们国民不得已的自救办法；况且湖南人的举动，又是很文明的，无论是谁，也不能加以干涉。不料，日本伏见兵舰舰长水兵等违约登岸，枪击人民，死者血肉狼藉，□□□□。咳！日本人简直把我们的同胞不当人待了！这不独是湖南的奇耻，抑且是中国人民的大辱。所以我们对于日人这种举动，绝对是不能隐忍的。是要起来抗争的。我们现在要提出下列的条件：（一）取消二十一条；（二）收回旅大；（三）撤惩日本驻湘领事；（四）惩办日本伏见号舰长及肇祸水兵；（五）日本政府须向中华民国政府及湘政府谢罪；（六）赔偿一切损失□□□医药费。

另外，常德方面日人因捆殴学生，激起公愤，"全体日侨有离常赴汉的事情，一时中日之间，大现紧张的状态"③。

在此背景下，在全国范围内，以六一惨案为发端，掀起了收回旅大、取消二十一条、对日经济绝交的第三次反日新浪潮④。据统计，参加此次反日浪潮的城市全国计有 27 个，此外，还有少数乡村、许多城镇的游行示威，亦经常在万人以上⑤。

可以说，此时抵日、排日、反日是中国国民对日态度的主题和无奈的诉求方式。就在中日冲突频起、交涉不断的时刻，日本关东大地震于 9 月 1 日爆发。

实际上，日本关东大地震发生后，民众不自觉地将日本先前的恶迹劣行与上天惩罚联系到一起，迎合了心理需要。为此，时人还善意

---

① 见中国第二历史档案馆编：《中华民国史档案资料汇编：第三辑（民众运动）》，江苏古籍出版社 1991 年版，第 653—654 页。

② 《长沙惨案传单》，见中国第二历史档案馆编：《中华民国史档案资料汇编：第三辑（民众运动）》，江苏古籍出版社 1991 年版，第 655 页。

③ 《长沙日舰肇事交涉（一）》，《东方杂志》第 20 卷第 10 号（1923 年 5 月 25 日）。

④ 马建标：《湖南外交后援会、湘案交涉与 1923 年的国民外交运动》，载金光耀、王建朗主编：《北洋时期的中国外交》，复旦大学出版社 2006 年版，第 304 页。

⑤ 顾明义等：《日本侵占旅大四十年史》，辽宁人民出版社 1991 年版，第 587 页。转引自马建标：《湖南外交后援会、湘案交涉与 1923 年的国民外交运动》，载金光耀、王建朗主编：《北洋时期的中国外交》，复旦大学出版社 2006 年版，第 305 页。

提醒日本当局者以此次天灾为借鉴，汲取教训，不要再重蹈覆辙。如徐瑷撰文指出：善恶因果，天道司之，理固当然也。此次日本大灾，人民之死伤，房屋财产之损失，不可胜计。即以横滨一埠而论，全城多成灰烬，损失殆数亿万金。东京为首都，市区之未被灾者，据报载殆十之四而已。宫室亦多燔烧，其余离宫别馆，尚须广开以收难民，其露宿无归，幸出水深火热之中，而饥渴待毙者，犹相望于铁道之上。对此，他感慨道："如此奇灾，空前未有，贵国人民抚今追昔，能无悔悟之心耶？扩充大日本帝国主义于东亚大陆之迷梦，亦可稍醒矣。贵国素恃之武力主义，亦无如此天灾何也，今全国被灾之地如此其多，物力凋敝，良可悟矣。贵国穷兵黩武，昔灭朝鲜，而犹以为未足，尚欲侵略敝国土地，此乃有背世界和平主义。……今天予以灾，是天不欲助强国也。"① 日方"能无悔悟之心耶"？能否不"有背世界和平主义"？《孤军》刊载的论说则为我们指出了答案："中日的问题，唯有日紧一日。日本政府的对华方针，绝不会因何等政变，而会变动。如其有之，唯有俟日本人彻底觉悟之后，但这是极难以实现的。"② 这已在随后的历史中得到了验证。

六、影响东亚格局

20 世纪 20 年代初期，日本早已成为东亚强国。然而，首都东京、经济港口要地横滨、军事重镇横须贺等地，在地震、大火、海啸中相继遭受重创，甚至遭到灭顶之灾。日本国力因此受损，已成事实。这种情形给予了报刊舆论无限遐想的空间，认为这势必对东亚格局产生深远的影响。"九月一日，日本发生奇古未有的震灾，经济上、军事上、教育上均受巨大的损失，其伤痕决非十年内所能恢复，太平洋局势亦将因此而起一新的变化。同时影响于中国的前途更大，实有令吾人注意的价值"③。

针对此次日本震灾，1924 年 3 月出版的《学生文艺丛刊》刊载了《日本地震歌》④ 一首，现辑录如下：

① 徐瑷：《劝告日人因大灾自悟书》，《五九》1923 年第 3 期，第 10 页。
② 孤愤：《呜呼五九》，《孤军》第 2 卷第 4 期（1924 年 5 月）。
③ 贺其颖：《日本震灾与太平洋形势》，《新民国杂志》第 1 卷第 2 期。
④ 金梦鹏：《日本地震歌》，《学生文艺丛刊》第 1 卷第 3 集（1924 年 3 月）。

G 调　　　　　**日 本 地 震 歌**　　　　4/4拍

吴 兴 文 学 研 究 会
金 梦 鹃

```
3 3 5 3 2 — | 1 1 2 1 6· — | 5 5 6 5 | 2 1 2 3 2 — |
可 怜 日 本 人   忽 遭 大 地 震   海 啸 火 灾 相   并    行

3 3 5 3 2 — | 1 1 2 1 6· — | 5 5 6 5 | 2 1 2 3 1 — |
横 滨 东 京 城   惨 状 真 伤 心   死 伤 人 民 百   万    人

3 3 1 3 5 — | 3 3 1 3 2 — | 2 2 2 2 | 2 1 2 3 5 — |
烧 坏 公 使 馆   商 场 都 煨 尽   我 国 同 胞 也   死 数 千 人

4 5 3 2 1 — | 2 3 2 1 6· — | 5 5 6 5 | 2 1 2 3 1 — |
损 失 骇 听 闻   恢 复 究 难 成   可 见 野 心 勿   可    逞
```

　　阅读上述歌词可知：一方面控诉日本的侵略野心，另一方面乐观地认为日本已无实现这种野心的资本，其含义亦即"太平洋局势亦将因此而起一新的变化"。此外，《向导》周报甚至认为，此次日本的大灾，"军事上、经济上损失之大，不啻在第二次世界大战中，日本打了个大败仗"。其"国际地位及他传统的对华侵略政策，都必有相当的变动"①。

　　毋庸置疑，受震灾影响最大者当然为日本自身。《新民国杂志》刊发的文章《日本震灾与太平洋形势》表达了对日本工商业的担忧，文章称横滨每年进出口贸易达 45000 万日金，占日本对外贸易额的 2/5。关东地震后，海岸全部毁坏，船坞码头也被海水冲走，船只损坏尤多，其"影响于日本今后的商业甚大"②。另外，与横滨联络的航路共有 90 条，中日贸易的航路多以横滨为枢纽。据最近中国对外贸易报告显示：运往海外的货物，经由日船装载的价值高达日金 80000 万元；运往中国沿海一带的货物，由日船装载的也达 35000 万元，占中国对外贸易总数的

---

① 独秀：《日本大灾与中国》，《向导》第 39 期（1923 年 9 月 8 日）。
② 贺其颖：《日本震灾与太平洋形势》，《新民国杂志》第 1 卷第 2 期。

24%①。而华船运者占 27%，英船运者占 38%②。地震后出于灾区重建的需要，日本各埠商船不得不参与政府组织的粮食与建筑等物资的运输。对此，该文感叹道："此项航路利益，将必堕入英美之手了。"③《中华新报》《民国日报》《时言报》也认为，"此项航业将暂归华人或英人之手"④。震灾中，日本纱厂锭子损坏严重，纱业遭受巨大打击，也"万难再与英美在东方竞争"。此外，日本在华开设商行有五千余处，纱厂三十余家，投资二三万万日金。在矿业中的投资亦逾二万万日金，其他担保借款的财产尚不在内。经此地震后，"日本在华的工商业都呈停滞不振之象"⑤。

军事上的损毁则不可避免地引起舆论关注。横须贺是日本第一大军港，地震时沿海的炮台、煤场、油池等均遭到不同程度的破坏。军舰的沉没，海军病院全部被焚，兵营烧失四栋，机关学校除工场外全部被烧，军需部也已不复存在。面对这种景象，媒体断言"日本已沦为第三等海军国了"⑥，也就不足为怪了。

日本自身力量的受损，使其面临的国际形势将愈加险恶。舆论认为日本经此震灾，"不啻陷于战败国的悲境"⑦，"无异天然的解除他与英美抗争远东霸权的武装"⑧。英国计划将在新加坡驻港，其对日用心可想而知。英海军大臣伯德言：新加坡的"军备计划无论如何努力牺牲，亦所不惜"，这对日本是个沉重的打击。美国虽然全力援济日灾，但加利福尼亚的排日运动，却愈演愈烈，日人在加州几无立足之地。此外，美国在太平洋的 11000 万美金防务经费，也没有停止的迹象⑨。

"英美与日本的冲突，是争夺中国利益的冲突"。媒体认为遭此大变后，"日本在中国的地位有降低的危险，日本的工商业更将有被英美挤倒之患"，英美可以肆无忌惮地独占中国的利益⑩。《向导》周报发表的

---

① 贺其颖：《日本震灾与太平洋形势》，《新民国杂志》第 1 卷第 2 期。

② 《日本震灾与中国之关系》，《中华新报》1923 年 9 月 15 日；《时言报》1923 年 10 月 1 日；《日灾与中国之关系》，《民国日报》1923 年 9 月 15 日。

③ 贺其颖：《日本震灾与太平洋形势》，《新民国杂志》第 1 卷第 2 期。

④ 《日本震灾与中国之关系》，《中华新报》1923 年 9 月 15 日；《时言报》1923 年 10 月 1 日；《日灾与中国之关系》，《民国日报》1923 年 9 月 15 日。

⑤ 贺其颖：《日本震灾与太平洋形势》，《新民国杂志》第 1 卷第 2 期。

⑥ 贺其颖：《日本震灾与太平洋形势》，《新民国杂志》第 1 卷第 2 期。

⑦ 贺其颖：《日本震灾与太平洋形势》，《新民国杂志》第 1 卷第 2 期。

⑧ 和森：《日本大灾在国际上的意义》，《向导》第 39 期（1923 年 9 月 8 日）。

⑨ 贺其颖：《日本震灾与太平洋形势》，《新民国杂志》第 1 卷第 2 期。

⑩ 贺其颖：《日本震灾与太平洋形势》，《新民国杂志》第 1 卷第 2 期。

《日本大灾在国际上的意义》一文也说：日本这次大灾后，对于中国的掠夺，英美"自然更图急进与独占"①。舆论甚至断言："从此以后，只有英美两国是更强有力和专门高压中国的敌人了。"②

针对此种情形，《新民国杂志》刊文指出："日本国际地位如此险恶，而英美在太平洋上的结合是处处侵害日本的利益，如果此时日本不与苏俄联合，万难消极的保持他与英美在远东的均势力。"③ 这一"建议"，其他报刊也相继表露。如《向导》周报认为，日本此次大劫后，"他不与苏俄联合，便不能消极的保持他和英美的均势"④。关于这种联合的可能性，舆论则非常自信。"苏俄亦乐于与帝国主义势力较小的日本，在不放弃主权的基础上，结成反英美帝国主义的联合"⑤。

日灾发生前，关于主权等问题，日本与苏联曾多次开会商讨解决，均不欢而散。《新民国杂志》的文章《日本震灾与太平洋形势》，认为"这次日俄会议如能成功，太平洋的形势将开一新纪元"，苏俄在太平洋的地位将更加得以提高，对于远东问题将更有优越的发言权。加上苏俄的军事实力，"亦足与其反帝国主义的正义相伸长，从此以后，苏俄将成为太平洋上惟一的保障和平与援助中国独立的强国"⑥。《向导》周报也表达了同样的倾向：此前，日本帝国主义过于强盛，不仅是中国的患害，而且也是苏联在太平洋上伸展其正义与扶助弱小民族之权威的障碍。从这次事变后，这种障碍至少减去一半。"日本军事的势力，今后至多只能自保而不能胁俄。俄于远东问题将渐有优越之发言权，而其红军势力自亦足以与其反帝国主义之正义相伸长"。假如英美"欲劳师远渡，以胁中俄，无论事实为难能，即能亦适足促成中俄日之大联盟"⑦。

报刊舆论感叹道：华盛顿会议，于中国国际地位没有什么变迁；倒是这回大灾，于日中俄皆同时起了变化。"国人对于这种大变化要有深切的认识与努力，务期早日完成中俄二大民族的联合。然后再在适当限度内，联合日本以排除盎格鲁萨克逊帝国主义于东亚之外，那时候中华

① 和森：《日本大灾在国际上的意义》，《向导》第 39 期（1923 年 9 月 8 日）。
② 贺其颖：《日本震灾与太平洋形势》，《新民国杂志》第 1 卷第 2 期。
③ 贺其颖：《日本震灾与太平洋形势》，《新民国杂志》第 1 卷第 2 期。
④ 和森：《日本大灾在国际上的意义》，《向导》第 39 期（1923 年 9 月 8 日）。
⑤ 贺其颖：《日本震灾与太平洋形势》，《新民国杂志》第 1 卷第 2 期。
⑥ 贺其颖：《日本震灾与太平洋形势》，《新民国杂志》第 1 卷第 2 期。
⑦ 和森：《日本大灾在国际上的意义》，《向导》第 39 期（1923 年 9 月 8 日）。

民族才能得到独立与解放"①。

中国是亚洲大国,更是列强利益博弈的"胜地"。关东地震后,报刊舆论也敏锐地觉察到其对中国政局带来的影响。此时,民国政府总统选举进行得如火如荼。有论者称因"东邻之天灾地变,大选首受影响",对直系的总统大选有不利影响。因地震前直系与日方签有沧石铁路借款等协议,"债额日金一千五百万元,草约业经在津签字,依其双方协定之用途,表面用于筑路者半,用于大选者半,而里面则实以十之八九用于大选与大选后之新局面"。正式借约虽尚未签,然"津派以早晚必成,大选乃猛烈进行"。不想此时日灾发生,"前议顿成泡影,此影响于直系者,诚至巨且大也"②。

牵一发而动全身。日本震灾"影响所及,岂仅直系与反直系两方,即介于两方之西南,亦必因此而牵动变化"③。曹锟当选总统后,舆论认为曹锟违法祸国,无人不晓,但是"国内有实力的人们,也并非不想乘机抵制他,打消他的谬行"。孙中山不用说是无日不打算相继北伐的;段祺瑞也是十二分努力打算借曹锟盗国罪成的机会,报直皖之战的前仇;积恨在胸的张作霖,亦本已秣马厉兵,联段联孙,计为有名之出师,誓与直派军阀——特别是吴佩孚一战,以图复仇而固自己势力。那么"国内有实力的人们",何以对于"十月五日的贿选,他们都未曾当机立断,发其已在弦上之箭呢"?对于"十月十日的北京沐猴而冠,侮辱国民的空前丑剧,何以又眼看着让他们胡闹,未加以雷厉风行的总攻击呢?难道是被曹锟弄手段而软化了吗"?舆论质疑道。《向导》周报在"读者之声"一栏给出了以上疑问的答案。"不是的!这一巨大原因乃是:因为日本原来可以供给段(段祺瑞)张(张作霖)的借款等等,受了这次地震劫制,而不能供给,所以他们就在当时奋莫能斗了!"④

综上所述,报刊舆论对日本震灾的反应,既有同情与声援的呼声,也有革故鼎新的乐观言论,这是中华民族善良、乐助、百折不挠美德的体现。特别值得称道的是,舆论也敏锐地觉察到日本震灾与东亚格局之间的微妙关系。

① 和森:《日本大灾在国际上的意义》,《向导》第39期(1923年9月8日)。
② 《北京通信》,《申报》1923年9月9日。
③ 《北京通信》,《申报》1923年9月9日。
④ 灿真:《日本地震与曹锟贿选的完成——有前因徒果的关系》,《向导》第45期(1923年11月7日)。

第二节　关东地震后的舆论反思

对于关东震灾，根据报刊发表的相关言说与论评，我们从中可以归纳出对日灾的数种不同反应和看法。与此同时，由日灾而引发的相关问题还引起了媒体对中国自身诸多方面的深思与反省，主要涉及政治、经济、教育与科学等。这里就此问题略作考察。

一、天作孽与自作孽

在上一章我们梳理了关东地区受灾的基本情况，其中地震与大火并发的惨烈场景，令世人震惊；国际社会对日灾的积极救援，更让人唏嘘不已。这种画面与举动，也引起了舆论的强烈感慨与反思。

回顾近年来中国时局的变迁与政府的种种举措，舆论认为与日本地震、火灾相比，中国何尝又不是时时有"地震"，处处有无形的"火海"？1923 年 9 月 9 日，《新闻报》"谈话"一栏的《无形的火海》云：日本横滨的油池炸了，油着了火，四散流开去，顿时水中处处是火，所以大家都称为火海。但是日本有火海，中国也未尝没有火海。日本的火海在横滨，中国的火海便在上海。上海这个地方，近来事变越多，风俗越坏，一切奸盗邪淫的罪恶，狡黠变诈的行为，差不多都以上海为策源地。所以这上海一隅，仿佛是个洪炉，不是金刚不坏之身，便不免要一炉同化；又像是一个大火坑，稍为脚跟不定的，就容易跌下去。既是洪炉，是火坑，那么上海的名称，真可以改为火海了。不但上海是无形的火海，试看全中国，又何处不是无形的火海。有了军阀的专横，有了政客的捣乱，有了社会上种种恶劣分子的诪张为幻，凡是良好的人民，差不多一个个都处于水深火热之中。水深火热，岂非就是现成的火海呢？[①] 很显然，中国的"火海"是人祸造成的结果，而非天灾。

对此，《申报》也流露出这种愤恨与担忧的情感。该报刊文呐喊道："中华民国的国民啊，我们且慢悲悼日本人，要知我们中国也正有地震和大火灾啊！请看北京的政变和地震有什么两样，各地的兵乱，简直和大火灾相同。我瞧日本经了这一劫，还不难恢复，我们的地震和大火灾怕要永远继续下去，万劫不复咧。"[②] 真可谓是"天作孽犹可恕，人作孽

---

① 独鹤：《无形的火海》，《新闻报》1923 年 9 月 9 日。
② 鹃：《三言两语》，《申报》1923 年 9 月 4 日。

不可活"。

与日本地震发生后的社会效应相比，中国人祸下的"地震""火海"却得不到外界的同情与帮助，甚至遭到嘲讽。因为"返视吾国，十年以来，其生命财产之损失于内争者，何可胜数。人祸之烈，伴于天灾，吾民受军阀之赐，虽如何宛转呼号，而卒不足动他人之怜悯。且有以孽由自作，反唇相讥者"①。这引起了舆论的关注与思考。9 月 10 日，《时报》的时评《天灾与人祸》，谓："或问日本此次之灾，无论何人，莫不同声悲悼，倾囊助之。而我国连年以来，内地人民所受兵匪之祸，其惨酷较诸日本人民，殆有过之无不及，何以不闻有人怜而拯之乎。"究其原因，该文认为原因有两点：（一）日本人民所受的为天灾，我国人民所受的是人祸。天灾非人力所可抗拒，人祸为人力有意造成。（二）天灾为偶然而不常，人祸为连续而縻已。为此，文章得出结论："有是二大原因，故天灾可引起人之同情，而人祸为可怜不足惜，人多不愿救之也。匪惟不愿救，且救不胜救，即欲救亦不能救也。又匪惟不能救，且长此相争不已，人将反之而群起攻之矣。"②

对于这种"自为之祸"，其结果只能是自作自受、无人怜悯与施援。《申报》的时评《天作孽与自作孽》说道："此次日本之大地震，所谓天灾也；若中国历年来之兵害，所谓人祸也。天灾，非人力所能抵抗，非人之罪，故人类无不热心以拯救之。人祸，乃人所自为之祸，人苟悔心，则祸即无由而生，故人类虽或悯惜之，然仍责备之。"③ 这种论调，与《新闻报》的倾向一致：有形的火海是天灾，无形的火海是人祸。天灾有人怜悯，人祸却没有人愿恤。所以日本有了火海，大家都非常悯恻，赶紧要去救济他们。像中国这种无形的火海，却是只管滔滔的流着，人家还说可怜不足惜哩④。

无法博得内外的同情与悲悯，自然也就谈不上获得外界的援助与救济。日本"此次之地震，其所受损失与伤亡，可谓大矣。其尽力拯救之者，若英、若美、若法、若德、若意、若比、若澳洲、若我中国，无论富强与贫弱，各就其力之所及，可谓勇于为义矣"。纵观"我国十余年来，内争之战祸，人口死伤，物产损失，苟一统计，亦岂其细。然而各国之人虽多惋惜，或进劝告，而终莫能拯助之者，非厚于彼而薄于此

---

① 东雷：《天灾人祸》，《新闻报》1923 年 9 月 7 日。

② 蛰庵：《天灾与人祸》，《时报》1923 年 9 月 10 日。

③ 冷：《天作孽与自作孽》，《申报》1923 年 9 月 9 日。

④ 独鹤：《无形的火海》，《新闻报》1923 年 9 月 9 日。

也，盖以彼为无可如何之天灾，此为可已不已之人祸也。是故古语有云：天作孽，犹可为；自作孽，不可逭"[①]。如此评论可谓是一针见血！

此外，中日两国对待灾民的态度及灾害善后处置措施的异同，亦成为当时舆论思考的又一重点。关于对待灾民的态度，《时报》的时论《国与民》分析道：日本此次遇天灾，"其执政与全国之人，不忍弃其灾地之民，而尽力救拯之，各国之人亦尽力救拯之。各国之人，因是而知日本决不因此大灾而弱。"相较于日本政府的举措，民国当局的做法则大相径庭，令人汗颜。"我中国历年内争之人祸，其执政与争而得其地盘之，军阀乃不惜其地之灾民，从未救拯之。并复从而苛敛之，何与彼日本大异耶，宜乎国之日弱也"。该文最后感叹道："日本以非其执政所为之灾，且肯尽力以救拯其灾民；中国以军阀自造之灾，反不肯救拯其灾民。是日本之人，知其国与民，有密切之关系；而中国军阀，实不知国与民之有关害。其民而欲据其国，此盖世间必不能成之业，至其结果，徒害国病民己耳，国与民终不能相离者也。"[②] 这是民国政治的真实写照。《东方杂志》的评论也认为：日本人所遭的是无可抵抗的天灾，他们的政治当局，尚能以伟大的组织力维持善后；中国人所遭的是可以预防的人祸，而一般军阀和政客，反以争夺地盘之故，拼命地制造内乱，这真（如）太史公所谓"人之度量相越，岂不远哉"了![③]

关于日本灾害善后处理，报刊对此赞赏不已。《努力周报》刊文指出：在这次大灾之中，我们所应当惊赏的，便是日本人的组织力。东京、大阪两市，遭了这次大难，不上三天，电灯和自来水居然恢复了，这种镇静组织的能力，实在是日本人的强处。紧接着，该文对比国内政府的所作所为，举例说道："回想黎黄陂在北京临行的时候，连电话、自来水都得不着。区区的铜元票，闹得满城风雨，还是没有办法。比较起来，真也难以为情了。"[④]

关东地震，难免会让人回想起1920年中国海原发生的大地震。《申报》刊文认为：民国九年甘肃的地震，死亡人数多至二十四五万，一大部分是灾后处理不善的结果。那时正值严冬，运输又复阻梗，间接死于受伤和冻饿的，要比直接死于地震的还多几倍。大震以后，房屋被破坏，又缺乏饮水，疫疠自然容易发生。现在东京一带，虽然也有此征

① 冷：《天作孽与自作孽》，《申报》1923年9月9日。
② 景寒：《国与民》，《时报》1923年9月10日。
③ 坚瓠：《日本地震杂感》，《东方杂志》第20卷第15号（1923年8月10日）。
④ y：《日本的地震》，《努力周报》第69期（1923年9月9日）。

兆，但"他们交通便利，呼应灵敏。灾后处理的方法，也自然比较的完善"。该文疑问道："要是中国再遇着这样灾害，不必像甘肃那样偏僻，就在舟车朝夕得达的地方，究竟有没有应急的办法？又有没有举国一致输将恐后的勇气，这是我们应当自课的问题。"这种怀疑与质问，不无它的道理。除了质疑外，该文还斥责道：中国的震灾，历史上也不在少数。民国改进以后，既遇着甘肃那样惨剧，灾后仍没有一架地震计的建设。桥梁市街还是那样，穴居生活也还是那样。政府不肯提倡，人民不知改良。我们对于甘肃及其他境地相同的同胞，怎样解除掉良心上的督责呢？①

《盛京时报》也无可奈何地感叹道："国家不患多事，但患绝望。日本大灾损失诚巨，但能议定办法从容救济，故可相安无事。吾国则□冥行于险境之中，不知所□，岂不危哉。"②

二、极好之发展机会

经济是人类生存的基础，也是政治与文化存在的基础③。报刊媒体在抨击国内时政的同时，也注意到日本震灾对我国经济的冲击和影响，乐观地认为此时是我国商业发展难得的良机，尤其是丝茧业。

关东震灾，不可避免地会在经济领域给我国带来冲击，并引起震荡。1923 年 9 月 3 日，《新闻报》发表评论《日本大灾害及于我国商场之影响》称："日本既受此大创，社会各方面，元气大伤，而经济与商业，一时尤恐不易恢复。吾人固应与以无上之同情，但其影响足以波及于吾国商场者，尚望我国商人加之（注）意也。"随后，该评论提醒五类相关行业商人，应密切关注日本地震带来的影响，建议此类商人提高警惕，加强防范对策。具体内容如下④：

（一）日本经此大创之后，工商业务虽未必全部被破坏，但经济上、运输上、工作上，以及原料上之诸种关系，其生产量之衰退、贸易品之减少自不待言。又日本国民经济，自此亦必受一大打击，其购买力之衰弱，理亦甚明。如此则中日贸易，今后必呈一种不振之现象。此点应引起我国对日贸易商人的注意。

（二）横滨为日本唯一之商港，又为丝市贸易之中心点，并为丝茧

---

① 章鸿钊：《日本震灾与我国所得的教训》，《申报》1923 年 10 月 10 日。
② 《绝望的中国》，《盛京时报》1923 年 10 月 6 日。
③ 黄子亮主编：《人生新论》，中央民族大学出版社 1994 年版，第 42 页。
④ 义农：《日本大灾害及于我国商场之影响》，《新闻报》1923 年 9 月 3 日。

囤积之集中地。横滨市既已受重大之灾害，则其囤积丝茧之仓库，或恐烧失殆尽。故世界生丝之供给，在东亚方面则我国独负其责。此点应引起我国丝茧商人的注意。

（三）日本茶市集中在静冈，其运出又多从大阪港，是以对外输出，可不发生重大之影响。纺织工业以大阪为中心，表面似尚不受损失，但其受经济界之牵动，或将陷于不良之境地。加之国内之需要，从此或较前尤减。且目下新花上市，日本纺织界是否再有竞买新花之能力，亦一疑问，从此我国纱市或能一改曩昔之状况。此点应引起我国纺织界的注意。

（四）日本今次之大灾害，实为东亚经济界之大变动，日本固处于不良之地位。我国商人若不能善用其机会，以扶持东方之经济，则东亚之商场必将销沉而无由回复。此点应引起我国一般商人的注意，并负有重大之责任。

（五）日本粮食今岁收成估计尚能丰富。本因灾害之故，一时或感不足。吾人本救灾恤邻之旨，自应加之以接济，但我国是否有余，实大疑问。吝而不与，与从井救人，均无足取。此点应引起我国米谷商人的注意。

上述内容，从中日两国乃至东亚经济发展的角度出发，总结了日灾后我国经济发展的潜在风险，又窥察到其中存在的机遇，善意地提醒商界及早做好应对，并对我国经济发展充满希望与期待。

关于这一点，《申报》也刊文指出：自欧战以来，奥、德、俄等国均元气大伤，亟须休养生息；英、法等国，亦甚枯竭，迥不如前。而日本近遭极大地震，其损失不可以数计，是皆天予吾以极好之发展机会。以理而论，宜合全国之力，互助合作，奋发有为，日进不已，自可跻于富强之域①。不过，此乐观看法更应视为中国商界的自我勉励与鞭策。《苏州晨报》刊发的新评《日本大火与中国丝商》，则以丝茧业为例，对中国的经济发展信心百倍。"日本横滨为产丝之区，日本育茧，较中国为盛，且极注重，故年产来丝与中国较过之无不及，于是我国丝业有一落千丈之势。今日本突遭天灾，几致全市被焚，工业器具之破坏，不言可喻。即原有之存货，亦必被焚无疑"，故"悲痛之余，为中国丝商抱无限乐观。苟能自固信用，振足精神做去，则执全球丝商之牛耳也，必

---

① 云：《我所希望于爱国男儿》，《申报》1923 年 12 月 21 日。

矣"①。有学者研究指出：1923年9月1日，日本发生强烈地震，日本缫丝业遭到一定破坏，国际市场生丝一度供不应求，我国缫丝工业进入黄金时期②。

事实上，日本地震发生后，中国丝织品的销售价格的确获得大幅提高，出口数量也空前提升，甚至出现供不应求的局面。"自日本此次被灾，其关系最巨者，当为丝业。因日本亦为产丝之区，日丝俱集中于横滨，横滨即化为焦土，存丝遂悉付一炬。于是上海厂丝市盘，遂致逐步飞升"。而"丝织厂存货有限，出货供不应求。是以货物只有趋高之倾向，而无低跌之虞"。这种情形下，经营者无不欢心喜地，"故苏州之营丝织品业者，无不欣然色喜"③。《中外经济周刊》的文章《日本震灾后上海商况之变动》，记述道：横滨为日丝集中之市场，地震后，存丝全数被焚。于是，"本埠丝市，骤转畅旺。近期丝经，几有供不敷求之概。考其原因约有二种：一则因横滨日丝既已被焚，日丝商售与各欧庄之本月份期丝，急欲补购缺货，依期交解；二则因各欧庄以海外绸厂需丝正殷，不得不求诸〔助〕我国"。基于上述缘由，"华丝市价，逐日狂涨。即以厂经计算之，四日即涨起二三十两，五日无甚涨落，六日又涨起八九十两，七日又猛涨百两，八日高厂经已涨至二千两，前后五日计涨起四五百余两。其余各丝，亦同为激涨，此种市势，实为历来所未有"。而近日"华丝商态度、愿望甚奢，均持高价方售之主义，故尚有涨之趋势"④。可想而知，当时中国丝茧市场的火爆程度。

此种情形之下，上海丝织业工人为此甚至不得不加班生产，以满足市场需求。"自日本发生地震大灾以来，本埠各业，市面消长不同，而丝经价格，每担涨起数百两，且市上少货。全体丝茧女工，本属准照省令，昨日（初一）休息，嗣因多数厂家，再三与女工团体磋商工作办法。该团前晚（三十日）开会讨论，金谓劳资感情起见，关照各女工照常工作"⑤。

不过，丝织业这种"繁盛"的局面，也引起了舆论的担忧与不安。《时报》的时评《告丝绸团体》谓："我国洋庄丝市，为他人所夺，已

①　子魂：《日本大火与中国丝商》，《苏州晨报》1923年9月5日。
②　黎霞：《国际博览会与上海（江浙皖）丝厂茧业总公所（1910—1928年）》，见上海市档案馆编：《近代城市发展与社会转型——上海档案史料研究（第四辑）》，上海三联书店2008年版，第359页。
③　《丝价涨高之所闻》，《苏州晨报》1923年9月10日。
④　《日本震灾后上海商况之变动》，《中外经济周刊》第29号（1923年9月22日）。
⑤　《丝价因日灾见涨》，《时报》1923年9月12日。

呈一落千丈之象矣。今彼国因罹天灾，茧种损失，恐丝市之堕落也。于是放价以吸收我国茧种，苟国人希图小利，为其所愚，则来年之丝茧，将何所自出乎，且关乎本埠丝市近日出口畅旺，其故维何，即因有机可乘，有丝可售耳。目前如此，来年贸易之发达不待智者而知。"为此，文章认为"华丝乘此改良，使西商乐用之，以期恢复固有之利权，亦不难也"，并警告道：一旦"茧种告绝，非特洋装丝市不能发展，即国内之需用，亦将缺乏矣。然则丝绸各团体，能不速储茧种，以免他人吸收乎哉。"①

这类担忧，绝非泛泛而论。《商学季刊》在"评坛"栏目中刊载文章《日本震灾后丝市之复兴》，表达了对中国丝商鼠目寸光的无奈与不满："世界各国丝之最多输出额，除日本外，当推中国。故日本发生震灾后，与其争丝市者，厥为中国。所幸中国人只知图目前之小利，而不虑及于将来。"日灾发生后，欧美各国商贩"皆大购华丝，以应急需，而中国丝商即以为时机已至，莫不兴高采烈，抬价居奇，其交易之畅，与趋势之俏，实为数十年所未有"。关于改良华丝的建议，与"推广海外销场之种种计划，未所闻也"。该文感叹道："良机一失，何堪再得。此国人之引以为悲，而日人之引以为喜也。"最后，文章提醒国人："日丝日后恢复原状，决不致高抬居奇，则华丝市价，或将受其影响，此吾人又不得不为之前途虑也。"② 对此，《中外经济周刊》也清醒地认识道："横滨丝经，虽全数被焚，但闻仅焚去五万一千余包。以日丝每月出口三万五千包而论，则只焚去一个半月之欧美供给额。而四乡农户手中所存之丝，及信州、名古屋、长野各丝厂，缫成之丝，为额甚巨。现在横滨丝市虽毁，但一二月后，日本各生产地之丝经，仍将源源放出。届时华丝市面，当不能再行居奇，则价格或将重行跌落也。"③ 这类担忧不无道理。

震灾之下，日本国力受损，中国得到良好的发展机会。也有观点认为，我们应该积极援助日本，这样才能共同抵御西方的经济侵略。因为目下"同文同种的日本，受此一大打击，经济国威，不免减色很多。此后西方的经济胁威，怎样袭来，固说不定，但其必来可断言的。所以国人须于此奋然自起，于物质上加以万分的援助，俾日本的重伤，早日复原，而我国经济亦可从此翻身起来啊。是所望于国人之努力，及有力者

民族主义 与人道主义

① 翼：《告丝绸团体》，《时报》1923 年 9 月 24 日。

② 童蒙正：《日本震灾后丝市之复兴》，《商学季刊》第 1 卷第 4 号（1923 年 11 月）。

③ 《日本震灾后上海商况之变动》，《中外经济周刊》第 29 号（1923 年 9 月 22 日）。

之提倡的"①。

三、教育革新之良机

关东地震也引起了教育界的关注，并引发舆论对学校教育的深思与反省。1923 年 9 月 6 日，《新闻报》发表言论《教育界对日本大灾应取之态度》指出："这一回日本东京和横滨一带地震火灾，可说是有历史以来所未有的了，究竟吾们教育界应取怎样的态度？"带着这样的疑问，该文从三个方面阐述了教育界对日本震灾应持的观点：

第一，从人道主义上讲，我们应该表同情的。这样惨酷的震灾，不但是日本人的奇祸，也是我们人类的奇祸。人道主义四个字，是不是我们教育界常常作为口头禅的，此刻到了实行的时候，赶快借此发泄一下子，方才是名副其实。

第二，从国际道义上讲，我们也应该表同情的。试看以前的历史，怎样的同种同文；怎样的传播文化；怎样的交换智识；断非一朝一夕所能办到的。近几年来虽常有龃龉的事情，但是我们退一步想，就取红十字会对于敌国伤兵救护的精神，也应该大家出来救济的，且以德报怨，正所以表演我们大国民的气度，教育家尤不应落在人后。

第三，从教育精神上讲，我们也应该表同情的。所谓世界大同，所谓仁民爱物，所谓四海皆兄弟，所谓乾父坤母、民胞物与，是不是我们教育界所希望的？依我的意思，我们当职教员的，应该趁这个机会，常常讲与学生听一下子，也是训练方面所应当有的。

该文还强调道：此外在横滨与东京的华侨和留学生，我们也应该想一法子，怎样地去救济他们。听说华侨所住的地方，大都在东京神田区。可怜这两处地方，都同归于尽了。我们拭闭目想一想，他们是怎样的光景，那种没有衣食住的苦境，是不是吾们有衣食住的所应当救济的②。

以上言论，明确地指出救护日本震灾的重要性与必要性，并将学校教育所宣扬的人道、博爱、互助等理念，与当前具体的"案例"联系在一起，既直观又生动，值得肯定和称赞。

与此同时，舆论也注意到日本地震事件与教育之间的关联，指出从前教育的众多不当之处。9 月 13 日，《新闻报》在"言论"一栏发表《日灾与教育之影响》，专门评述这种失误："世界有一大事发生，各国教育上，多少必受影响，不第吾国然也。此次日灾之巨，亘古罕见，将

---

① 沈懋德：《地震谈》，《努力周报》第 72 期（1923 年 9 月 30 日）。

② 贾丰臻：《教育界对日本大灾应取之态度》，《新闻报》1923 年 9 月 6 日。

来教育上之变迁，此事或成一枢纽。日本本身，关系自最切，吾国邻日本，影响岂能无及。及则研究之宜早，此关于教育上根本者也。"并指出"从前之教育如何，可觇诸今日现状，事迹不甚显著者，现状亦不甚明了，大显著者从前教育之正误，亦大可见"。随后，该文列举了关于日本震灾认识上的误区：（一）吾国对于此次日灾，如有人曰，日人横暴极矣，我不能制，天乃制之，是有侥幸之心。叔季之世，凡百纷乱，懦者以为人力莫能挽救，乃希望于天神仙佛之维持，此决非好现象。苟若此，从前之教育误矣。（二）如有人曰，日我敌也，何必救？常人盛气之余，每昧于人格之说。日人欺我，日之非理，我不能效其非理，而坐视日灾不救也。苟有人为我敌何必救之言，从前之教育误矣。（三）如有人曰，日人之欺我虐我，如何如何。而所谓如何如何者，或过其实，或不及焉，或附会而非事实也，从前之教育误矣。教育之道，第一当求知识准确。比之数，本为三，不可言二，言四亦非。吾人一时高兴，欲宣扬其国耻，使一般人受强烈之激刺，不免面红耳熟。苦觅材料以实其言，言或出于轨外，过犹不及，今日所发露之现状，乃不遑纠正，教育家应有所觉悟也。（四）如有人曰，今日遇灾之人，即昔日虐我之人，从前之教育误矣。日本国民，表同情于我者亦多，对我之失道，军阀政僚之主张，非日人全体之主张也。而被灾之人，军阀政僚，不过少数。即使全为军阀政僚，揆以佛家悲悯之说，吾国救恤之言，亦何可漠视。（五）如有人曰，日本遭此次巨灾，全国毁矣。是以被灾之区域，概日本全国及属地矣。谓日本损失其精华，灭杀其富力，当也。谓日本全毁，是未明日本地域之真相，从前之教育又误矣。（六）如有人曰，日人于灾地，戕害其同类，迁怒于韩人。吾济救之，似助暴也。此亦未明人己之地位，人纵不肯为人，我却终当为我。苟若此，从前之教育又误矣，此关于教育上证省者也。最后，该文提醒道："关于根本者，宜未雨而绸缪；关于证省者，当惩前而毖后，未可忽也。"[①]

不可否认，上述言论既有一些有失偏颇之处，但也有值得肯定的一面，如斥责民众的迷信和依赖心理、主张危难时刻人类的互帮互助、反对以暴制暴行为等。特别值得称道的是，言论厘清了日本普通民众与军阀政客的差异，主张对其要区别对待。

关于这一点，《新闻报》的又一言论《教育上对日态度当如何》认为：日本以势凌人，这实在是他们的醉态、病态。凡是带有醉态、病态

---

① 李廷翰：《日灾与教育之影响》，《新闻报》1923年9月13日。

的人，我们正该悲悯他、医治他，决不可从而仇恨他，天天以报仇雪恨为念。况且现在的日本，遭此不幸的大灾，即使他们的政府不足惜，他们的国民何罪？哀鸿遍野，嗷嗷待哺，难道还可以幸灾乐祸，坐视不救吗？并倡导"为今之计，我们主持教育的，宜一致对日本表示悲悯，引起学生们对于世界人类的互助同情心。日本方面，如需我们救助，我们各学校，还当有一个组织，自捐或募捐，如往年赈济北方旱灾的故事，把捐得的运送到日本去"。最后，该报再次阐述其原则与立场："我们还当存一个清白的观念，教训学生，我们这番对日的态度，既不是结好于日本，也决不是示恩于日本。我们但知世界人类在患难中，都当量力救济的，不是对日独如此，对世界一切人类都如此。"①

通过日本地震这一实例的检验，舆论反思过去教育上的误区，主张学校要培养学生的同情心与爱心，教育学生树立正确的认知观。不仅如此，报刊舆论还认为应将时事与学校教育结合起来，革新教育方法，改进教学内容。《新闻报》专门发表言论《日灾之教材》认为："教育者对于时事，恒采为活动之教材"，"利用求知心，以养成学生之推想力，为教育上重要条件。"②

该报的另一言论《日本震灾之教材》也显示了这一倾向："因材施教，因时制宜，此中小学校各科教学之良法也。今次日本震灾，为千古未有之浩劫，以之利用于教科，必能促生徒之注意。"同时，该文还详细地阐述了对各学科的教学意见与建议：

（一）关于修身科（或公民科）。如我国民不念旧恶，救灾恤邻，以德报怨，实为人类至上之美德，是以外人此次称我国民为富于感情、富于侠义性。此前之抵制日货，与现今之救济日灾，实一而二，二而一者也，信斯言也。"苟能藉修身科（或公民科）之教学时间，进而教之，其为益殊不浅也"。另外，日本能于颠沛流离之际，维持秩序，如新内阁露天行亲任式，宣布戒严令，颁布银行支付令，禁止抬高物价令与高利贷令。实行帝都复兴种种计划：何处为官署，何处为公园，何处为学校，市街如何规划，房屋如何建筑？不但为恢复计，抑且为扩张计。"此种奋发精神，实修身科（或公民科）教学之好资料也"。

（二）关于国文科（或国语科）。日本震灾后，我国各地讹言四起，中央观象台发表地震浅说，"我以为国文（或国语）教学时，尽可作为□

---

① 吴研因：《教育上对日态度当如何》，《新闻报》1923 年 9 月 7 日。
② 李廷翰：《日灾之教材》，《新闻报》1923 年 9 月 17 日。

法之资料"。又，"国文（或国语）缀法，可藉以命题，使生徒自由发挥思想，并可促其群阅报纸，且养成将来喜阅之习惯。一举而数善备矣"。

（三）关于地理科。如日本在何处？东京在何处？横滨在何处？东京湾形势如何？东海道铁道如何？也是教授浏览地图、参考地志的好机会。地震、海啸、火山脉、地震带、地壳冷缩、地面龟裂、地中出水火，种种不可思议之现象，皆为地理教学最好之资料。日本有迁都西京或汉城之议，西京在何处？汉城在何处？西京与东京之关系若何？汉城与中国之关系若何？能否成为事实？抑或徒托空言。皆"应详细指示，较之不切实用之地理教学，岂非有天渊之判乎"？

（四）关于历史科。如东京前为江户，乃德川幕府驻扎之所，何故而明治欲迁都于此？何故而尊王覆幕之事成？何故而锐意维新之业遂？何故而挫清抑俄之功立？今遇空前之大地震，何故而不遽迁地？何故而复兴帝都？这些均与历史相关。"中小学生向不注意及此，今藉以输入历史观念，甚善"。

（五）关于理科。如石墨、石炭、石油、石龙、水成岩、火成岩、树木化石、藻类化石、兽类化石、鱼类化石、鲕形化石……皆陵谷沧桑之现象也。试问何以成此现象？则地震之变动，实其原因之一，此诚理科教学之好资料也。又"地震之原因，一因百川入海，往往挟砂石而俱下，川之所积日消，海之所积日长。一方增下压力，一方增上压力，力不平均，则因原动力而起反动力，地震、海啸、山崩、地坼，随之而起矣。而所谓上压力、下压力、原动力、反动力等，岂非理科教学所当研究者乎？一因地壳冷缩，地面一切，以地心引力之故，随之而倒，如遇地面大龟裂，则必陷入地中，所谓地心引力，亦理科教学之好资料也。此次日本大地震，军港水沸、商港浅滞、大岛陆沉、小岛笋苗，种种之大变化，亦一化学作用也。故大造又曰大化，亦未始非理科教学时所当注意者也"。

（六）关于其他各科。如商业科，可说明东京为商业中心地点，横滨为日本太平洋边商埠，今则因地震而欲移往神户矣。欧战以来，日本商业大为发达，虽历遭我国之抵制，然不衰，今则因地震而一时不易恢复矣。农业科，可说明日本农产物如米麦等类，向来仰给于他国，今则因地震而更形缺乏，非申请他国接济不能也。工业科，可说明丝业、纱业等，此次损失甚大。我国或因之而较有起色，今后宜竭力从事焉。图画科，可藉作临时画，以济他科之教材。乐歌科，可藉唱临时歌，以助修身科之教学。手工科，可藉作地震之简单模型，能引起是科之兴味。体育科，可藉以练习童子军之救护，以兴起红十字会之精神。"一举而数善备焉，兢兢于中小学校教学法者。盖兴乎来”①。

关东地震带来了生动的教学素材和革新契机，报刊舆论在指出以往教育上的不当之处外，也为学校教育提供了一种崭新的方法与路径。

四、"辟其谬而释群疑"

民国时期，天灾人祸不断，民众困苦不堪，这为谣言与迷信的滋生和传播提供了沃土。"盖人祸已多，遇有可疑之点，即谣言以起。天灾屡见，则于中利用之徒，亦乘机以兴谣。谣之来大抵如是也"②。

早在日本发生地震前，北京等地就已出现有关天灾的谣言和传单。关东地震的消息传入中国后，各种谣言四起，有关天灾将至、大祸来临的传单，更是随处可见，弄得人心惶惶，尤其是大同会的传单。9月7日，天津《大公报》刊载文章《摇惑听闻之亟宜查禁》曰：自日本地震奇灾发生后，本埠即有一种摇惑听闻之传单，署名者为北京世界宗教大同会。称本年旧历八月十五日后，"全球五天不明，并附有吃尿、登高等救济方法，可免大劫"③。9月10日，《时报》专门发表《八月十五日以后……》一文，说道：日本地震火灾后，中国遂有八月十五日以后长期日蚀、极大地震之谣言④。《申报》的报道略为详细些："近因日本发生地震巨灾，竟有人刊发传单，谓阴历八月十五以后，五日五夜，全球震动，日月无光，人类将死去三分之一云云。"⑤ 该报同日刊发的另一篇文章也记述道：东邻日本近罹地震大灾，死亡损失不可计数。凡在人类，同深怆恻。我国"壤地密迩，见闻较切，人心激动过甚，讹言因以朋兴。如近日各报所载，北京有所谓世界宗教大同会'大劫业已临头'之传单。此种荒谬绝伦之传说，竟不胫而遍中国"。"各处愚昧无知之徒，被其惶惑迷骇者，实已不少"⑥。

对于这样的谣言，报刊舆论多将其斥之为"邪说""谬说""瞎说""邪气""妖言"⑦ 等，认为"此种教派非佛非回，名为宗教大同，实则

---

① 贾丰臻：《日本震灾之教材》，《新闻报》1923 年 9 月 21 日。

② 冷：《两辟谣》，《申报》1923 年 9 月 13 日。

③ 《摇惑听闻之亟宜查禁》，《大公报》1923 年 9 月 7 日。

④ 清波：《八月十五日以后……》，《时报》1923 年 9 月 10 日。

⑤ 《天文台又辟日月无光之谬说》，《申报》1923 年 9 月 14 日。

⑥ 《中国科学社辟天灾谣言通告》，《申报》1923 年 9 月 14 日；《天灾之发生谭》，《晨报》1923 年 9 月 17 日。

⑦ 参见 1923 年 9 月的《广州民国日报》《晨报》《申报》《新闻报》《实事白话报》《苏州晨报》《民国日报》等。

左道旁门，妖言惑众，与社会风化、地方教育均有特别之损害"①。并指出"此种荒谬无稽之谈，发之者托为警世救人，实则欲以危言耸词，撼动人心，阴遂其聚徒造乱之志"②。

关于传单上的内容，报刊大都抱着鄙夷的态度。《民国日报》发表时评，认为其"措词的荒谬，不消说是极顶的了"③；《大公报》将其内容定调为"荒诞不经，无从考究"④；《中华新报》则断定其"离奇荒诞、不值一笑"⑤；《努力周报》认为这种"荒谬绝伦的话"，完全是"荒诞无稽之谈"⑥。

即便这样，相关报刊还是对传单的内容进行了驳斥。9月9日，《中华新报》刊载的沪评《辟谣》质疑道：中国现有8月15日世界大灾的谣言，"果如斯说，是灾乃已定之数，詎可幸免。虽预知，又何益者？而同时又言如何如何，则可避免。此其自相矛盾，一望了然"⑦。这段提问，可谓是精准地击中谣言的要害。相较于前面尖锐的言语，《苏州晨报》的评论，则显得不温不火："以前的传单，是否有效验？倘使说以前的没有效验，那么这一次的自然和以前的一样。"⑧ 言外之意，自然是对传单内容的否定。《时报》则理性地分析道：日蚀与地震，科学上皆有一定学说，"非臆造所能成立，非谣诼能为事实"。并指出，"然而国人未肯加以甚深之研究，第以骇怪相告"⑨。《申报》也持类同的观点，称"不知地震、海啸所以发生之原因，完全为科学上之问题"。日本科学发达，此次有史以来未有之大地震，尚"不能预知而为之备，何况被托假宗教以欺人者哉"⑩。

虽然辟谣宣传不断，但仍旧不时有民众因谣言而发生恐慌的报道，如9月26日的《申报》记载道：自"大同教徒散布天灾谣言后，虽由各方极力辟谣，然中下社会仍极恐慌。昨前两日，适值天气阴暗，好事者遂谓谣言灵验，今日或将有昏黑之事。因之各扶乩台、各善堂，昨日

---

① 《函请严禁大同教》，《时报》1923年9月9日。
② 《中国科学社辟天灾谣言通告》，《申报》1923年9月14日。
③ 《遏制日灾中的妖言》，《民国日报》1923年9月6日。
④ 《摇惑听闻之巫宜查禁》，《大公报》1923年9月7日。
⑤ 《辟谣》，《中华新报》1923年9月14日。
⑥ 叔永：《日本震灾和精神上的损失》，《努力周报》第72期（1923年9月30日）。
⑦ 灵：《辟谣》，《中华新报》1923年9月9日。
⑧ 子魂：《辟谣》，《苏州晨报》1923年9月10日。
⑨ 清波：《八月十五日以后……》，《时报》1923年9月10日。
⑩ 《地震》，《申报》1923年9月17日。

多数举行祈祷大会。男女各信徒并相偕屏除荤食，团聚礼拜，祈祷免灾。"① 这样的事件绝非个案，甚至还有因谣言致死之事。据《晨报》报道，北京宝丰煤铺铺长孔庆珍，因信奉京师将有巨灾的谣言，终日忧闷，无意经营生意，最终酗酒过度而亡②。

类似这样的事件，引起了报刊舆论的反思，究其原因，认为这与中国科学不兴有关。《申报》刊文谓："妖由人兴，人无兴焉，妖不自作。以吾中国科学思想之幼稚，人民知识程度之低浅。故一遇外烁，将潜藏遗传于脑蒂中之迷信，遂复显露。"③ 该报又一文章指出："吾国人昧于科学，素以地震为天降之灾。故一般愚人，自相惊扰，似大祸之将临者。"④《民国日报》的时评《遏制日灾中的妖言》，认为：中国科学尚不发达，还被迷信、神权占据着，在各种谣言的影响和冲击下，"格外可以摇惑愚夫愚妇，使其奔走失色，皇皇然若末日将至"⑤。

另外，报刊舆论还认为这与所谓的"上流社会"不无关系。《申报》刊文称："凡此愚陋思想，实导源于上流社会。彼所谓悟善社、同善社之弟子盛行于京津间，固皆当世之达官大僚，与夫退职之军阀富豪也。彼夫画栋连云，琼楼蔽日，歌僮侍侧，美妾盈前，已极人世奢靡之习矣。无所事事，则于雀战声残，鸦片烟歇之时，日扶乩问仙，降坛判事。"于是，游手好闲、妖言惑众之徒，乃趋之若鹜，"离奇怪诞之论，乃由是而生也"。"颇闻前数日，天津某宅设坛扶乩，某要人亲来拈香，而袁世凯、宋教仁先后降坛，但不知作何语。即如此次日本震灾之起，而迷信分子之最笃者，如钱能训、江朝宗、王芝祥辈，均口延僧道数十人，环绕左右，唪经维护，仰何可笑"。该报反问道："夫天灾之来，以科学家眼光视之，本无修禳之理。今试退一步言之，古人每遇灾祲，辄自修省。试问今之迷信家，但知禳解，讵有一毫修省之心？第见其作恶酿乱，未有宁息而已。"⑥ 以上分析，鞭笞了上流社会的荒淫与虚伪，真实地再现民国时局风貌。

舆论在反思谣言生成与风行的同时，也认识到其危害。《时报》认为其"于社会风化、地方教育，均有特别之损害"⑦。该报的另一时评

---

① 《昨日社会现象之一》，《申报》1923 年 9 月 26 日。

② 《谣言误杀迷信汉》，《晨报》1923 年 9 月 30 日。

③ 拈花：《辟妖篇》，《申报》1923 年 10 月 10 日。

④ 《地震》，《申报》1923 年 9 月 17 日。

⑤ 《遏制日灾中的妖言》，《民国日报》1923 年 9 月 6 日。

⑥ 拈花：《辟妖篇》，《申报》1923 年 10 月 10 日。

⑦ 《函请严禁大同教》，《时报》1923 年 9 月 9 日。

《大同会又改名称》谓：大同会若不严加禁止，"影响于社会风化、地方治安者，更非浅鲜也。"① 长沙《大公报》则指出，"大同会骇人、惑众，旷工、废时、伤财、劳神，妨害秩序"，有"扰乱安宁之滔天大罪，可胜诛耶"②。《申报》则认为可能会将民众引入歧途。"今吾中国方在纷扰之中，群龙无首，统一难期。而人民心思，更在摇摇不定之秋，何可再以诡诞荒离之说，导之于不轨之途"③。

与上述言论相比，《努力周报》则将这种危害上升到有碍国家形象的层面："荒诞无稽之谈，发之者别有用意。听者不察，误于倾信。庸人自扰，为害犹浅。将使社会失其安宁，世界传为笑柄，别有损于国家者甚大。盖野蛮与文明之分，正在此对于自然界之智识决之耳"④。

鉴于大同会传单等带来的种种危害，报刊舆论积极寻求遏制与破解的途径，主要包括加强侦查、取缔力度，普及科学常识两个方面，此亦视为对谣言的反思。《大公报》认为，此种谣言实与地方治安有极大关系，警察当局对此谬说，亟宜加以取缔，并布告解释，以释群疑⑤。《民国日报》的时评则建议，"遏制之法，官厅自然要严密侦查"。不过，"邮局亦须加以检查，停止递寄"，并呼吁"辟谣责任，尤为人人宜尽其力"⑥。而《时报》的主张，则更为严厉与周全。9 月 11 日，该报发表的评论认为："禁止之道，固在查封其机关，严惩其党徒。而尤在截遏其邪说，使之无法宣传。"最后，该报声明道："前者乃官厅之□责，后者则吾侪新闻界及明达之士共有之责也。"⑦ 既使用行政手段打击制谣者本身，又发动民众参与监督，双管齐下，效果自然显著。

《申报》则另辟蹊径，主张普及科学常识。该报刊文认为，科学昌明，种种谣言自然不攻自破。反之，"昧于科学智识，不知地震、海啸之原理，遂将无稽谣传，信以为真"。谣言自然也就丛生。为此，该文列举了普及科学常识的办法⑧：

（一）关于家庭方面。家庭中有科学知识者，于闲暇时聚家人于一室，演讲普通科学，既可以灌输科学知识于家人，又可以防止家人的不

民族主义
与人道主义
082

---

① 纯：《大同会又改名称》，《时报》1923 年 9 月 11 日。
② 《吓死人的传单底影响》，《（长沙）大公报》1923 年 9 月 22 日。
③ 拈花：《辟妖篇》，《申报》1923 年 10 月 10 日。
④ 叔永：《日本震灾和精神上的损失》，《努力周报》第 72 期（1923 年 9 月 30 日）。
⑤ 《摇惑听闻之亟宜查禁》，《大公报》1923 年 9 月 7 日。
⑥ 《遏制日灾中的妖言》，《民国日报》1923 年 9 月 6 日。
⑦ 纯：《大同会又改名称》，《时报》1923 年 9 月 11 日。
⑧ 张衡香：《普及科学智识之必要》，《申报》1923 年 9 月 26 日。

正当消遣。一举两得，何乐而不为。

（二）关于社会方面。报纸杂志，皆宜辟科学栏，聘专家主任之，使一般读者，咸得科学知识。此举方法仅可适用于中上社会。学校学生在假期内，宜集合团体，于游戏集合之所，随时演讲，或发送普通科学之白话印刷物，以便普及于下级社会。

上述两种策略，或主张从源头上防患于未然；或建议在谣言产生后，实行全方位的清剿。这种理念，值得肯定。不过，受时代环境的制约，无法得以实现。

第三节　报刊报道的特点考察

关东大地震，被时人称为"空前之浩劫、千古之奇灾"。对于这样一件震惊世界的大事件，自然免不了成为报刊等新闻媒体竞相追逐报道的对象和焦点。在评论和反思日本关东震灾的同时，我们发现相关报刊在报道这一事件过程中，从内容到体裁乃至社会效应方面都表现出鲜明的特征。

一、全面性

综观中国国内的相关报刊，刊载日本震灾的内容主要涉及灾况、救灾与灾后重建三部分。不过，与震灾有密切关联的受灾侨胞归国情形和华工因灾被杀交涉事件，也出现在部分报刊上。可以说，报刊的报道是全面、完整的。报刊关注此事件的时间，自 1923 年 9 月 2 日刊发"特约路透电"始，至 1924 年 8 月止，仍有零星华工遇难交涉的报道，共约历时 12 个月，其中前 5 个月是报刊的集中报道期。

首先是灾情灾况。灾害发生后，报道因灾损失的具体状况，自然成为媒体的第一要务。受客观条件的制约，中国新闻界披露日本震灾的实况，最先从转译"特约路透电"开始。之后，与大阪、神户等地的往来电报，丰富了灾况内容。随着信息来源的拓展与多样化，灾区的灾情灾况相继被刊载，东京、横滨、横须贺等地的受灾程度也日日被媒体传递，人员伤亡、财产损失、余震侵扰、港口被毁、海啸来袭等消息，更是屡见报端。这些要素，共同构成灾区的实景，勾勒出人间地狱般的画面。同时，对灾情充分、全面的报道，也为其本身乃至官方、民间的不同反应提供了"养料"。

其次是救灾。救灾是媒体关注的重点。报刊采用大幅版面、持续不断地报道救灾进展情况，其内容可以归纳为"自救"与"他救"两个方面。自救方面，媒体报道了日本当局具体的救灾措施、效果及影响，叙述了日本各地民众对灾区的无私支援。另一方面，关于国际社会的援助。媒体刊载了美、英、法等国或提供救灾款，或直接输送物资。其中，报道中国社会各界援助日灾的消息最多，这既是"东道主"作用的"偏袒"，也是客观事实的再现。所有这些，构成了报刊救灾的内容。

灾区重建也是报刊关注的内容之一。新闻媒体重点报道了日本帝都复兴计划，刊载了一系列有关帝都重建的消息，对灾区重建的机构设置、人员组成与蓝图规划等方面做了不间断的报道，如《申报》就专门设置专栏《日本灾后兴复纪》，对此内容连续刊发了十五条专题。

最后是有关灾区侨胞消息的报道。灾区侨胞的安危，为媒体和社会各界所牵挂。报刊一方面报道地震后灾区侨胞的生死状况，一方面又应亲属要求，不断刊载寻人启事。对乘船回国的难侨，报刊及时地登载船只起航和到达日期，详细地列出侨胞姓名、籍贯、身体状况等信息，以便接待与安排。值得注意的是，报刊还报道了部分华工因灾被杀事件，详尽地报道了事件的缘由、经过及中国官方与民间对日交涉过程。

报刊完整、详细地报道了关东震灾，读者阅读后，对这一事件也有了大致的了解和掌握，给人以身临其境般的感觉。这既证明了报刊的成功之处，也说明了报刊对此次事件的重视程度。

二、多样性

报刊报道日本震灾的内容涉及方方面面，其采用的形式也是多种多样，以下几种形式值得一提。

（一）刊登广告

广告是报纸的结构性要素之一。关东大地震发生后，部分报纸刊登了大量与日灾有关的广告，其内容主要为各类社团启事和鸣谢公告。以上海的《申报》与天津《大公报》为例，据统计，从 1923 年 9 月 5 日至 12 月 31 日，《申报》登载的各类通告、启事有 70 条，鸣谢公告多达 142 条，广告主主要是中国协济日灾义赈会和中国红十字会。另据《1923 年中国人对日本震灾的赈济行动》一文统计，1923 年 9 月 11 日至 12 月 25 日，天津《大公报》共刊登直隶省日灾救济会和天津警察厅急赈会代办日本震灾募捐的鸣谢公告 51 条，共列有捐款团体 1398 个，个人 977 人①。当然，其他报刊也有类似广告，但较为零散。

（二）发表社论

社论是报纸的灵魂与核心。日灾发生后，报纸发表了大量"时评""新评""时论""言论"等有关日本震灾的评论性文章，笔者仅对《新闻报》与《时报》做了检索，前者自 1923 年 9 月 3 日刊发题为《日本地震惨劫》的"新评"始，至 9 月 23 日共有论说文 31 篇（详见表 2-1）。后者自 1923 年 9 月 4 日至 9 月 26 日，刊发的"时评"等言论性文章共 22 篇（见表 2-2）。

表 2-1　《新闻报》1923 年 9 月 3 日至 9 月 23 日刊发
与日灾相关的论说文（计 31 篇）

时 间	篇 名	时 间	篇 名
9 月 3 日	日本地震惨劫	9 月 9 日	日灾附加赈捐与出口米护照费
	日本大灾害及于我国商场之影响		日灾不需华米
	吊日本大灾		无形的火海
9 月 5 日	救济日灾	9 月 11 日	米粮无弛禁之必要
	日本巨灾后之经济损失观		今后日本之教育如何
	预言		人道主义尽其在我
9 月 6 日	论救济日灾	9 月 13 日	日灾与教育之影响
	日本震灾损失之估计	9 月 16 日	赈灾附税之难行
	教育界对日本大灾应取之态度		米禁附加两问题
9 月 7 日	论日本震灾事	9 月 17 日	日灾之教材
	天灾人祸	9 月 19 日	救济被灾华侨
	救灾	9 月 20 日	否认米谷弛禁与米价及粉价
	日本震灾损失之估计（二）	9 月 21 日	日本震灾之教材
	教育上对日态度当如何	9 月 23 日	从法律上考察日本火险公司之责任
9 月 8 日	开弛米禁之商榷		为米禁事告苏省长
	赈济日灾运米出口之前提		

① 转引自李学智：《1923 年中国人对日本震灾的赈济行动》，《近代史研究》1998 年第 3 期。

表 2-2 《时报》1923 年 9 月 4 日至 9 月 26 日刊发与
日灾相关的论说文（计 22 篇）

时 间	篇 名	时 间	篇 名
9 月 4 日	为日本地震告国人	9 月 10 日	八月十五日以后……
9 月 5 日	机与厄	9 月 11 日	救济日灾之解释
	救济日本巨灾之我见		大同会又改名称
	哀火海	9 月 12 日	发现赈日奖券
9 月 6 日	日本之祸福	9 月 13 日	私与公
	救济日本巨灾之我见（二）	9 月 15 日	大东京之实现
9 月 7 日	救济日本巨灾之我见（三）		赈灾附税
9 月 8 日	日灾之教训	9 月 19 日	吊难民
9 月 9 日	米粮无弛禁之必要	9 月 23 日	职业绍介所之利益
9 月 10 日	国与民	9 月 24 日	告丝绸团体
	天灾与人祸	9 月 26 日	注意民食

从上表的内容我们可以得知，《新闻报》前一周发表的有关日本震灾的言论较为密集，连续出现一天多评的现象，这是震灾消息传入中国后引起激荡的映射，其关注的话题主要是日本震灾损失与我国对日态度。之后，是否向日本出口米粮是评论聚焦的重点。《时报》关于日灾几乎是每天一评或多评，其讨论的话题范围涵盖救灾、辟谣、反对出口米粮等方面。

（三）设置专题

部分报刊还特别设置专题性的内容，对灾情、救灾、灾后重建进行连续报道，《申报》就有此类的栏目。1923 年 9 月 3 日至 15 日，《申报》不间断刊发了《日本地震大灾志》①，每天一"志"，共刊发十三"志"。其内容主要介绍灾区受灾状况，读者阅读之后对日本的这次灾情

---

① 最初称"日本地震大火灾"或"日本地震大火灾记"。

也就有了大致的了解和掌握。与此同时，该报还以大量篇幅连续刊载《日本大地震损害纪》，自1923年9月3日至23日，每天一"纪"，共载有二十一"纪"，该"纪"则侧重于介绍救灾的方方面面，内容详尽完备。了解完灾情与救灾基本情况后，《申报》紧接着刊登了日本灾后重建的信息。1923年9月24日至10月8日，《日本灾后兴复纪》与读者见面，半个月时间里，"兴复纪"每天均有内容见报，连续地介绍了日本灾区重建的动态消息。

又如《广州民国日报》也安排有日本震灾内容的专题报道。自1923年9月5日至12日，该报以"日本天灾详报"为主题名，每天"一次详报"，连续累计刊载"八次详报"①。其内容既有关东地震灾况的扫描，也有国内外力量救灾的概述。该"详报"信息含量大，内容丰富、充实。在"日本天灾详报"的基础上，1923年9月13日至22日，该报又推出了《日本天灾续报》的连载报道。其内容可谓是承前启后，既有对灾情灾况的归纳、统计，又"详报"了灾后灾区外侨的遣送、工商领域的复业，以及灾区规划重建等。这种"接龙式"的专题报道，应该说满足了读者对关东地震信息的需求。

除了像《申报》《广州民国日报》这种"大报"设有关于日本震灾的专题性内容外，一些地方性的"小报"也有类似的专门介绍日灾的栏目。如1923年9月9日，《苏州晨报》编辑部发表启事，计划设置"救济日灾号"②。一周后，该报在"礼拜日歌曲周刊"版面中，用整个版面刊发了用苏南歌谣形式写成的"日灾叹"与"救灾调"。

（四）配发图片

图片有形象、直观的特点，具有文字不具备的视觉效果。为呈现灾区实况，报刊尽可能地不时登载相关照片，如《东方杂志》在出版的第20卷第16号正文前的插图8幅，随后又在第该卷第21号插图6幅。《晨报》从1923年9月8日至11日的4天时间里，配发日本震灾图片就高达26幅。至1923年底，《申报》和《盛京时报》刊登的照片也分别有15幅和14幅。此外，《广州民国日报》还以"日本灾异"为照片名，连续刊发这类主题照片6次。这些照片的画面内容或是遍地尸骸，或是满眼残垣断壁。图2-1和图2-2分别是东京、横滨灾后图景。

---

① 1923年9月9日为星期日，该报不出刊，故虽有"八次详报"之名，实则七次。其中第一次、第六次、第八次题名与其他略有不同，分别称为"可骇之日本天灾""日本地震第六次详报""日本地震第八次详报"。

② 《特约撰稿诸君公鉴》《本刊启事》，《苏州晨报》1923年9月9日。

图 2-1　浩劫后的东京银座大街

资料来源:《盛京时报》1923 年 9 月 11 日。

图 2-2　大火后的横滨

资料来源:《东方杂志》第 20 卷 21 号（1923 年 11 月 10 日）。

银座大街可以说是东京最为繁华、喧闹的场所,震后,昔日人声鼎沸的场景早已不见,剩下的只是残破与凄凉。横滨为贸易港口城市,不难想象地震前川流不息的人群和忙碌的商旅,但此时早已被死亡、瓦砾所替代。报刊中刊载的照片图景涉及各个方面,但主要内容还是灾区惨况的场景。看后催人泪下,引起读者的同情和共鸣。

三、互动性

报刊作为大众传播媒介,与社会互动密不可分。关东地震发生后,报刊掀起了一股报道日本震灾的风潮,这既与其本身使命有关,也是为了满足民众的需求。从交通便利、经济富庶的江浙地区，到远在关外的东北各省。不论是无人不知的大报大刊，还是仅仅满足一地需求的小报；不论是官方主导的报刊，抑或是私人掌控的媒体。这些报刊对日本震灾给予了不同程度的关注，这"对推动我国赈济日灾活动的开展，起了重大的作用"①。即便是此时中国民间对日本依然有着强烈的民族抵触情绪，轰轰烈烈的抵制日货与经济绝交运动还在延续中。

　　不可否认，报刊在详细报道灾情灾况的同时，也在无形之中宣传了灾情灾况的惨烈与悲壮，中国社会民众通过这个"窗口"得以了解到日本震灾的前前后后。在阅读震灾的新闻消息后，各阶级、阶层对日灾产生了种种不同的回应与感悟。受多种诱因的驱动，中国社会舆论虽然对日本震灾抱以不同的看法，但各界最终对日灾的举措几乎是一致的，以无私、包容的胸怀积极、热烈地援助地震灾区，这是民族理性的回归，更是中华民族传统美德的延续。这种情感与行为的变化，无形之中又成为媒体新闻的素材和原料。

---

① 王继麟：《中国各界对日本关东大震灾的赈济》，《史学月刊》1987 年第 1 期。

第三章 中国官方的响应：
对关东大地震的援助与"利用"

民国北京政府时期，由于各派系军阀不断争夺和控制中央政权，致使政府更迭频繁，中央和地方政权结构一直处在频繁变化之中。有鉴于此，本章所言之"官方"，不仅指对峙状态中的南、北两政府：直系控制下的北京政府与广州大元帅大本营；还宽泛地包括各省在朝在野的军政势力。在得知日本关东地区发生地震的消息后，他们对此持同情的态度，或向日本当局捐款捐物，或发起各种赈灾救济组织募款筹物。不过，北京政府为援助日灾而开弛米禁、征收海关常关附加税的决议一经公布，就遭到社会各界的一致反对与批判，其目的被认为是利用日灾为己谋利。

第一节 官方对日灾的同情慰问

"此次日本惨遭浩劫，我国朝野上下，极表同情"①。南、北政府及各省在朝在野的军政势力，在知晓日本震灾的消息后，或及时致电日本当局，表示同情之意；或直接前往当地日本驻华使领馆当面慰问，聊表悲悯之情。

一、中央政权层面的同情慰问

关东地震爆发后的次日，即 1923 年 9 月 2 日，北京政府外交部立即对此做出回应，"派熊垓赴日使馆慰问日本大震灾"，但"因东京重要官署全毁，日馆亦未接详细报告"②。随后，外交部致电日本政府，"表我

---

① 《一片之救灾恤邻声》，《晨报》1923 年 9 月 6 日。
② 《国内专电·北京电》，《申报》1923 年 9 月 5 日；《快信摘要》，《（长沙）大公报》1923 年 9 月 9 日；《时事日志》，《东方杂志》第 20 卷第 19 号（1923 年 10 月 10 日）。

政府及国民之哀情"①。3 日，外交部还致电中国驻日代办，让其"慰问日政府"②。

此时的北京政府因总统黎元洪已被迫下台，由高凌霨摄政内阁柄政。9 月 3 日，高凌霨面对日本电报通信社北京特派员时说道："此次日本灾情，非常重大，诚有史以来之大惨剧。吾辈本救灾恤邻之义，亦深致哀痛之意。本日午后，特开临时特别阁议，一面派使慰问，一面协议救助方法。惟两陛下及摄政宫殿下安全无恙，此又不幸中之大幸。"③ 此外，"高凌蔚等以总统名义，发布命令，对于日本京滨各地之灾害，表同情之意"④。9 月 4 日，北京政府发布大总统令谓："日本东京市及横滨各地，于日前午后突起地震。市廛多被延烧，人民惨罹浩劫，奇灾巨变，亘古未闻，曷胜惊愕。著派驻日本代办代表政府即日亲诣日本外务省慰问，深致惋惜之忱。"⑤ 中央法令的颁布，正式确定了官方对日灾的态度与基调。

国会两院对日本震灾亦表以深切的同情。参议院、众议院决议联名致电日本两议院、内阁总理及各灾区市长等处，代表中国全体国民，表示慰问。其电文⑥如下：

> 大日本贵族院、众议院、山本内阁总理、各灾区市长公鉴，电传贵国惨遭天灾，举世惊骇。敝国谊切同洲，尤深震悼。谨此代表全国国民，驰电慰问，中华民国参议院、众议院同叩。

不仅如此，部分国会议员也纷纷向日本致电慰问。如国会议员诸辅成、焦易堂、潘大道等 532 人致电日本政府，以示慰问。该电文称："悉东京、横滨等处，忽起猛烈地震，继以洪水巨火，全城瓦砾，大地陆沉，实为空前未有之浩劫。敝邦人民，遂听之余，无任慨惋。议员等谨代表全国国民，一致吊慰，敬希察及，是幸。"⑦ 又，在津国会议员汤漪、郭同、杨永泰、彭养光、韩玉辰、王用宾、乌泽声等，亦向日本两院发电慰问，勉励其战胜困难。其电文曰："近闻贵国遭逢天灾，惨亘

---

① 《米谷因日灾弛禁之外讯》，《申报》1923 年 9 月 5 日。

② 《国内专电·北京电》，《申报》1923 年 9 月 5 日。

③ 《米谷因日灾弛禁之外讯》，《申报》1923 年 9 月 5 日。

④ 《京内外救济日灾之外讯》，《申报》1923 年 9 月 8 日。

⑤ 《命令》，《政府公报》(137)，(台北) 文海出版社 1968 年版，第 4255 页。

⑥ 《我各界对日灾之热烈同情》，《晨报》1923 年 9 月 5 日；《参众两院发电慰问》，《盛京时报》1923 年 9 月 7 日；《京中对拯救日灾之热烈》，《申报》1923 年 9 月 8 日。

⑦ 《关于日本地震大灾之昨讯》，《申报》1923 年 9 月 5 日。

今古。属在邻封，曷任悲悯。犹幸贵国物力丰厚，民性强忍，补剂疮痍，犹非难事。尚祈勉�余力，以胜天行。"除设法募赈外，"谨致慰藉之诚，即祈转达政府诸公，并全国人民为荷"①。

除了上述慰问电外，北京政府还派遣专员赴日慰问。9月6日，新任驻日代办施履本赴日本慰问震灾，并办被灾华侨善后事宜②。曾担任留日学生监督的江庸，11日晚由京到奉，当即换乘安奉列车前往日本。江庸此行系"奉中央指令慰问日本震灾兼视察灾后情形，并为被灾华人请求善后办法"③。

与北京政权相对峙的广州大元帅大本营，亦对日本关东地震抱以深切的同情。此时，孙中山正在前线督师作战，在得悉日本遭受震灾的消息后，即命胡汉民、杨庶堪拟稿慰问日灾④。9月4日，孙中山致电日本摄政裕仁亲王慰问震灾，对此次地震给日本带来的损害深表同情，同时也对日本灾后恢复满怀信心。电文大意为：值贵国京城和国家遭受空前灾难，造成生命财产损失之际，请接受中国人民的深切慰问。我深信日本举国必将本着素有的勇气与刚毅精神对待这一事件⑤。

对于上述举措，报刊也给予了报道。9月7日，《申报》刊发的香港电云：孙中山"电慰日政府，表哀悼，谓贵国人民勇气刚毅，深信不因此而弱。"⑥ 9月10日，《广州民国日报》在刊载的"本省要闻"栏目中也告示出孙中山对日灾的态度："大元帅闻日灾之惨，甚为悲悼，已令秘书为文唁慰。"⑦

孙中山不仅致电日本皇室，还一一致书慰问日本朝野名流，如山本权兵卫、后藤新平、田中义一、犬养毅、福田雅太郎、西园寺公望、涩泽荣一、大仓喜八郎、藤村义郎、久原房之助、头山满、寺尾亨、广田弘毅、秋山定辅、萱野长知、菊池良一、床次竹二郎、吉野作造、宫崎民藏等人。函云："闻贵国地震海啸，遂成巨灾。同种比邻之邦，交游

---

① 《我国对日大灾之援助》，《大公报》1923年9月7日。

② 李振华辑：《近代中国国内外大事记》，见沈云龙主编：《近代中国史料丛刊续编》第67辑，（台北）文海出版社1977年版，第4507页。

③ 《江庸氏过奉赴日》，《盛京时报》1923年9月12日。

④ 中山大学历史系孙中山研究室等合编：《孙中山全集》（第8卷），中华书局1986年版，第197页。

⑤ 中山大学历史系孙中山研究室等合编：《孙中山全集》（第8卷），中华书局1986年版，第198页。

⑥ 《国内专电·香港电》，《申报》1923年9月7日。

⑦ 《大元帅慰唁日灾》，《广州民国日报》1923年9月10日。

宅居之地，罹兹惨变，怛悼逾恒。文自战地归来，留意讯访，幸挚友良朋，尚庆无恙。悬情之恫，差幸轻减。想展伟略，纾宏规，指顾之顷，顿恢旧观。特修寸戈，遥寄侍石，敬候兴居，并祝平安。"① 由此可见，孙中山对故交旧友的深厚情感和牵挂之情。

除孙中山去电慰问日本，广州大本营政权的主要军政要员"胡总参议、廖省长、邹厅长等昨亦致函驻广州日本总领事署，慰问一切"②。对此，驻广州的日本总领事天羽英二致函道谢省内各衙署人员慰问灾情云："此次敝国东京、横滨各方面，天灾突发，辱承慰问，感激实深。谨代表敝国人民，道达谢忱。"③

此外，广州大本营财政部长叶恭绰也对日灾表达了慰问与惋惜之情。日本陆军大臣田中义一回电答谢："辱承慰问，亲切叮咛，至深感佩。"④ 广东省长廖仲恺亦致函萱野长知，对日本大地震所造成的灾害表示诚挚的慰问。廖仲恺在信中说："闻贵国遭亘古未有之巨灾，谊属邻邦，交多挚好，遥聆噩耗，倍切同情。东望扶桑，弥殷眷念。此间现已发起筹赈大会，积极进行，以期稍尽棉〔绵〕薄。"⑤

二、地方军政势力的同情慰问

各省在朝在野的军政势力，同样对日本震灾展示出痛惜与同情的姿态。笔者查阅相关资料，简要梳理如下：

"东三省官场对于东京一带之震灾，深为悯恻"⑥。任东三省自治保安总司令的张作霖接到日本地震火灾的消息后，对于日本此次天灾颇表同情。"闻张总司令以日本与我关系甚重，自接到是项惊耗后，除致电日政府殷殷慰问外"，特于9月2日下午6时，"亲往日本总领事馆访晤船津总领事，殷殷慰问灾害情况，表示郑重慰问之意"，并愿意"派员前往救济灾黎"。船津"甚为感激，即代表全国向张氏致谢"⑦。随后，张作霖派遣军事顾问町野武马为震灾地慰问代表，于8日搭乘安奉线东上，转赴各震地⑧。町野顾问此行目的之一便是"代表（张）总司令向

① 陈锡祺主编：《孙中山年谱长编》下册，中华书局1991年版，第1681—1682页。
② 《要人慰问留日学生》，《广州民国日报》1923年9月8日。
③ 《日领致谢粤当道》，《广州民国日报》1923年9月10日。
④ 《日本陆军大臣电谢叶部长》，《广州民国日报》1923年9月14日。
⑤ 尚明轩、余炎光编：《双清文集》上卷，人民出版社1985年版，第556页。
⑥ 《东方通讯社电·奉天电》，《广州民国日报》1923年9月10日。
⑦ 《张总司令注意日本天灾》，《盛京时报》1923年9月4日。
⑧ 《日本震灾中之东省》，《东北文化月报》第2卷第9号（1923年9月15日）。

日皇慰问震灾"①。吉林、黑龙江两省督军孙烈臣、吴俊陞对于"此次日本灾难，亦极表同情"②，并赴西站日领事馆慰问③。此外，孙烈臣还电令吉林督军署参谋长等人亲访驻长春日本领事，对于"日本国灾表示甚深同情慰问之意，同时商洽关于发送谷物及其他禁输，又有税品等之便宜办法，吉省即将以杂谷物品等运日救灾"④。

9月5日，江苏督军齐燮元、省长韩国钧派交涉员赴驻宁日领事署，慰问日本灾情⑤，并对日本东京、横滨等处猝遭震灾，表示"同深骇悼"⑥。苏常镇守使、道尹、高等审判厅、检察厅、水陆警察厅、吴县知事等地方要员，"对于此次日本发生巨灾，为亘古以来未为之浩劫，死亡众多。故皆亲往二马路驻苏日本领事署，拜谒藤村领事，表示慰问"⑦。

浙江军政两长与杭、温、宁各交涉员及农、商、教各法团，"因日本地震巨变，除赴驻在日领事馆慰唁外，均分电东京等处，询问被灾详情"⑧。浙江督军卢永祥、省长张载扬致电各省军民长官、各法团及各报馆曰：日本此次大震灾，继以水火，"谊属同洲，曷胜骇悼。况我国侨商学生亦多同罹其厄，自闻此耗，轸痛同深。永祥等现已先拨银一万元，用助急赈，并已会商募助办法，赓续进行。救灾恤邻，古有明训，所企群策群力，以申人类互助之精神，增进国际敦睦之义务"⑨。同情之态自然流露。

安徽督办马联甲、省长吕调元通电道：日本天灾"为五洲近世纪空前未有之浩劫，凡有血气，莫不慨伤，矧在同洲，宁忍恝视。除由联甲、调元尽力筹募赈款，克期输送东邻，以纾急难，并捐俸提倡外。""愿诸公本救灾恤邻之义，为解悬拯溺之谋，绳晋侯之输粟，名曰泛舟，等任氏之捐金，但期济众，德音翘企，不尽欲言"⑩。

山西阎锡山致电国务院，表明了对日本震灾的态度：日本惨遭奇

① 《奉人对赈济日灾之踊跃》，《晨报》1923 年 9 月 14 日。
② 《省政府救济之所闻》，《盛京时报》1923 年 9 月 6 日。
③ 《奉人对赈济日灾之踊跃》，《晨报》1923 年 9 月 14 日。
④ 《孙吉督关怀邻灾》，《盛京时报》1923 年 9 月 7 日。
⑤ 《南京快信》，《申报》1923 年 9 月 6 日。
⑥ 《公电·南京齐燮元韩国钧通电》，《申报》1923 年 9 月 7 日。
⑦ 《苏城官绅慰问日灾》，《民国日报》1923 年 9 月 11 日。
⑧ 《杭州快信》，《申报》1923 年 9 月 7 日。
⑨ 《公电·卢永祥等通电》，《申报》1923 年 9 月 8 日；《卢张对日灾之虞电》，《大公报》1923 年 9 月 9 日。
⑩ 《公电·马联甲吕调元通电》，《申报》1923 年 9 月 11 日。

灾，"同深惋惜，自应力筹赈款，藉资救济"①。

山东督军田中玉、省长熊炳琦致电国务院，亦对日灾深表同情。"日本奇劫，亘古罕闻，属在比邻，同深悲悯。鲁省现正召集各界开会，讨论募款及一切救济办法。除俟筹有成数再报外，谨先电闻"②。另外，该省议会正副三议长同赴日使馆慰问，随后还电唁日本政府与驻京日本领事③。

湖北督军萧耀南通电曰：各报馆均鉴，此次日本东京、横滨一带罹空前之浩劫，为亘古所未闻。"警电传来，莫名震悼。日本居民既惨罹灾变，我国侨商学子亦同被其殃，轸念灾区，能无悯恻。中日地居唇齿，救灾恤邻，古有明训，况昔日几疆告赈，曾感泛舟输粟之情。今兹三岛遭灾，讵忘披发缨冠之救，除由鄂省捐助两万元，汇济日本，聊资急赈，并饬属广为劝募，发起救灾会，以资提倡外，凤稽诸公痌瘝在抱，胞与为怀，务恳睹此颠危，共图匡救，仁浆义粟，无非盛德之宣，尺素零缣，亦拜仁人之赐，翘企德音，无任预祝"④。

河南军务督理张福来及张凤台亦惊叹日本惨状，其刊于报上的通电云："比邻日本，猝遭震灾，情形之惨，世所罕闻。"该电接着指出："慈善不分畛域，任恤岂问古今，况中日唇齿相依，华侨人多羁寄，于兹浩劫，岂忍旁观。"遂筹设日灾救济会，并拨款救灾。此外，还呼吁社会各界献出爱心，"共襄善举"⑤。

洛阳吴佩孚则通电社会各界，就日灾一事表明其立场，呼吁民众献出爱心："北京参众两院、国务院、各部院、王巡阅使、冯检阅使、步军统领、警察总监、京兆尹、保定曹巡阅使、各省督军、督理、督办、省长、总司令、都统、护军使、镇守使、师旅长、省议会、教育会、商农工会、各报馆均鉴：日本此次地震，继以火灾海啸，演成巨劫。城市为墟，死伤枕藉。侧身东望，天日为昏。""夫人类具有同情互助，原无国界，我国凤以大同博爱立国，救灾恤邻，古有明训，况在兄弟亲善之国，更切死丧急难之心，重以商学侨旅同罹浩劫，扶伤救死，义无可辞。……尚望我全国善士发抒悲悯，慷慨输将，输粲泛

① 中国第二历史档案馆：《中国援助1923年日本震灾史料一组》，《民国档案》2008年第3期，第7页。
② 中国第二历史档案馆：《中国援助1923年日本震灾史料一组》，《民国档案》2008年第3期，第8页。
③ 《济南通信》，《申报》1923年9月11日。
④ 《公电·武昌萧耀南电》，《申报》1923年9月11日。
⑤ 《救济日灾之两电》，《大公报》1923年9月14日。

舟，通于秦晋，仁浆义粟，辨于咄嗟，岂惟国际救助之常要，亦人道应尽之责。"①

江西督军蔡成勋通电道："此次日本奇灾，全球震悼，水深火热，拯济惟殷。况中日为辅车唇齿之亲，寄寓侨民，为数尤众，当仁不让，具有同情。"虽然江西"兵焚屡经，财源益绌，惟念救灾恤邻之义"，为日灾拨款、设立救灾会②。

陕西督军刘镇华听闻日灾消息后，深为震撼，其通电曰：东瀛浩劫，亘古罕闻。华人侨商，同遭奇祸，"噩耗初至，镇华即筹款万余元，遣派专员携往救济，连日灾情详暴，痛念尤深"。并"召集军政绅学商各界，在陕垣赈务处筹商。恤邻救灾，万众同心，遂成立陕西省救济日灾会，协力担承，分途募款。先挪垫洋万元，寄由保定巡署转汇东京，赶办急赈，余俟收集成数，陆续电汇助拯，并电驻京日使馆，随时商洽办理"。因"陕省久罹偏灾，民困未苏，力不从心，深滋惶愧，所赖当仁不让，庶得同善相成，棉〔绵〕薄勉抒，德音敬伫"③。由此可见，其既同情日本震灾，又设法尽力救助日灾。陕西省议会也认为："日本此次震灾，非常猛烈，死亡枕藉，闻者伤心。"④

任职于热河、察哈尔、绥远三特区的王怀庆、张锡元、马福祥，在阅览国务院的通电后，也及时发电回应：此次日本东京、横滨一带惨罹水火震灾，日本人民以及我国侨商学子同遭是厄，"蒿目东瀛，殊深悯恻，况中日关系唇齿相依，自应不分畛域，协力救济。热、察、绥三区虽系边荒瘠苦之地，遇此奇灾，自应勉力捐助"。于是成立日灾协济分会，并从北京兴业银行借垫两万元赈济灾民与灾侨⑤。

此时正积极谋求总统职位的直鲁豫巡阅使曹锟，得悉日本地震情形后，"浩劫惊闻，不胜恻愕"，并感叹"中日两邦，地居唇齿，梯航互接，近若户庭，无端灾异之来，几有陆沈之惧。虫沙猿鹤，华屋山邱，念此流离，能无愧悯"。他认为："古有撄冠被发之文，北直告饥，况感输粟泛舟之谊，竭诚救济，于理宜然。且吾国学子侨商，旅居异国，城鱼并及，呼吁无门，拯溺扶伤，责无旁贷。"为此"除由

---

① 中国第二历史档案馆：《中国援助1923年日本震灾史料一组》，《民国档案》2008年第3期，第7页。
② 《救济日灾之两电》，《大公报》1923年9月14日。
③ 《公电·西安刘镇华电》，《申报》1923年9月22日。
④ 《公电·陕西省议会代电》，《申报》1923年9月29日。
⑤ 《三特区急汇二万元》，《（长沙）大公报》1923年9月12日；《公电·王怀庆等通电》，《申报》1923年9月8日。

锟先捐五万元，另电指定用途汇交，并广为劝募外，务恳群公乐善为怀，共图匡救"，希望众人能"临难共济"①。除此之外，曹锟还向日本领事馆慰问②。

身居天津的段祺瑞，对于此次日灾，"尤不胜同情"③。9月7日，就日灾一事，段祺瑞特致电日本山本总理曰："贵国奇灾，中国国民同深震悼。祺瑞等集合同人，设立救灾同志会，募集捐款，寄附贵国救护之塈助，并代表国民深致慰问之意。"电文还关切道："贵总理与各大臣当此重大责任，尤望努力珍重，不胜祈祷。敝国侨民学生，业蒙一体救护，合并申谢。"在表慰问的同时，段祺瑞还为灾区助款十万余元④。不仅如此，段祺瑞还派代表姚震访问日本领事馆，表示慰问之意⑤。

值得一提的是，清逊帝溥仪于日灾后也遣震灾慰问专使，至日本公使馆慰问，并向灾区捐助了款物⑥。

不仅各省在朝在野军政要员纷纷回应日灾，中国国民党也关注此事件。地震发生后，中国国民党本部致函日本驻沪总领事矢田："顷悉贵国东京、横滨等处，惨遭奇灾，损失至巨，死伤尤多，逖听之下，悲悯曷极。除已另电贵国驻京公使转达贵政府暨贵国人民表示哀忱外，兹特委派本党交际部部长张秋白、副部长周颂西两君，亲诣贵署代表慰问一切。"矢田总领事对此慰问，"极表谢意"⑦。

从以上列举的事例中不难看出，日本震灾已引起了中国军政界的广泛同情和积极响应，范围涵盖全国大部分地区的主要军政人物。在此背景下，轰轰烈烈的援助日灾活动也就随之而来。

诚然，官方对日本震灾的同情与慰问，既是道义上的促使，也是国际上外交往来的需要。不过，军政各派势力此时对日灾的积极回应及异口同声的论调，尤其是皖系与奉系对日灾非同一般的关注，这与日本是其"后台老板"有一定关联。不仅如此，直系此时也因大选费用等方面有求于日本。关于此点，《申报》曾刊文⑧有所说明，该文叙述较为详

① 《公电·保定曹锟通电》，《申报》1923年9月7日。
② 《津保对震灾之同情》，《盛京时报》1923年9月8日。
③ 《段合肥发起救济会》，《盛京时报》1923年9月7日。
④ 《国内专电·天津电》，《申报》1923年9月9日。
⑤ 《津保对震灾之同情》，《盛京时报》1923年9月8日。
⑥ 《溥仪捐赈日灾》，《民国日报》1923年9月8日。
⑦ 《慰问电函一束》，《申报》1923年9月5日。
⑧ 《北京通信》，《申报》1923年9月9日。

细，现辑录如下：

时局表面上之沈寂，固大变化之酝酿。以直系论，九月十三（日）虽不至呈若何之变动，转瞬十月十日即不能不变，王怀庆之促宪电，已见其端；以反直言，鼓荡已久，磨砺以须，待而未发者，以直系之恶未彰，必待十月十日后直系动作如何，而后反直系名正言顺。此十月十日者，实时局大变化之关键也。然于此酝酿大变化中，东邻忽有亘古未闻之天灾地变。隔岸之火，本无与于我，特以直系及反直系，于东邻均有深刻之关系。大变以后，东邻之国力锐减至如何程度，虽非吾人所能预言，要其元气已伤，财力上自顾不遑，更何能顾人？芳泽氏语张弧曰，今后反须贵国倾助，可以窥见矣。

虽然，此影响所及，岂仅直系与反直系两方，即介于两方之西南，亦必因此而牵动变化。记者在北言北，直系之所以谋撑持暂局改造新局之道，虽不尽在东邻，而以直系下当家之津派中人，大都与东邻亲狎，所举策划，殆无一不需赖东邻之处，撮其最近成议中之著者，若沧石铁路借款，经靳云鹏潘复与坂西莘斡旋之力，由中日合办之利中公司承借，（靳潘坂西均利中大股东）债额日金一千五百万元，草约业经在津签字，依其双方协定之用途，表面用于筑路者半，用于大选者半，而里面则实以十之八九用于大选与大选后之新局面。以此正式借约虽尚未签，交款有待，津派以早晚必成，大选乃猛烈进行。顾〔故〕利中公司名为中日合办，实则日人所有，而以其借款中之种种关系，大灾前两日，驻津日领曾确如外间所传，将回东京，以促其成，迨来则已完全搁置，前议顿成泡影，此影响于直系者，诚至巨且大也。

因东邻之天灾地变，大选首受影响，依津派之主张，不问多数与少数，总要经过票选，庶几冠冕堂皇。此十月十日前，必仍竭其力以运用手术，而其影响不仅前之沧石借款，即所商垫中某项小借款，亦因日人方急其祖国之难，顿寝成议……

从上述文字中可知，关东地震发生前，"直系及反直系，于东邻均有深刻之关系"，尤其是向日方谋求借款等方面的支持。日本震灾发生后，虽然直系与日方达成的相关协议"已完全搁置，前议顿成泡影"，但也不是完全没有可能"修复"双方之前约定好的协议。在此背景下，直系乃至官方各派势力对日本震灾表示出的异常关切，也就不难理解了。

第二节　官方对日灾的援助

救灾恤邻，除了道义上的慰问外，更离不开款、物等实体方面的大力支援与输送。在同情日本震灾的同时，官方也积极着手给予日本物质上的援助。直接捐款输物当然是最便利、最有效的救灾方法，但中央政府及各地区此时财政枯竭，无力过多担负。为此，由官方牵头或主导，各地绅商名流、社团民众积极参与的劝募赈灾活动在多地展开。

一、劝募与捐赠

"此次东邻惨遭巨劫，损害之重，死亡之多，为空前所未有；而灾后飘零失所嗷嗷待哺者，尤不可胜数。日来各方面对此，无不同深震惜，热心筹拯，此亦足见我国人之不忘亲善矣"①。

同情慰问只是前奏，赈济活动随之而来。1923 年 9 月 3 日，国务院召开特别会议，商讨筹款赈恤日灾一事。该会议决内容有五项，除致电驻日代办张元节及驻神户我国总领事调查灾情外，主要有："颁发明令拨款二十万，专备赈恤之用"；令各省长官联合地方绅商、团体，组织日灾急赈大会，与政府一致进行救灾；派遣商船运送粮食、药品，以及红十字会赴日救护等②。

不仅如此，内阁还约定于翌日，邀请各名流在顾维钧宅进一步商议此事。9 月 4 日，到顾宅赴会者除阁员外，有王怀庆、聂宪藩、车庆云、刘之龙（冯玉祥代表）、熊希龄、孙宝琦、汪大燮、颜惠庆、王正廷、钱能训、蔡廷干、恽宝惠等二十余人。顾维钧首先报告了日灾详细情形，并请众人讨论筹备救济办法。经众人讨论后，做出了比昨日会议更加具体与完整的救济办法，如："由政府颁令，表示救灾恤邻至意，并派大员前往慰问"；除阁议已议决由财政部拨款外，并通令各省一律筹款赈济；令江、浙、皖三省迅速运米三十万石，往日本救济，由商民承办，并解除粮食输出禁令；组织日灾协济会，本日已到会者一律作为发起人，并邀请华洋义赈会、红十字会、银行界、军警界、新闻界、商

① 《京中对拯救日灾之热烈》，《申报》1923 年 9 月 8 日。
② 《我各界对日灾之热烈同情》，《晨报》1923 年 9 月 5 日；《京中对拯救日灾之热烈》，《申报》1923 年 9 月 8 日；张梓生：《日本大地震记》，《东方杂志》第 20 卷第 16 号（1923 年 8 月 25 日）。

会、各慈善团体一并加入；由政府派遣一艘或二艘轮船，运载大宗粮食药品，偕同红十字会、蓝十字会、女十字会男女会员，前往灾区拯救日本灾民，并运回我国被灾侨民及留学生①。此次会议自正午12时，持续到下午5时许散会。

随后，北京政府颁布了以赈救日灾为主要内容的大总统令。该令决定"由财政部迅筹银二十万元，汇交日本政府，为中国政府捐助之款。仍由各地方长官劝谕绅商，广募捐款，尽数拨汇，藉资拯济，以申救灾恤邻之至意"。该令亦决定"由内务部、财政部商拨款项，遣派专员，会同本国红十字会，携带衣服、食品、药料等项，迅即驰赴东京一带，设法援救"②。

从上述两个会议及法令可以看出：拨款、运粮、遣医，是政府筹救日灾的主要内容；"上""下"结合，发动各界力量共同参与，是筹救日灾的重要方式；"内"募、"外"输，是实施的途径。

为促使各地尽快劝募，赶办灾务，9月5日，国务院向各省发出通电，请其从速筹款募物。电文③如下：

> 救患恤邻，古今通谊。此次日本地震奇灾巨变，亘古未闻。东京、横滨繁盛巨埠，同罹浩劫，被难人民不可胜计。吾国之侨民、学生之惨遭巨变者，为数谅亦不少，曷胜惊愕。除已由政府明令驻日代办，亲往外部慰问，拨款二十万元，以为捐助，并组织日灾协济会，商同本国红十字会，携带粮食衣服药品，前往救济外，执事痌瘝在抱，谅必惋惜同深，望即倡筹巨款，广事劝募，汇往灾区，以尽恤邻之谊，并拯救被难侨民，是所至盼。院支印。

① 《我各界对日灾之热烈同情》，《晨报》1923年9月5日；《京中对拯救日灾之热烈》，《申报》1923年9月8日。

② 《命令》，《政府公报》（137），（台北）文海出版社1968年版，第4255页；《我各界对日灾之热烈同情》，《晨报》1923年9月5日；《京中对拯救日灾之热烈》，《申报》1923年9月8日。关于北京政府援助日本震灾20万元的来源，《大公报》也有记载。该报9月6日刊文《日灾赈款之来源》曰："中央当此山穷水尽、财源枯竭之时，自顾不遑，那有如许余钱，做此好事。而此种国际之赈救，尤非空口白话所可了事。故财政当局乃于昨晚筹拟于下月份应扣之日金九六基金项下，先挪出二十万元，请正金银行目下立即代垫汇往前途。此虽近于借花供佛，但系表示亲善之用意，正金当能允应云。"9月9日，该报《政府日赈款已有着》一文则说："据可靠消息，政府捐助日本之赈款二十万，由财政部商请稽核所，由八月份盐余中预先提拔。刻已得稽核所之同意，日内即可拨给该部，汇交日本政府云。"

③ 《一片之救灾恤邻声》，《晨报》1923年9月6日；《京中筹救日灾之热烈》，《申报》1923年9月9日。

此外，鉴于京、津、沪、汉等地商业繁盛、行善之风盛行，有更多的筹款筹物潜力，国务院也一并致电四地长官，呼吁劝募。电文①内容为：

北京王卫戍总司令薛总监、天津王省长、武昌萧督军、上海何护军使鉴，救灾恤邻，古今通谊，兹闻日本东京、横滨一带，突遭地震奇灾，为亘古所未有。我国近在同洲，宜尽被发缨冠之义；况侨民学生之在彼处同罹浩劫者，为数谅亦不少，政府业经拨款救济，并通电各省，亟募捐款在案。京、津、沪、汉为国内商业所萃，巨商大绅，夙具为善热心，募款较易着手，即希台端劝导绅商，广为募集衣服、食物，运往救济，以尽友谊，而惠侨民。并望将筹办情形，见复为祷云云。

此种呼吁，得到了相关省份的回应。"自国务院通电各省，请其筹款赈恤后，如曹锟、王怀庆均已先后有电到京，力表赞同。曹与乃弟曹锐及王承斌均有捐助"②。王怀庆等人在接到国务院的通电后，积极筹募，"犹恐缓不济急，兹先由北京兴业银行借垫现洋二万元，以一万四千元赈济日本灾民，以四千元赈济旅日华侨，以二千元赈济留日学生，此款业经送交外交部暨中国红十字总会，分别汇交日本灾区施赈"。并表示"嗣后三区募数如有盈余，仍当继续汇往"③。

此外，江苏、浙江、安徽、山东、湖北、河南、江西、陕西、山西、直隶、热河、察哈尔、绥远等省军政当局纷纷在报刊上发表声明，表救灾恤邻之意，展劝募筹赈之举，呼吁社会各界伸出援手，合力进行，以期汇集巨款。在此环境下，在朝在野的军政势力，有的代表当地政府捐款赠物，或组织救灾团体募款筹物；有的自己主动捐赠，献出爱心。《申报》曾在刊发的电文中感叹道：京、津官绅朝野，"均发起赈日义举，其热诚与本年三月争旅大无异。使团评中国为富于情感仗义的民族"④。不仅京、津这样，其他省区亦是如此。具体情形详见表3-1。

---

① 《一片之救灾恤邻声》，《晨报》1923年9月6日；《京中筹救日灾之热烈》，《申报》1923年9月9日。

② 《各方面之筹赈忙》，《晨报》1923年9月7日。

③ 《公电·王怀庆等通电》，《申报》1923年9月8日；《三特区急汇二万元》，《（长沙）大公报》1923年9月12日。

④ 《国内专电·北京电》，《申报》1923年9月7日。

表 3-1 部分在朝在野军政势力捐募款物及设立救灾社团简表

捐助者	捐募款项	捐物	设置救灾会情况	备注
何丰林	捐国币5000 元			
卢永祥、张载扬	各捐10000 元			
齐燮元、韩国钧	募银34000 余元	面粉10000 袋	在秀山公园开救济日本震灾会	
吕调元	筹备20000 元		设立日灾救济会	
田中玉、熊炳琦	垫洋40000 元		设山东救济日灾会	30000 元赈济日本灾民，10000 元赈济旅日华侨及学生
阎锡山	垫洋10000 元		设山西日本震灾募赈会	
张福来、张凤台	垫洋15000 元		筹设河南救济日灾会	10000 元赈日本灾民，5000 元赈侨民与学生
吴佩孚	捐20000 元			
萧耀南	捐20000 元		设中国日灾救济会湖北分会	
蔡成勋	筹集10000 元		设日灾急赈会	
刘镇华	垫款万余元		成立陕西省救济日灾会	
陕西省议会	捐大洋2000 元			

捐助者	捐募款项	捐物	设置救灾会情况	备注
曹锟	捐 50000 元		发起直隶省日灾救济会	30000 元赈济日灾民，20000 元赈济旅日侨商与学生
冯玉祥	捐 2300 余元			以修永定河所得报酬 4777 元之半捐助
黎元洪	捐 10000 元			
王承斌	捐万元		发起直隶省日灾救济会	
王怀庆、张锡元、马福祥	借垫现洋 20000 元		设日灾协济分会	14000 元赈日灾民，4000 元赈华人，2000 元赈学生
溥仪	捐银 10000 元	明朝万历间官窑大瓷瓶一件，清朝乾隆、嘉庆两代窑御制之蓝花白瓷瓶及彩花红地瓷瓶各数件，珍珠手串一挂等		

资料来源：《申报》1923 年 9 月新闻报道汇总；《上海方面赈灾近讯》，《盛京时报》1923 年 9 月 22 日；《溥仪捐赈日灾》，《民国日报》1923 年 9 月 8 日；《清帝捐助东邻赈灾品之历史》，《大公报》1923 年 9 月 12 日；《来函照登》，《大公报》1923 年 9 月 19 日；中国第二历史档案馆：《中国援助 1923 年日本震灾史料一组》，《民国档案》2008 年第 3 期；《山西日本震灾募赈大会成立续志》，《来复》第 267 号（1923 年 9 月 23 日），第 3 页；《外部收到各省赈款》，《晨报》1923 年 9 月 24 日；杨鹤庆：《日本大震灾实记》，中国红十字会西安分会发行（1923 年 11 月），第 35 页。

从上表不难发现：（1）赈济钱、物是临灾急赈的一种通用方法，这在救助日灾时也不例外。不过，多数省当局纷纷筹设日灾救济会，联合社会各界力量共同"发力",却是一大亮点。（2）表中有的省直接捐款数万元，有的则需预先借垫，这是财政窘迫的体现。从《申报》刊载的公电中可以略知个中缘由：安徽因"连年灾眚，自救不遑"，"不能多集"①；河南则"频经灾歉，本年又遭水患，库帑空虚，公私交困，心余力绌"②；江西"兵燹屡经，财源益绌"③；陕西则"久罹偏灾，民困未苏，力不从心"④。这种解释，可谓是政府当局的"真情告白"，不过却也是现实的真实写照。即便如此，多数省仍旧尽力筹募。（3）通过表格内容并结合相关史料，大致可知军政当局积极捐助日灾的动因：救灾恤邻，"以申人类互助之精神，增进国际敦睦之义务"⑤是首因；旅日侨商、学生，同遭惨劫，本国乃至本省人亟须救护，则是其推手。（4）民国时期，各省因派系、权益等缘由，相互纷争不断。不过，在对待日本震灾的问题上，言行却是彼此"默契"与"一致"，耐人寻味。

上表只是列出了捐募款物及设立救灾社团的信息，下面以表3-1中江苏、山东、山西等省为例，简要回顾相关省区当局捐募及设立救灾组织的情形。

（一）江苏

除对日灾深表同情外，江苏督军齐燮元、省长韩国钧在通电各报馆时表示：日本东京、横滨等处猝遭震灾，惨罹浩劫，"即我国旅东侨商学子，亦同被奇殃。轸念灾区，宜谋救济。燮元、国钧等现于宁垣，特开救恤日本震灾会，召集军政警各机关及各绅商，筹募急赈。即日会派专员赴沪，协商各公团，接洽进行，并驻沪办理救济事宜，拟先募集巨款，购备食料，送沪附运，委托驻日使领转交发放。一面筹拨专款，另派专员，会同留日学生监督及各灾区驻日领事，分别救济我国旅东学生商民，俾得脱离危境。惟念此次灾变，迥异寻常，杯水车薪，仍恐无济。诸公痌瘝在抱，善与人间，救灾恤邻，行道有福。尚祈热诚毅力，广为提倡，筹集巨金，分投拯救，杨枝甘露，遍洒扶桑，翘企德音，曷胜顶祝"⑥。9月5日，齐燮元、韩国钧开救恤日本震灾筹备会，各道尹、厅长、军事机关长官均列席。会议议决"由齐、韩两长函邀各界领

---

① 《公电·马联甲吕调元通电》，《申报》1923年9月11日。
② 《公电·张福来张凤台通电》，《申报》1923年9月14日。
③ 《公电二·蔡成勋通电》，《申报》1923年9月14日。
④ 《公电·西安刘镇华电》，《申报》1923年9月22日。
⑤ 《公电·卢永祥等通电》，《申报》1923年9月8日。
⑥ 《公电·南京齐燮元韩国钧通电》，《申报》1923年9月7日。

袖,六日下午二时,在秀山公园开救恤日本震灾大会,届时两长均亲自出席"①。

6日,齐、韩两长与军警政各机关长官及绅商学报各界代表百余人按时到场,齐督、韩省长、杜总司令三人主席。大会上,韩省长首先报告:日本此次震灾,"实有史以来之大惨剧,我国与日为亚洲同种,关系密切,睹此惨状,能不踊跃输将,以尽恤邻之义。且我国留学日本及侨日人数最多,现在流离失所,死生未卜,海外同胞,罹此酷劫,此尤不能漠然视之者。故鄙人与督军、杜司令有今日之救济日本震灾会发起,尚望到会诸君,认定确数,以便通盘筹划"。齐燮元认为:"救灾之谊,重在恤邻,而况本省水灾,友邦亦曾踊跃输将。昨日鄙人与省长曾约各机关长官在军署开一预备会,讨论救济之方法,议决办法六项:(一)军政两署各派一人代表,前往驻宁日领馆慰问;(二)通电各省,募款协济,并附告苏省急赈办法;(三)九月六日午后二时,在秀山公园开救恤日本震灾会,召集军政警各机关及绅商开募急赈;(四)即日由军省两署会派专员,赴沪协商各公团,驻沪办理救济事宜,并与各公团接洽进行;(五)募集巨款,并先购面粉一万袋送沪附运,委托驻日使领转交发放;(六)由江苏国库提拨二万元,速派专员赴日,会同驻日学生监督及被灾地之本国领事,分别救济留日被灾本国学生及商民所拨之款,事后追加预算。"齐燮元还呼吁:"诸君见义勇为,不落人后,即望慷慨认定,共襄善举。"杜总司令也表示:救灾恤邻,古有明训,"海军界亦为国民一份子,对于友邦惨灾,似亦应稍尽绵薄。现华甲兵轮停泊沪上,能容七八千吨,如各界有米面及各种杂粮衣物,均可代为运送赴日,纯尽义务,大约三日内即可起碇"。随即,"齐督报告军界全体共捐一万元;韩省长报告政警界全体共捐一万五千元;杜总司令谓华甲兵轮运送往返数次,以一月计算,费煤一千吨,及船员薪工伙食,约计需二万三千元,即以此数完全认捐"。在得知华甲兵轮一月的运费完全由北京政府承担的电文消息后,改由海军全体认捐二千元。此外,省议会议长徐果人代表该会认捐二千元,并"仍当请本会同人,分向各县,竭力劝募,得有成数,继续函告"。南京总商会长甘铉报告,商界共认捐三千元。韩世昌个人捐助一千元,罗步洲个人捐助一千元,余醒民个人捐助一百元。绅界黄以霖等及银行界、学界均声明暂时不能确定,等商定后再报。据统计,"本日开会,除由省库拨款二万不计外,

① 《南京快信》,《申报》1923年9月7日。

连华甲运费，计算共认捐五万七千一百元。所有赈款，急待购买粮食，现先由中交两行垫付三万元，俟后缴还"①。

（二）山东

山东田中玉、熊炳琦也有类似的举措，其发出的通电曰："各报馆均鉴，日本东京市及横滨、名古屋一带，地震海啸山崩川竭，人民死伤不可胜纪。奇灾剧变，亘古罕闻。中日两国势若唇齿，救灾恤邻谊不容辞，况我国士商侨寄彼国，同罹惨劫者闻亦不少。自应广募款项，以济急难。鲁省现已招集各界，讨论劝募捐款及一切救济事宜。群公胞与为怀，当仁不让，务恳各集巨款，拯彼饥溺。"②

9月10日，山东军政商学报各界在督署珍珠泉开会，筹划救济日灾方法，到会者共五十余人。政务厅长许佩忱首先向众人说明了召开此次会议的目的，"日本此次巨灾，世所罕有，救灾恤邻，为吾人应尽之义务，故今日特召集诸君到此，研究救济方法"。省议会议长宋傅典认为应将救济日灾与抵制日货行为区分开来，并主张设立救灾机关。他说道："年来中日两国，感情极坏，所以不免有抵制日货等事发生。此次救济日本，系本救济恤邻之谊，与国际交涉，截然分为两问题。救济是救济，交涉是交涉，但救济事亦甚重大，须有负责机关办理方可。"田中玉对于此事则发表了他的看法：（一）此系对外之事，须官民一体通力合作，更望报界诸君，负鼓吹责任。（二）灾情过重，必须先由财厅或银行界垫洋若干元，克日汇去，以济急需。（三）山东当此民穷财尽之时，筹款维艰，此次垫款数目之多寡，亦须研究。最终，经过讨论决定：先垫四万元，由银行界筹拨，政务厅、财政厅担保；救护日灾机关定名为山东救济日灾会，以济南镇守使施从滨、官矿局长车百闻为主任，高审厅长张志、省议会议长宋傅典为协理，其他各界于散会后各推出代表二人，开名送交政务厅，以便将来加入该会。会所暂借商埠商会。田中玉提议会内会计一席，须由银行界担任，众人赞成。随后，田中玉、熊炳琦将该日筹款及汇款情况致电国务院、外交部。该电谓："本日集合各界，公议救济日灾，先筹垫四万元，余待续募。此款究应汇缴何处，希速赐示，以便兑缴。"③

据《大公报》载，自督军署会议发起救济日灾会以来，所筹垫的四

民族主义
与人道主义

106

---

① 《宁垣救济日灾大会纪》，《申报》1923年9月8日。
② 《公电·济南田中玉熊炳琦通电》，《申报》1923年9月10日。
③ 《鲁省各界救济日灾会议》，《申报》1923年9月13日。

万元赈款，早由银行界拨兑。"至关于归还垫款，除军政商教各界，以及各县分别担任外，并在商埠公园，开一筹赈游艺大会，以广募集"。筹赈游艺会自25日起至27日止，共举行3日。时间为每日上午11点，至夜11点。游艺会入场券分两种，优待券5角，普通券2角，园内概不募捐。游艺会中有丰富的节目内容，如有虎、豹、熊、象等奇兽珍禽，有第一师范、第一中学、正谊中学之雅乐，有司令部之技术队，有督署军之乐队，有杜大桂、王文慧之大鼓，有名花歌唱，甚至还有日本大阪朝日新闻所拍摄的东京大火影片，等等。"种种门类，无美不臻"，时值仲秋，气清神爽，"各界士女既得游览之娱，又博慈善之实，故皆踊跃前往，肩摩踵接"。据筹备处会计股某君云，26日自午前11时，至午后4时，售出票价已约3000余元①。所有款项收入，全部助赈日灾。

（三）山西

为筹资救济日灾，9月11日上午10时，山西日本震灾募赈大会在文瀛湖畔洗心社之自省堂开成立大会，各文武官长、各机关、各团体、各界发起参与者计140余处，分别遣派代表者亦甚多。首由南警务处长升席报告，"略谓今日特奉兼省长命令，招集山西日本震灾募赈会"。他认为此次日本灾情奇重，"灾赈待款孔亟，刻不容缓，吾人为人道计，为救灾恤邻之正谊计，皆不可不早日维持，共同出力，冀于有所补救"。紧接着，孟政务厅长代表阎锡山致开会词，谓："兼省长因斋戒致祭文庙，又往省议会开会，不克分身，是以派遣元文莅会代致一词。日本此次被地震成灾，非常重巨，日本又距我中国甚近，遂听警耗，实深惋悼之忧，吾人公共尽力营救，为义不容辞之谊，今日同人组织斯会，以从事于救灾恤邻之任务，兼省长不仅极端赞成，并且尽力扶助，希望本会同人以全力赴之，将来办到圆满之结果，兼省长始惬于心意。"② 关于设立救灾组织一事，南处长认为"前者浙江水灾募赈会之办法，似可仿照，抑系仍用华洋救灾会名义，或另立新会重新组织，不过用旧法办理可以省却靡费"。经讨论许久，决定对外用"山西日本震灾募赈会"之名义，而内部仍以华洋救灾会之组织办事。结果公推"阎督军兼省长为正会长，陈议长、赵旅长、孟厅长为副会长，更由大众公决办理人员"。赵副会长当即升席致词："谓凡济人之急的事件，以正在用得着之时间，与正在必须之物质，为最紧要，犹之乎以熟饭与饥者，比米面金钱强得

---

① 《济青间之日赈游艺大会》，《大公报》1923年9月28日。
② 《山西日本震灾募赈大会成立》，《来复》第266号（1923年9月16日），第6—7页。

多。前者闻日本地震成灾，灾情极强烈，我身如在火中；后闻日本人民及中国华侨，多有被灾以后死于饥寒者，即饮食不知其味，不能下咽。如今想出一法，可以济急，即由官厅先行垫解一万元，汇往以应急赈所需，然后印发捐册，分别认募，不过认募之时，要多多益善，归垫有余，仍赓续汇往，如此办法，较为妥速，大众鼓掌赞成。"①

二、广东革命政权援助日灾简析

在援助日灾的过程中，广州大元帅大本营也有所行动。孙中山除致电慰问外，还商请四川讨贼军总司令熊克武筹款募物，以赈日灾。随后，熊克武、刘成勋垫银五万元助赈日灾，其中二万元用来赈济日本灾民，一万五千元接济旅日侨商学子，剩下的余款援助川省留日学子。此项款额，委托中国驻日公使代为分发②。

粤省当局本救灾恤邻之谊，及时发起赈灾大会，积极筹赈日灾。9月5日，大本营内政部长徐绍桢、广东省长廖仲恺在省长公署开会，"先行筹商一切，另日再行召集大会，进行捐募"③。7日下午二时半，各界在总商会开会，商议筹赈日灾事宜，外交部长伍朝枢、内政部长徐绍桢、省长廖仲恺及各团体、各行代表 50 余人出席会议。伍部长认为"救灾恤邻，义不容卸"。他主张"垫款购米石药料，雇船运日赈济"，船只返回时可搭载被难华侨返国。廖省长认为"宜专购米石运往接济，因日本所最缺乏者为米粮，药料尚比较容易征集"。徐部长建议"应由团体垫出一宗款项急办，再行募捐偿还"。最后，议决"政府垫五万元，九善堂院及各团体垫三万六千元，七十二行商垫七万二千元，总商会垫五千元，商会联合会垫五千元，自治研究室、总工会各垫若干"④。

9 月 23 日，省长廖仲恺在广济医院亲自主持广州各团体筹赈日灾、粤灾会议，会议主要议题是落实各团体认垫赈款。前次，政府、商会及各团体所认垫款 16 万余元，但其中仍有多数未交。对此，廖省长在会上说："各团体既经认垫之数，势在必交，此事似由本省长派定委员四人，自明日起，来院会同各代表分赴各团体催缴。"此提议得到与会人

① 《山西日本震灾募赈大会成立续志》，《来复》第 267 号（1923 年 9 月 23 日），第 3 页。
② 转引自杜永镇：《孙中山对日本地震灾民的同情与支援》，《社会科学战线》1981 年第 4 期。
③ 《筹赈日灾》，《广州民国日报》1923 年 9 月 6 日。
④ 《各界筹赈日灾会议情形》，《广州民国日报》1923 年 9 月 8 日。

员的赞同，随后推举梁佐臣、梁大德、潘衡堂、李芝畦等十人代表催缴①。由此可见政府当局的赈灾决心与热心。

不仅如此，粤省当局还设法采购湘米，赈济灾区难民。大本营会计司司长王棠及张国元就为此事曾致电湖南谭延闿总司令，希望对方能够大力支持。"日本地震，灾情奇重，帅府现拟设法筹赈。闻湖南今岁大收，地方谷米丰足，乞为多多保全，将来筹赈，计划定妥，须购大宗华米，方惠灾黎。我公急公好义，海内同钦，亦必乐予维持也"②。此举称得上是未雨绸缪。

捐款助物，是赈灾救灾的重要方式。粤省当局除有此举之外，还以支持赈灾团体的方式，间接地实现了"援助灾区"的义举。支持广东日灾筹赈总会举办游园会就是其中一例。

为筹募善款，广东筹赈日灾总会决定举行游园大会，其"场内不设劝捐，亦不强买各物，以消耗些须游乐之资，助成救灾恤邻之举"③。不过，在筹备过程中却遇到了一系列难题。在此情形下，该会不得已向政府当局进行反映，寻求帮助。如关于游园大会会址借用一事，广东日灾筹赈总会向市厅致函：此次日本惨罹巨劫，自应筹赈。拟发起园游会，借第一公园为会址，自9月24日起至27日止，以资筹捐，惠彼灾黎。惟第一公园，由钧厅管辖，未敢擅进，特函请准予借用，不胜企祷之至。接函后，"市长准此"，当即复函道："查济困扶危，义所应尔。现请各节，自可照行。"④

请求军警维持游园会内秩序与安全，又是一例。广东筹赈日灾园艺大会办事处派员持函分谒卫戍总司令与公安局长，请于开会期间，分派宪兵警察，驻守会场内外，维持秩序，保护游人。对此，公安局长吴铁城答应派员到广东图书馆内游园会筹办处，协同办事⑤。

再如，关于学生休课在游园内劝赈、助兴等事项的请求，也得到了满意的答复。19日，该会致函教育局长王仁康谓：游园"会场内学生游艺一部，请转市立各校学生担任助兴赈捐"。教育局准函后，随即通函市立各校，如期集队，前往游艺，并将游艺种类及人数直接函送该会办理⑥。

---

① 《筹赈日灾粤灾之会议》，《广州民国日报》1923年9月24日。
② 《请购湘米赈灾》，《广州民国日报》1923年9月8日。
③ 《筹赈日灾近闻》，《广州民国日报》1923年9月19日。
④ 《市长助赈》，《广州民国日报》1923年9月19日。
⑤ 《赈灾游园大会进行之近讯》，《广州民国日报》1923年9月21日。
⑥ 《游艺助赈》，《广州民国日报》1923年9月20日；《赈灾休课》，《广州民国日报》1923年9月24日。

由上可知，市厅当局对日灾筹赈总会举办的游园大会不仅表示支持的态度，还以实际行动给予了充分的配合与协调，为该会大开方便之门，从而保障了此次活动的顺利开展。并且在举办期间，粤省军政当局或亲赴游园会场参观，或纷纷出价购买义卖物品，为汇聚赈款添砖加瓦。据9月28日《广州民国日报》所载，游园会第四日下午二时半，叶部长、伍部长、林部长、孙市长、海关监督傅秉常及公安局长吴铁城等到场参观，在第三会场书画处各部阅赏参玩，纷纷出价购买各大名家书画。孙市长购郭冰等合作花鸟中堂，出价25元；又购陈树人红棉喜雀图，出价30元。伍部长购何香凝山松中堂画，出价50元；又购桂东原对联，出价10元。叶部长购胡汉民字四幅，出价20元。林部长购沈学巢山水画，出价15元；又购温幼菊山水画8元。吴局长购江婉征等合作花石中堂，出价20元。傅监督购陈树人残蝉画，出价30元。罗总监购俞仲嘉篆对，出价5元①。此举称得上是另类的"捐赠"。所有这些举措，可以说是既支持了赈日义举，又推动了救灾活动。

三、东三省当局赈济日灾掠影

东三省当局因与日本有特殊之关系，赈济日灾活动较为突出、热烈。

东三省官场不仅同情日灾，还"以不惜各自尽情援助之意，通告奉天日领"②。为救灾起见，9月3日，张作霖向日本捐赠面粉2万袋（值14万元）以及生牛100头③。考虑到日本灾区的实际状况，生牛便委托满蒙冷藏会社代为屠宰、煮熟，做成罐头，以便分发④。之后，张作霖得悉"灾民寝具缺乏，特在北关振华毛织工场批定毛毡七千床，日内运往分散"。该毛毡价格普通每床需17余元，而该厂因张总司令购买赈灾，故特别从廉，每床仅收10元5角⑤。为早日让灾民领到此项物品，还不时敦促毛织工厂加快制造速度，以便早日运赴灾区⑥。细致与周到，可见一斑。

① 《赈日灾游园会第四日情形》，《广州民国日报》1923年9月28日。
② 《东方通讯社电·奉天电》，《广州民国日报》1923年9月10日。
③ 《准输送麦粉及牛只》，《盛京时报》1923年9月5日；《奉人对赈济日灾之踊跃》，《晨报》1923年9月14日。
④ 《奉天赈牛之处分》，《盛京时报》1923年9月14日。
⑤ 《张总司令又赠毛毡》，《盛京时报》1923年9月14日。
⑥ 《令催速制赈灾毯》，《盛京时报》1923年9月23日。

奉天省政府方面，省长王永江为赈济日本震灾，委托商务总会会长鲁棣琴责成瑞林祥丝房等订制大宗面包。第一批完成后，已交由日领署代运灾地。9 月 14 日，第二批也已制成，共计约有六七十箱，当于日内再交该署运去①，不仅如此，"王代省长以救济邻灾义不容辞，已决定支出大洋五十万元，或购成食料运往，或即寄赠现金，总之款额已经决定，办法正在商酌"。吉林、黑龙江两省督军"据奉省所拨之数目，或拨款三十万或四十万，一同设法救济"②。

奉天总司令部总参议于云章对此次赈灾日本也非常关心，除向各方面极力奔走募赈外，个人捐赈 3000 元③。当得知町野顾问代表张总司令赴日慰问时，特委托町野顾问向其东京故友宫岛大八带往日金 1000 元、茧绸二匹，以表朋友患难相恤之义；又对加藤内相、田中陆相、佐藤安之助三人各赠茧绸二匹，以表慰问之忱④。

黑龙江警务处长兼省会警察厅长高子玉，鉴于东邻罹此奇灾，为救灾恤邻计，招集各署警官开会一次，主张各警官照月支薪金提出二成，作为赈济日灾费⑤。

从上面所列之例不难看出，军政势力捐款捐物多是"单打独斗"，缺少官民互动的环节。与此相比，张学良⑥等人为日灾筹款而发起的赈灾游艺会，则显得格外新颖与别样。关东地震发生后，张学良对日本灾况亦甚为系念，特派人持书赴日本总领事署殷殷慰问。并称关于筹赈事宜，愿尽力协助⑦。随后，张学良除以个人名义助赈外，更欲举办义务戏，以倡善举⑧。该义务戏自 9 月 29 日开演，地点在前清皇宫内举行，扮演人员"皆系二、六旅之军官佐，临时并有各大家宅眷女士，售卖各种古玩，所得款项，概充义赈。至于购票方法，任人自由购买，自二元

第三章　中国官方的响应：对关东大地震的援助与『利用』

111

① 《义赈面包又制成》，《盛京时报》1923 年 9 月 16 日。
② 《省政府救济之所闻》，《盛京时报》1923 年 9 月 6 日；《奉天电》，《广州民国日报》1923 年 9 月 10 日；《奉人对赈济日灾之踊跃》，《晨报》1923 年 9 月 14 日。注：关于 50 万元的捐助方，《盛京时报》随后又有报道说："闻所谓五十万元者系包含东三省全部，非单由奉天拨出。"见《东三省赈款之处分》，《盛京时报》1923 年 9 月 9 日。
③ 《于总参议寄赠赈款》，《盛京时报》1923 年 9 月 8 日；《奉人对赈济日灾之踊跃》，《晨报》1923 年 9 月 14 日。
④ 《于云章当仁不让》，《盛京时报》1923 年 9 月 16 日。
⑤ 《官商双方筹赈日灾》，《盛京时报》1923 年 9 月 20 日。
⑥ 张学良（1901—2001），字汉卿，奉天海城人，奉系首脑张作霖之子，当时担任奉军第二旅旅长。
⑦ 《张旅长寄书慰问》，《盛京时报》1923 年 9 月 8 日。
⑧ 《戏界消息》，《盛京时报》1923 年 9 月 19 日。

至五元不等。此等办法，不第少帅热心可风，即诸位军官佐，亦肯牺牲色相，拯救灾民"。舆论乐观地认为："届时必有一番盛况，而绅商之乐于赞襄，踊跃购票，亦当在预想以上也。"①

有关此次活动的具体详情，9月21日的《盛京时报》刊登了落款为"二、六旅募赈游艺会谨启"的"来件"通知。该通知的内容主要为："盖闻博施济众，人道原秉于人心；救灾恤邻，国交有关国是。前者浑辽泛滥被害者几千百里，迩来日本地震致命数十万人，慨天灾之流行，何地莫有。观人类之沦溺，岂忍恝然薄言救之……本会以游艺之佳会，作众善之提倡，爰于夏历八月十九、廿、廿一三日内假址大舞台，并开放金銮殿排演新旧剧及新旧武术；并募集各大商肆之出品名货及各界遗赠书籍以资售卖；又借用各收藏家之字画古玩陈列展览。捐入者无任感激，借用者事后奉还。即以观览券及售货所入各款，充作奉天水赈及日本灾赈之用。其以售品相赠者，货精物美，藉此可以广招徕；其以书画古玩相贷者，取多用宏，藉此可以征博翔集众美，以成善后群力，而行仁来。观诸君既得赏心悦目之快，并遂济世爱人之愿。"②"通知"中既道出了救护日本震灾的意义，又指出了具体的操作办法。

29日，第二、六旅举办的赈灾游艺会如期举行。会场内设置完备、周全，节目丰富、新颖。主办方在东西华门搭有松枝牌楼，悬旗结彩，高拱游艺会匾额，两旁揭贴广告与游客注意等。会场正门由军警维持秩序，负责招待入门者。入场券每人小洋4毛，持券由东门入西门中剪券。

游客在崇政殿前可随意观览军队击剑、刺枪、体操等项目。无线电信处设有无线电信机两架，播放无线电音乐与展示发报操作，欲听者一次须付小洋4角，一般人因该机新颖争往听之。凤凰楼前，有军人传球戏，可随意观览。凤凰楼有中国音乐及吃茶室，登临费每人5角，层楼远眺，目穷千里，凡奉天城厢及四面宝塔历历在目，亦可见当年皇居之尊严、建筑之壮丽。麟趾宫、关雎宫或出卖寄赠的杂货，或悬列书画。另外，西院有套鸭场、掷球场、气枪射击场、购书场、购物场，买票后均可以进入游玩，"值廉趣多"。文溯阁下有大魔术，"亦卖票纵览"。新戏在戏楼排演，应自晚间六时开演。

---

① 《戏界消息》，《盛京时报》1923年9月25日。

② 《来件》，《盛京时报》1923年9月21日。注：9月22日，东三省陆军步兵第二旅、第六旅司令部联合发表声明，取消"假址大舞台"，见《来函照登》，《盛京时报》1923年9月22日。

考虑到有外宾前来观赏，会场内特设有吗啡馆、西洋点心、果食等。值得一提的是，场内"服务人员"也较以往显得不同。如有"学校幼年生及公馆之男女公子，以服务社会、热心慈善之精神，挂囊出售烟卷、化妆品等类。由各贵妇人督饬之物品，悉由各方之赠送，价值与外间等不另需索"。此外，"除军官督率部属和蔼应接外，郭旅长夫人以次各官长瀛眷，均在内助理一切。游人以物美价廉又兼慈善，争购用之"。游艺会场内"各种玩艺，无美不备，观者罔不称赞设备有序，推陈出新"①。

图 3-1　筹赈游艺会屋外贩卖
资料来源:《盛京时报》1923 年 10 月 2 日

传统的慈善募捐，无非是利用人们的同情、好善积德心理，实现款物的聚集。然而上述主办方则巧妙地利用奉天前清皇宫内的众多景点，配以多种新奇的"游戏"节目，使入园参观的游客在观览了赏心悦目的风景同时，又赏玩了精彩有趣的活动，甚至还能购买到称心满意的物品。这既娱悦了游客，又达到筹款的目的。对比单纯的劝募活动，此举显得异常活泼、丰富与别致，值得肯定。

此外，为保证会场内的文明、安全与有序，赈灾游艺会还提醒游客遵守以下 7 条须知:（一）除职员外，无论何人须得买票始准入内游览。（二）不准吸烟。（三）所携车辆，须放于指定场所。（四）须按指定处所游玩。（五）入内不准赤背、驰行及喧哗。（六）不知门径可向站岗者

---

① 《筹赈游艺会之第一日》，《盛京时报》1923 年 9 月 30 日。

询问。（七）如有持伪票游玩或转售者，处十倍以上之罚金①。

然而，筹赈游艺会第一日因办理仓促，游人不多。第二日恰逢星期日，"游客非常之多，场内布置如前，除主办人员外，张汉卿、郭松龄两旅长暨其夫人亦均到场执务热心慈善，诚堪钦佩。又接待西宾之咖啡馆，电致监督周大文夫妇暨某亚夫人主持其中设备之完，招待之殷。得未曾有晚间新戏曰宦境，编演贪官后人纨绔子弟之结果，惟妙惟肖，堪作社会之指南、人心之药石。观者拥挤，几无隙地。该会之办理完美，省人之热心慈善，于此可见一斑矣"②。该日，游艺会取得了较好的成绩。

第三日正午，因天降雨，致使活动中止。张、郭两旅长以"办理未终，殊属非是，已决定改于月之六七两日继续办理，所有发出之新剧票届时依然有效"。另外，国庆日拟接办一日③。

三日后，张学良发起的筹赈游艺会暂时告一段落（入场人数及收入详见表3-2）。

表3-2　二、六旅筹赈游艺会收入表（1923年9月29日—10月1日）

时间	入场人数（人）	收入（元）
第一日	1425	2380
第二日	2920	4670
第三日	800	603
合计	5145	7653

资料来源：《筹赈游艺会收入》，《盛京时报》1923年10月6日。

除了上述收入外，张学良还计划"督饬二、六旅兵卒使之每人捐出二角，与游艺会之收入合为一万元，运送赴日救济灾民"④。从《盛京时报》上刊载的消息可知，二、六旅举办的筹赈游艺会"双十节晚仍在皇宫西院排演新剧以飨各界"。该晚，南满铁路会社川村社长到奉，对于此事非常赞成，并捐100元⑤。11日，该会续办一天，参观者仅限"二、六两旅在省之军队及官佐"⑥。

---

① 《游艺会须知》，《盛京时报》1923年9月30日。
② 《筹赈游艺会二志》，《盛京时报》1923年10月2日。
③ 《游艺会续办消息》，《盛京时报》1923年10月3日。
④ 《筹赈游艺会收入》，《盛京时报》1923年10月6日。
⑤ 《川村社长助赈款》，《盛京时报》1923年10月12日。
⑥ 《十一日之游艺会》，《盛京时报》1923年10月13日。

需要说明的是，对于游艺会剩余物品，张学良等人也对此做了处理，以便尽可能多地获得赈款。游艺会举办期间，"各界捐助特品甚多，原拟此项物品在会中卖资助赈。乃当时卖去固多，而剩余犹不少。此项剩余品之处分，经张、郭两旅长集议，将所剩物品分价辟数发行一种赠彩酬谢戏券，每张仍收大洋一元。星期日演戏，演罢出彩，每券均附彩品，自头彩至十彩，多寡不等，以便尽数分辟剩物，而得现款。是日天气微阴，来宾依然颇多。十一时余开幕演剧甫至'义哉乞丐'一剧，雨已大降，午后三时止，戏出彩直至日暮始行出竣，其头彩为二八七八号，得去彩品价值颇巨"①。

至此，二、六两旅合作在宫殿举办游艺会现已终结，"张、郭两旅长核算收入，除开销外实存两万元，将以一半赈济省内灾民，以一半赠赈日本震灾"②。

四、段祺瑞组织救灾同志会赈日

赈济日灾亦有段祺瑞③的身影。1920 年 7 月直皖战争爆发，皖系失败，段移往天津日租界，是一股不可忽视的政治力量。鉴于日本受灾极重，段祺瑞于 9 月 4 日发出倡议，拟组织救灾同志会，从事救济。并致电各界，希冀一致进行。电文④如下：

北京各衙门、广州孙中山先生、各省区军民长官、各法团、各报馆均鉴，日本东京、横滨、名古屋一带，地震海啸，都市为墟，华侨学子亦罹浩劫。警电传来，不胜震悼。窃维救济之谊，重在临邻，而况泛舟之赐，拜于往岁。祺瑞久耽禅悦，饥溺未忘，属在同洲，悲悯更切，独渐骛下，无益推施，愿赖慈仁，共谋匡济。诸公愿力素宏，慈誉久著，一经倡率，立见昭苏。兹特联合在野同人，发起救济同志会，广为劝募，以济危急。务祈力予提倡，俾资集腋。临电遑迫，伫盼德音。段祺瑞支。

当日除致电通告各界外，段祺瑞还邀请志同道合者在其住所共同磋商组织该会办法。

---

① 《演戏赠彩》，《盛京时报》1923 年 10 月 16 日。
② 《二六旅游艺所得》，《盛京时报》1923 年 10 月 19 日。
③ 段祺瑞（1865—1936），字芝泉，安徽合肥人，北洋皖系军阀的首领。
④ 《段合肥之救灾恤邻》，《大公报》1923 年 9 月 5 日；《段合肥发起救济会》，《盛京时报》1923 年 9 月 7 日。

9 月 6 日，段祺瑞在天津召开救灾同志会成立会，到会者有 30 余人，响应倡议并参与者约有 127 人，他们是：段祺瑞、吕海寰、赵尔巽、王士珍、严修、梁启超、唐绍仪、冯煦、张勋、张锡銮、周学熙、章炳麟、汪大燮、熊希龄、孙宝琦、张謇、钱能训、梁士诒、朱启钤、李经芳、王克敏、张景惠、李士伟、钱永铭、丁士源、王迺斌、张敬尧、方仁元、罗开榜、段芝贵、屈映光、邓文藻、段永彬、齐耀琳、潘复、王郅隆、吴振麟、刘冠雄、傅良佐、饶汉祥、魏宗瀚、余诚格、陈宧、杨以德、庄璟珂、李经羲、张绍曾、郭同、范国璋、鲍贵卿、张树元、华世奎、王印川、张镇芳、郭宗熙、张英华、谈荔孙、王正廷、张文生、李馨、杨德森、颜惠庆、王廷桢、袁世傅、李光启、王占元、李士鉁、汤漪、颜世清、曹锐、章宗祥、姚震、庄仁松、龚心湛、靳云鹏、张凤翔、蔡绍基、李经迈、吴鼎昌、田文烈、言敦源、陈光远、曹汝霖、汪荣宝、曲同丰、倪嗣冲、朱深、卞荫昌、陈文运、齐耀珊、周树馍、徐树铮、梁鸿志、孟恩远、李思浩、周作民、阮忠植、施肇曾、张学良、胡筠、曾毓隽、李国杰、陆宗舆、李晋、姚国桢、徐世章等①。

从上述名单可以看出，救灾同志会的成员，大都为军阀官僚，或社会名流，可谓是赈济日灾团体中的"全明星"阵容。这既能充分挖掘各个会员自身的经济优势，为灾区献出爱心；又可以利用各自社会影响力与资源优势，筹募到更多的款项。

成立会上，与会者纷纷捐款。段祺瑞、周学熙、靳云鹏、曹锐、倪嗣冲等各捐银 1 万元，鲍贵卿、曹汝霖、张勋等各捐 5000 元，陆宗舆、李赞侯、段芝贵等各捐银 3000 元，龚仙洲、杨敬林、屈映光、王印川、王子明、张少卿、李伯芝、张文生等各捐 1000 元，此外，捐款 500 元者甚多，当场所得款项共 14 万元②，募款成果显著。

会议还决定设立事务所及收款处于英租界领事道中国实业银行总行，同时派员分购粮食与其他救济物品，以便交由 9 日出发的日轮大智丸运往灾区③。另外，会上还出现感人的一幕，因 1917 年复辟一事，段祺瑞与张勋之间怨恨甚深，此次"为段、张二氏复辟战争后第一次会

---

① 参见《我国对日大灾之援助》，《大公报》1923 年 9 月 7 日；《救灾同志会之进行种种》，《大公报》1923 年 9 月 8 日。

② 《救灾同志会之进行种种》，《大公报》1923 年 9 月 8 日。

③ 《我国对日大灾之援助》，《大公报》1923 年 9 月 7 日。

见，彼此皆无芥蒂"①。不仅如此，甚至"张与段极欢洽"②。会议当天，救灾同志会还发布"公启"：

> 盖闻有生皆知爱其类，故急难匪择于乡邦，介孚则福以其邻，故扶义宜倡诸连壤。日本此次地震，继以火灾，东京、横滨、沼津、名古屋、大阪诸都会，惨毒同罹。学校、官署、工厂、商店、道路、各机关，荡亡殆尽。欧美以外，世界物力所荟萃，随烈焰以俱飞。唐宋以来，东方文献所流传，逐洪涛而并没，斯诚人类全体之浩劫，匪直扶桑三岛之偏灾。况复覆巢之下，鸟鹊无枝，竭泽之余，嗷鸿在野，丁兹穷厄，若乏外援，哀彼孑遗，行将同尽。更有负笈学侣，持筹侨民，并我同气之亲，悉在池鱼之数，公私环念，痛恻交加。诗曰：死生之威，兄弟孔怀。又曰：凡民有丧，匍匐救之。我国与日本，以民族论，本为连理之枝；以地形论，仅隔衣带之水。患难相收，义不容辞。惟善是亲，谁不如我。祺瑞等上维人道，下念邦交，勉竭丝缕之诚，思作缨冠之救。爰集众擎，聿倡斯会，所冀海内同仁，共襄义举。岂直指囷之谊，腾佳话于鲁周，庶几汛舟之施，续永好于秦晋，谨启。③

"公启"中所载内容，在情在理，感人至深。9月7日，段祺瑞将所得之款由正金银行电汇日金10万元，交与日本山本总理，作为日政府救护之补助，并"交银二万元与驻津日本总领事，代购食物运日急赈"④。

上述举措，报刊也给出了相应的评论。天津《大公报》指出：此次各界热心赈日，足见救灾恤邻之古谊。开会发电，宣传甚众，而实行者，当推此举为首⑤。9月15日的《（长沙）大公报》则撰文给予了褒奖："段祺瑞在天津所发起之救灾同志会，刻已捐成十二万元，且已分别汇交日银行与领事。其办事之敏捷与热诚，视之坐拥大资财徒托空言慈善而不名一文者，有天渊之别矣。"⑥

段祺瑞倡议援助日灾的行为，得到了社会各界的广泛回应，尤其是王克敏、钱能训、聂宪藩、吕调元、张作霖、曹锟、阎锡山、何丰林、

---

① 《京内外救济日灾之外讯》，《申报》1923年9月8日。
② 《国内专电·天津电》，《申报》1923年9月9日。
③ 《我国对日大灾之援助》，《大公报》1923年9月7日。
④ 《救灾同志会之进行种种》，《大公报》1923年9月8日；《段合肥发起救灾会》，《（长沙）大公报》1923年9月11日。
⑤ 《救灾同志会之进行种种》，《大公报》1923年9月8日。
⑥ 《不无小补之日灾救济》，《（长沙）大公报》1923年9月15日。

卢永祥、张载杨、岑春煊、马联甲、田中玉、吴佩孚、马福祥、张謇、孙宝琦、蔡廷干、王正廷、张锡元、冯煦、王永泉、萨镇冰、吴俊陞、施肇曾、颜惠庆、蔡成勋、张凤台、萧耀南、熊炳琦、林建章、孙烈臣等军政要员或名流，纷纷致电段祺瑞，或表明支持的立场。如吕调元回电段祺瑞："段总理赐鑑，支电敬悉。日本东京、横滨猝遭浩劫，情极惨重，我公恫瘝在抱，钦佩良深。承示组会募捐，亟应尽力协助。兹酌筹款一万元，不日汇津。"① 聂宪藩也回电道："天津日界段督办赐鉴，支电敬悉。日本浩劫，亘古未闻，救灾恤邻，有关国民荣誉。我公与在野群贤，发起救灾同志会，仁言利溥……谨当奉宣盛意，竭力提倡。冀副悲悯之怀，藉效绵薄之力。"② 林建章回复段祺瑞时指出："建章当竭绵薄，业劝在沪海军同人，勉力捐助，冀资救济。一俟捐集成数，即行送交护军使署汇转。"③ 阎锡山亦致电段祺瑞：日本地震为灾，"我公集款救济，自应勉竭棉［绵］力，以为壤流之助。兹汇呈大洋三千元，区区不腆，请察收汇寄灾区为荷。"④

或对其行为持赞扬的态度，如曹锟致电段祺瑞曰："我公大发慈悲，普图救济，发起盛会，募款拯灾，宏愿热忱，至为佩仰。"⑤ 田中玉、熊炳琦回复段祺瑞说道："我公出而提倡劝募，仁心仁术，钦佩曷胜。"⑥蔡成勋也指出："此次日本奇灾，闻之殊深轸恻。我公联合同人，发起救灾会，广为劝募，仁心惠泽，遐迩同钦。"⑦ 张作霖也有同样的感慨："我公热诚宏愿，联合同志，广为劝募，钦佩尤深。"⑧

更有甚者表示愿唯其"马首是瞻"，"听其指挥"，如王克敏回电段祺瑞曰："段芝老鉴，支电敬悉。日本奇灾，义当急难，愿附骥尾，勉尽棉［绵］力，仍乞随时指示进行。"⑨ 钱能训回电也作了此类表态：救灾恤邻，义不容辞，"承示发起救灾同志会，当追随后尘，竭尽绵薄"⑩。

由此可见，段祺瑞发起的救灾同志会影响之大，社会反响之强烈，

① 《各处响应段合肥发起之救灾同志会电函一束》，《大公报》1923 年 9 月 10 日。
② 《各处响应段合肥发起之救灾同志会电函一束》，《大公报》1923 年 9 月 10 日。
③ 《各处响应段合肥发起之救灾同志会电函一束（续）》，《大公报》1923 年 9 月 16 日。
④ 《各处响应段合肥发起之救灾同志会电函一束（续）》，《大公报》1923 年 9 月 16 日。
⑤ 《各处响应段合肥发起之救灾同志会电函一束》，《大公报》1923 年 9 月 10 日。
⑥ 《各处响应段合肥发起之救灾同志会电函一束（续）》，《大公报》1923 年 9 月 13 日。
⑦ 《各处响应段合肥发起之救灾同志会电函一束（续）》，《大公报》1923 年 9 月 13 日。
⑧ 《各处响应段合肥发起之救灾同志会电函一束》，《大公报》1923 年 9 月 10 日。
⑨ 《各处响应段合肥发起之救灾同志会电函一束》，《大公报》1923 年 9 月 10 日
⑩ 《各处响应段合肥发起之救灾同志会电函一束》，《大公报》1923 年 9 月 10 日。

获得了广泛的支持与好评。虽然其中不乏客套之语，但在此背景下，救灾同志会募捐活动，取得了良好的成绩。有学者统计，自1923年9月15日至12月30日，天津《大公报》共刊登落款为"救灾同志会段祺瑞等谨启"的"中国实业银行经收救灾同志会捐款清单"，除去其中重复刊登者，共列有捐款团体59个，个人332人；捐款金额除成立时众人当场捐款数外，共计大洋227780.34元①。捐款者少的捐助1元，多的则有数万元；捐主中既有个人，也有公司、社团；捐款中既有自身主动捐助的，也有他人代募的。可以说，段祺瑞组织的救灾同志会实现了当初"广为劝募，以济危急"的"誓言"，获得了成功。

综上所述，官方在对日本地震灾害表达"同声哀悼"情感的同时，还通过多种方式积极、及时地为关东震灾筹款募物，践行了其颂扬的"救灾恤邻之义"。但是，官方对于日灾的这种热烈回应，在社会上也出现了"异样"的声音。有人认为政府援助日灾有舍本逐末之举："近日政府赈济日本灾情，专注意于国际体面关系，而对于寄人篱下，流离无告之被难华侨及学生，则无人过问，且至今未曾有具体之调查及报告，有识者早讥其舍本逐末。"② 甚至有参议院议员沈智夫等一百余人联名提出建议案："请政府对于留日华侨及学生赈济事宜，格外注意，不要专用全力筹赈日本灾民，致令本国侨民，反感受无政府、无公使痛苦。"③ 当然，此种论调未免有些以偏概全。

与此"温和"的言语相比，另一种言论则是冷嘲热讽的态度。《努力周报》刊发的《中国的大地震》一文，就是此类态度的代表。该文说道：近来几天，为日本的地震大灾办理急赈，变成一种时髦事情了。不但几个时髦的戏子要唱义务戏，几个时髦的太太、小姐要到外交大楼去出风头。就是些政党要人，平素互相水火的，也为这桩时髦事，居然能够"降心相从"，能够"和衷共济"了。煞是好看的一个时髦新中国！谁说中国人的程度低！但是，不幸的是，这些时髦的大老先生们，心目中只有一个日本的较小地震，忘记了本国的大地震。这真是"舍己之田而耘人之田"。该文随即列举事例，将中日两国所受损害作一对比，斥责政府当局的媚外轻内之态。"若有人不信我说中国的地震比日（本）的大，请大家拿两国的损失比较一比较"：

① 转引自李学智：《1923年中国人对日本震灾的赈救行动》，《近代史研究》1998年第3期，第293页。

② 《京津赈日灾之进行》，《民国日报》1923年9月12日。

③ 《京津赈日灾之进行》，《民国日报》1923年9月12日。

（一）时间：日本地震六天，中国地震十几年。

（二）灾区：日本本部二万方英里。中国除了香港、上海、旅顺、大连几个割让给外国人作殖民地租界的"口岸"以外，全国版图二十二省，蒙古、青海、西藏——都是灾区。

（三）灾民：日本被灾的人民不过一千五百万，中国至少在三万九千万人以上。

（四）人口的损失：日本约一百六十万人，中国至少在一千六百万人以上。

（五）财产的损失：日本约二百万万元以上，中国至少在二万万万元以上。

（六）家屋的损失：日本约一百万户，中国至少几千万户。

据此，该文抨击道：日本"几个小小的几十年事业的中心点，所受的小损失，大家都注意；中国这几千年的东亚文化中心点，反而不足惜了。日本由中国传去的几件古物，火烧了，大家深以为可惜；中国历代相授受几千年传国的历史至宝，一任五大民族中的一个受优待的乳臭平民的家仆摧烧了，反而无人过问。东京人并没有受饥寒，你们赶快的送衣食去救济；北京人受冻饿每年死了许多，你们反而熟视无睹"。最后，该文发出感叹："孙慕老、汪伯老、熊秉老、王幼珊先生、徐幼铮先生，你们的救灾固然是义举，但是能够'老吾老以及人之老，幼吾幼以及人之幼'才好。段祺瑞将军、曹锟将军、吴佩孚将军、张作霖将军，你们捐赈地震，未免太客气了。你们少造作几次地震，世界已经感激不尽了。"①

第三节　官方对日灾的"利用"

为援助日灾，内阁先后出台开弛米禁、加征海关常关附加税两个决议，然而其真实动机却遭到社会各界的普遍质疑，借机敛财是民众对两决议的共识。

一、"欲假慈善之名，而行搜刮之实"：开弛米禁

援助日灾，形式多样。但是，北京政府开弛米禁、允许米谷出口的

---

① S. S.：《中国的大地震》，《努力周报》第71期（1923年9月23日）。

决议，却遭到社会各界的一致反对与抵制，报刊对此也发表社评予以
谴责。

（一）开弛米禁决议的出台

米粮严禁出口，早有明文规定。关东地震发生后，在日本驻华公使
的商请和部分人员的呼吁下，北京政府遂通过了开弛米禁、允许米谷出
口的相关决议。

9月3日，日本电报通信社北京特派员走访高凌霨内阁，高凌霨说
道："至救助难民之应急方法，拟应日本芳泽公使之请，发表谷物解禁
令。盖中华民国无论如何，将尽力之所及，以急邻国之难也。"[①] 同时，
"日使商外（交）部，请弛米禁，运粮赴日赈灾"[②]。

中国驻日代办公使张元节曾致电回国四次，其中第一次的电文内容
便是"请弛米禁"[③]，运米赈济日灾。此外，国民外交同志会也"请求
政府酌量解放米食出口之禁令三月，专以接济日本难民"[④]。

面对惨烈的灾状，加上内、外的请求，在此环境下，9月4日，顾
维钧等阁员及名流商讨救济日本震灾的办法，其决议之一便为："令江、
浙、皖三省迅速运米三十万石，往日本救济，由商民承办，并解除粮食
输出禁令。"[⑤] 同日，阁议决议，因"日使请求解除米禁，结果查成案、
定数量，特别准出口，其数目电苏、皖地方长官再行酌定"[⑥]。至此，
"禁米出口令，于四日经阁议之结果，决议暂时弛禁"[⑦]。其中，"查成
案三字，系每担取护照费一元之意"[⑧]。

米粮弛禁商定后，9月5日，国务院致电长江各省长官，通告了开
放米粮出口的缘由及相关决定。电文[⑨]如下：

---

① 《米谷因日灾弛禁之外讯》，《申报》1923 年 9 月 5 日。
② 《国内专电·北京电》，《申报》1923 年 9 月 6 日。
③ 《日本天灾续报》，《广州民国日报》1923 年 9 月 13 日；《张元节赞扬日本》，《晨报》
1923 年 9 月 12 日。
④ 《四日之国民大会》，《盛京时报》1923 年 9 月 7 日。
⑤ 《我各界对日灾之热烈同情》，《晨报》1923 年 9 月 5 日；《京中对拯救日灾之热烈》，
《申报》1923 年 9 月 8 日。
⑥ 《国内专电·北京电》，《申报》1923 年 9 月 6 日。
⑦ 《高凌霨等决开米禁》，《申报》1923 年 9 月 8 日；《伪阁决弛米禁》，《民国日报》
1923 年 9 月 8 日。
⑧ 《国内专电·北京电》，《申报》1923 年 9 月 6 日。
⑨ 《京中筹救日灾之热烈》，《申报》1923 年 9 月 9 日；《一片之救灾恤邻声》，《晨报》
1923 年 9 月 6 日。

准日本芳泽公使照会称，此次东京、横滨及其附近一带地方，发生未曾有之惨害，当已闻悉。目下本国正由各地方征发各项粮食救护灾民，本使以国内米谷或恐不敷，不免有赖贵国之供给，请求解除禁令，准许长江沿岸通商各口，及其他各处之米谷出口等因。查日本横滨等处此次遭灾，情形最惨。日与我国接壤，我国侨居该处人民，为数亦复不少，自应设法筹运粮食，俾资赈助。但米粮禁止进出口，约有明文，日使请求允许弛禁，似可本救灾恤邻之道，并按历来成案，明定数量，特别允准出口。兹特请贵省长速行调查地方产粮供求各情形，酌定准予出口粮食数目，或由政府采买捐助，或许其自行购运前往接济云云。

电文既陈述了米粮弛禁的必要性，又指出了其意义，给人以合情合理的感觉，不过事实证明民众却不买此账。

9月6日，阁议例会讨论了粮食开禁运日数量等问题。署理财长张弧主张先确定数量，将来不敷，再行酌加。"其用意谓目下如先有限制，且数量并不甚巨，则可免粮商居奇抬价，与中日两方皆有利益。但因不知苏、皖等省于自食必要者外，所余约有若干可以出口，则数量不能遽定。故惟有电催苏、皖等省当局速行核复，约有多少万石"。考虑到"目下日本方面立即需用，则允其先行出口，记录数目，将来定出数量后，可从中扣去"。关于运出赈米关税问题，提议"暂免应收之关税，惟运时以财部护照为凭，并由（财政）部正式通知税务处，以符成案"。上述决定，高凌蔚等均无异议，当即通过①。不过，阁议所言"运日赈灾之粮食，概与免税，惟对前之每石收护照费一元之规定，并未取消"。政界有人说道："免税有定额，在定额以外，则收护照费，预计可得五百万。"②

不久，财政部拟定运日赈粮免税办法五条：（一）粮食及物品，确系运赴日本灾区赈济者，方得呈请发给免税护照；（二）免税护照，由当地官署或办赈团体核发；（三）发照官署或团体，随时电财政部核准；（四）各海关税局凭照免税放行，无免税护照者照章征税；（五）如有商人冒充赈需，冒领护照者，查出从重罚办③。

以上便是米粮出口的概况。从中不难看出，开弛米禁、允许米谷出口，虽不是北京政府首倡，但从其安排米粮的出口方式等方面看，仍可

---

① 《运日米粮免关税》，《申报》1923 年 9 月 10 日。
② 《本社专电》，《民国日报》1923 年 9 月 8 日。
③ 《南京快信》，《申报》1923 年 9 月 18 日。

窥见北京政府借机谋利的动机。实际上，政府决定开禁米粮的消息传出后，就备受民众质疑与批评。上海教育会的言论具有代表性："高氏（高凌霨）通电欲弛米禁，巧借救灾恤邻之名，阴行头会箕敛之术。"①

（二）苏、浙、皖三省官民的回应

米粮开禁出口，且采办于苏、浙、皖三省，这在三省官民中引起了强烈的反响。下面分别探讨民众与官方的反应。

1. 民众的反对与建议

（1）反对的缘由

弛放米禁，运米赈日，此举招致民众的激烈反对。笔者对《申报》1923 年 9 月 8 日至 9 月 26 日的有关报道进行统计，仅团体一类，反对此决议的就达 27 个之多。它们是沪北五区商联会、法租界商联会、淞沪粮食维持会、云锦公所、上海学商公会、上海县教育会、吴淞路商界联合会、徽宁旅沪同乡会、汉璧礼路商联会、工商友谊会、山东路商联会、救国联合会、嘉兴北市商界联合会、上海总商会、杭州总商会、苏州总商会、金陵新闻记者俱乐部、华洋义赈会、料器业公会、纳税人公会、全国商会联合会江苏事务所、南京总商会、江都县商会、安徽大通总商会、南汇县商会、上海山西路商界联合会、闸北虹宾各路商界联合会。上述团体，地域上涵盖江苏、浙江与安徽；团体性质涉及商业、教育业、新闻业、慈善机构等。

另外，一些社会名流、商人代表、个人等亦致函当地政府或报刊表示反对。反对的缘由主要包括以下三点：

其一，本地米谷歉收，米价日昂，如若允许米粮出口，民生将愈加困苦。"长江流域诸省，农产物亦以米最多，全国所需求之米，大部由斯区供给之。然产米区虽如是之广，但米之产出量甚微，故仍不足敷全国人民之所需，犹赖安南、印度、朝鲜、香港、暹罗、日本等地产米之输入以补助之"②。再加上民国时期天灾人祸不断，米粮愈加缺乏，百姓常常缺衣少食。在此环境之下，对于政府开弛米禁、运米赈日一事，一些团体从现状出发予以反对，并指出其危害。云锦公所致函总商会道：此次日本震灾，亘古未有，属在唇齿，应尽恤邻之谊。不过"所有米谷一项，仍应停止出口。本年风水为灾，各属收成，平均已在五六成以下，新谷登场，市价难平。若再弛禁出口，则米价再长，有妨民食。虽

---

① 《开放米禁之反响》，《申报》1923 年 9 月 10 日。

② 梁扬庭：《近年来我国食米之概况》，《申报》1923 年 9 月 23 日。

人类有互助之义，而救人凛从井之戒"①。

上海总商会在致电江苏省长时也表达了同样的担忧，电文谓："苏省前昨两年俱告歉收，其幸而未酿意外者，全恃暹罗、缅甸洋米源源输入，稍资接济，然米价已高至十四元一石。升斗小民，粒食维艰，时时有请禁囤积、请禁出洋之文见诸报章。""本年新谷虽未登场，而夏秋之交，先苦霪雨，继患暴风，钧署总司省政当即据各县报告，是本届收成之减色可想，故据一般人预料，均谓此后民食恐仍须仰赖洋米筹济。自弛禁消息传布以来，本埠各种米价，已骤涨至半元一元不等。使弛禁之议实行，则米价之逐渐高涨，更在意中。恐东邻之震灾甫平，而我国之米荒又起，从井救人，善谋国者岂宜出此。"②扬州江都县商会会长朱竹轩致电省长，陈述了江都县米谷的现状，力请维持米禁。他在电文中说道：江邑为产米之区，"频年因水旱不时，收成歉薄，来源缺乏，转恃南来之米，藉资接济"。"自日本芳泽公使请弛米禁消息传来，各埠米价已骤涨一元以上。若明令开放，则价值日增"③。

江苏米粮情形如此，浙江亦同。杭州总商会在得知"北京计划拟令浙办米五十万石接济东邻"的消息后，义愤填膺，谓："不知浙非产米之区，全恃皖、赣各处接济；加以连遭水灾，自顾不遑，从井救人，势必自蹈危机。"④嘉兴北市商界联合会感叹道："救灾恤邻，固属义举。惟浙省非余米之区，丰年尚赖外省输入，况连年灾歉，米价日增，民食犹虞不给。倘我浙准予弛禁，断非民食治安之福。"⑤此外，嘉兴地方团体的反应则更加过激："查禾邑连年荒歉，收成减折。阖境所产米石，自食不敷，须赖邻省运济。今若运米出境，是不啻自杀政策。"⑥

安徽社团亦对米粮开禁心怀担忧。安徽大通总商会致电苏、浙、皖三省军政两长时首先指责了内阁决定的草率："当道近又议开米禁，准许日本在苏、皖、浙三省购运粮米。其所以维持邻邦者，既厚且笃，特未尝为吾人民熟计其利害耳。"随即该会陈述了米谷的现状："查上年米粮每石售洋十余元，人民恐慌，岌岌不可终日。嗣因地方各自禁运，市价稍平。本年秋成虽云丰稔，而历年歉收，元气未复，故新谷登场，较

① 《云锦公所之二函》，《申报》1923年9月9日。
② 《开放米禁之反响》，《申报》1923年9月11日。
③ 《商会请维持米禁》，《申报》1923年9月17日；《反对苏米弛禁又一电》，《民国日报》1923年9月22日。
④ 《杭州快信》，《申报》1923年9月13日。
⑤ 《商联会电请勿弛米禁》，《申报》1923年9月11日。
⑥ 《电请维持米禁》，《申报》1923年9月19日。

往年犹昂。"并警告道：若一旦弛禁，"三省黎庶殆成饿莩，是欲救人而先自处于死亡，岂情理之正"。最后，该会呼吁道：此事关系三省人民性命，至为迫切，"尚祈诸大君子猛然省悟，先事预防，查照约章，禁止出洋，以保民食，而维地方。万勿博一时之虚名，贻将来之实祸"①。

这样的担忧不无道理，毕竟民以食为天，粮食关系社会稳定与经济发展。《申报》这样评论道：自日本大地震、大火灾后，我国当局和诸大慈善家都热心筹赈，这原是再好没有的事，不过食米出口弛禁一事，凡是要吃饭的小百姓没有不反对的。"平日禁米出口时，米价已涨到十三四元。倘一弛了禁，可不要飞涨一二倍么。这样从井救人的办法，似乎不大妥当。日本的灾民，固然是应当救的，然而也不能教〔叫〕国内小百姓饿死啊"②。

其二，奸商趁机囤积居奇、哄抬物价，以谋取暴利，是民众反对开弛米禁的又一原因。9月8日，安徽休宁人朱道远致函该省当局："三千万皖同胞公鉴，此次日本天灾，全世界同声悲悼，救灾恤邻，我国尤谊不容辞。赈济之法，固亦多端，乃政府斤斤于米粮弛禁，不胜骇怪。吾皖虽为产米之区，然每年出产，除供本省自食外，所余亦属无几。苟不弛禁出口，米价决不陡涨，贫民生计，差可维持；一旦弛禁，奸商任意垄断，富户囤积居奇，势所不免，吾皖三千万众所受无穷之影响，转恐甚于邻邦之灾害。"③ 足见其对家乡的关心。

这样的事例不止一起，又如孙绍康致函江苏各公团及家乡父老时指出：救灾恤邻，古有明训，"惟是政府因此将有开弛米禁之议，我苏频年产米不足自给，常以他省米接济。今年风雨为灾，各地尤多荒歉。夫购米救济，数额可限，米禁开弛，宁有限额，使米禁果弛，则无良米奸，囤积居奇，米价飞涨，定当不堪设想。贫苦小民，生机殆绝。从井救人，圣人不许"④。该函在陈述粮食供需不足的同时，又对米禁开弛后的民众生活抱以同情的态度。再如沪商虞和德等致电国务院财政部税务处，谓："谷物一项，万不可弛禁。迩来米价昂贵，大半由私米出洋，如果财政部给照，准其出口，奸商于中取利，米价从此愈昂，平民生

---

① 《大通总商会代电》，《申报》1923年9月19日；《关于米粮出洋之呼吁声》，《大公报》1923年9月29日。

② 《三言两语》，《申报》1923年9月10日。

③ 《开放米禁之反响》，《申报》1923年9月11日。

④ 《开放米禁之反响》，《申报》1923年9月11日。

计，曷堪设想。是邻国未受其惠，我民先受其害。"①

显然，这种"从井救人"的援日决议，已成为众矢之的。不仅有以上热心人士的提醒与忠告，社团也看到此种风险的存在。9月11日，金陵新闻记者俱乐部就开弛米禁一事致电该省军政长官时也是忧心忡忡："救灾恤邻，古有明训，惟吾国奸商，藉此夹带私运，囤积居奇，高抬市价，在所不免。恐邻邦未受其惠，而吾苏小民已感受无穷之苦矣。"基于这种情感，该会"敢请均座俯念人民生计维艰，予以严重之限制，俾杜奸商之影射，而免民食之恐慌"。不仅如此，该会认为解决奸商牟利这一难题的关键是对购运手续进行严格把关：日人如购运米粮，应由驻在地日本领事出具正式公函，与当地协济日灾义赈会于规定之范围内，购米若干，将米价交与义赈会转托商会代办。其转运出口之护照，仍由该义赈会转请军民两长会衔发给，以示郑重而杜流弊。否则，"徒使奸商借灾赈之美名，便营利之私计，苏人受祸，当无穷尽"②。

南汇县商会认为本国米粮"自顾难周"，价格日高，"若再弛禁，不特顾此失彼。恐长奸商偷运之风，关系非常重大"③。

上海山西路商界联合会亦致电江苏省长，"乞予拒绝"。该会团认为从井救人，实不可取，且"沪上米价，日渐加增，若再开禁，人心顿慌，而垄断囤积，亦随之而起。于东邻受益，未见遍及，而吾国米荒，顿可全施，设或贫民因饥而生他故，责将谁归"。并指出"救济日灾，非专特食米，乞双方并顾，勿为奸商所乘"④。

事实上，上述担忧并非杞人忧天。日灾发生后，各地的采米赈日行动，再加上开弛米禁的推波助澜与"强化巩固"，已使得米价高涨，民怨不断。"近日各地赈济日灾，采备粮食运日，因之各地米商，多乘机居积，高抬米价。昨日市价，机器米已涨至十一元六角，将来如不设法补救，则米价尚须看涨"。为此，上海县沈知事不得不采取措施，呼吁米业："务各顾全沪地民食，万弗乘机运输出口，亦不得妄抬价值。"⑤南京米价情况亦是如此，"宁垣因日来哄传米粮弛禁赈日，以故前昨两日，每石骤增六七角"⑥。

① 《虞和德反对食米弛禁》，《申报》1923年9月16日；《反对食米弛禁之纷起》，《民国日报》1923年9月16日。

② 《记者俱乐部请郑重弛禁》，《申报》1923年9月13日。

③ 《南汇商会电请勿开弛米禁》，《申报》1923年9月23日。

④ 《省长电辟开弛米禁》，《申报》1923年9月26日。

⑤ 《米价已受震灾影响》，《申报》1923年9月10日。

⑥ 《南京快信》，《申报》1923年9月11日。

不仅上述省市米价上涨，其他省份亦受到连锁反应。在江西，"今政府既因救日而开谷米出口禁，而赣省米商，则以有利可图，无不大买特买。以致米价飞涨，影响民食，殊非浅鲜"①。在湖南，该省"今岁丰稔，近日米价反为其昂"，其因之一便是"日本大灾，向芜湖、南京等处购米甚急"②的缘故。

米价上涨，面粉也不能"幸免"。南通面粉因外地购办赈济日灾而销路大旺，"市面逐呈坚俏，涨起两角之谱，十三日市绿字旭日初升牌三元四角、蓝牌三元三角五分、四号机面二元五角、麸皮三元四角"③。

另外，还发生过米商偷运出口被抓事件。据9月20日《申报》报道："宁绅某私运米二千石，希图出境，被下关税所扣留。"④这绝非个案。具有讽刺一幕的是，江苏省政府当局声明依旧实行米禁政策后，趋涨的米粮价格则顺势回落。"省署通令绝对不弛米禁后，日来米价稍平"⑤。仅就此可知，弛放米禁是米粮价格上涨的"原动力"。

不可否认，米粮价格的上扬，销售者从中可以得利，同时也加重了民众的生活负担与压力，民众不满之情时常流露。具有苏南特色的"国事十三叹"吟唱道："第十叹来叹奸商，可恨贩米运出洋，济东邻倭奴贼，弄得米价日日涨。"⑥歌唱的背后，充斥着不满、愤恨之情。

其三，日本灾区粮食供应充足。如果说上述原因不具有较强说服力的话，那么日本灾区米谷充裕的事实，却是反对开弛米禁的最好理由。如前所述，日灾后，芳泽公使基于"国内米谷或恐不敷"的判断，请求北京政府开弛米禁，运米赈日，予以支援。后来的事实证明，这"纯系当时震灾初起时推测之词"⑦。实际上，地震发生后不久，日本当局便及时处置灾区粮食问题，如"命大阪食粮局于三日内将存米五十万石急送横滨，东京则以粮□贮藏所的六十石应急分配"⑧，并"特派军舰商船，向东北大阪名古屋各地征收食料"⑨。另外，国际社会也给予了援助，如美国派用军舰装载粮食等物品援助日本。"所以不到几日，秩序即行安

---

① 《赣省之救灾恤邻》，《民国日报》1923年9月15日。

② 《米价陡涨之原因》，《（长沙）大公报》1923年9月20日。

③ 《面粉市面暴涨》，《申报》1923年9月15日。

④ 《南京快信》，《申报》1923年9月20日。

⑤ 《南京快信》，《申报》1923年9月22日。

⑥ 俊民：《国事十贰叹（续）》，《苏州晨报》1923年9月12日。

⑦ 《开放米禁之反响》，《申报》1923年9月11日。

⑧ 张梓生：《日本大地震记》，《东方杂志》第20卷第16号（1923年8月25日）。

⑨ 《救济方法种种》，《申报》1923年9月4日。

定，粮食亦可支持了"①。关于此点，在山本外务大臣致上海日本总领事馆的公报中可以得到验证。该公报关于粮食一项曰："一时苦感食粮缺乏，然以各地之粮食到达，渐次足敷供给。"②

9月8日，华洋义赈会会员孙仲英往访日本驻沪总领事矢田，谈及运米赈济日灾一事时，矢田云：日本"现存积谷，尚敷灾民之需，所蒙各界协济，可毋须运米前往。若其他应用各物，非常欢迎。"孙仲英在征得矢田允许后，"以此节登诸报端，俾免中国米价腾贵，而安人心"③。随即，孙仲英将此消息分别函致上海总商会、中国协济日灾义赈会、江苏督军及省长、北京日灾筹赈会孙慕韩、汪伯棠、颜骏人等人。不仅如此，孙仲英还委托北京日灾筹赈会孙慕韩、汪伯棠、颜骏人等人，请其"对弛米禁一节，务向政府声明，免因米贵，发生反响，实与赈务前途，良有裨益"；同时亦请求江苏督军、省长代为向政府转达此消息："敢请二公电达政府，务于救灾恤邻之中，对本国民食问题，双方并顾。俾免救济日灾前途，发生反响，障碍滋多，庶与赈务进行，较有裨益。且可贯彻始终，收良好之结果也。"④ 孙仲英此举，无疑用事实否定了日本"国内米谷或恐不敷"的立论，也否定了开弛米禁的必要性。

另外，江苏驻沪办理救济日灾专员卢殿虎拜访矢田时，"复询以日本现时需要最急之物品，矢田谓现时最缺者为绒类之衣料，次之则建筑材料；又询以食品缺否，矢田谓最近尚接本国电报，米粮并不缺乏，仅就东京一处言之，东京一市二百万人日需食米八千石（系以日本石数计算），现尚存米八十万石，足敷三月之食"⑤。

9月11日，上海华洋义赈会接北京总会来电云："驻京日本使馆对于彼国储粮足敷灾民之需一节，与上海日总领事表示亦复相同。"⑥

特别值得一提的是，民众也曾对以灾区缺米为开弛米禁的理由产生怀疑。如上海总商会在给江苏省长的电文中提及：此次日本受灾区域，纯在都市中心，与田亩收获无涉⑦。言外之意是城市地震后的米粮需求与水旱之灾形成的粮荒不同。

据此可以得知，日本地震灾区此时并不缺米已是事实，开弛米禁也

① 张梓生：《日本大地震记》，《东方杂志》第20卷第16号（1923年8月25日）。
② 《日总领事发表之公报》，《申报》1923年9月9日。
③ 《孙仲英来函》，《申报》1923年9月9日。
④ 《华洋义赈会关于赈粮之函电》，《申报》1923年9月12日。
⑤ 《卢殿虎与日领谈话》，《申报》1923年9月13日。
⑥ 《华洋义赈会消息》，《申报》1923年9月13日。
⑦ 《开放米禁之反响》，《申报》1923年9月11日。

就显得毫无必要，且是弊多利少。在此情形之下，社团纷纷致电政府，请求维持米禁。苏州总商会为此特致电江苏督省两长，电文①如下：

南京齐督军韩省长钧鉴：此次日本震灾，吾国筹赈协济，据驻沪日领事矢田氏亲语华洋义赈会会员孙仲英君，谓彼国现存积谷，尚敷灾民之需，各界协济，毋须运米等语。乃报载中央通电，拟弛米禁，省署亦有准放赈米出洋之电。苏地粮价腾昂，又值青黄不接，奸商托名贩运，平民生计恐慌。合亟电呈钧座钧核，伏乞迅赐咨陈政府，通电所属，切实申明，禁米出口，以杜奸巧，而维民食，无任祷感。苏州总商会会长贝理泰，副会长季厚柏等同叩文。

又，江都县商会致电江苏省长时亦指出："东京司令部最近发表消息，并不缺乏粮食，我国似无庸从井救人，用特电陈钧座，仰祈主张公道，维持米禁，以重民食，免致奸商藉口，是所叩祷。"②

（2）建议

在反对的同时，民众还积极建言献策，提出多种替代运米赈日的建议或对策，力求达到助人又不损己的双重目的。

建议一：购买别国米粮赈日。对于运米输日，淞沪粮食维持会建议采办国外籼米。该会在给熊希龄的电文中有详细的说明："秉三会长公鉴，日本惨遭巨灾，中外人士闻者无不伤感，沪上何护军使暨各公团皆分别慰问，并筹款救济，以面粉为多数。京师报载吾公本夙昔救济之盛法，复任赈济日本之义务。惟国内新米，价格贵于往昔，应请专采国外暹罗、西贡等籼米运济，则两国同一幸甚。"③ 上海学商公会也持此观点，在致电北京国务院及苏省军民两长时，该会认为："米禁开弛，难保不生后患。溯我国产米省份，历被水旱之灾，五谷歉收，民食早形缺乏，幸有西贡来源，以资接济。如欲运米输日，何不向西贡、暹罗等处直接采运，庶邻邦无断炊之惨，我国免乏食之虞。一举两得，事出万全。"并提醒道："救灾恤邻，当以不摇国本为主。今若恤邻而弛米禁，窃恐邻灾未救，我国已先受其殃，从井救人，仁者不取。"④

建议二：援助日本赈款，让其自行购买米粮。持此种观点者，以北

---

① 《总商会电省维持民食》，《申报》1923 年 9 月 15 日。

② 《商会请维持米禁》，《申报》1923 年 9 月 17 日；《反对苏米弛禁又一电》，《民国日报》1923 年 9 月 22 日。

③ 《粮食维持会请采洋米赈日灾》，《申报》1923 年 9 月 8 日。

④ 《学商公会反对弛米禁电》，《申报》1923 年 9 月 9 日。

城商业联合会为代表。该会致各团体函云：此次日本震灾，为空前绝大之浩劫，噩耗传来，令人悲骇。救灾恤邻，本人类互助之义，诚不可少。"惟各团体中有以米粮救济之提议，此事似须加以考虑。今岁我国产米之区，非受风雨之灾，即遭兵祸之劫，以致秋收减色，而际此新谷登场之时，米价仍在十四元之谱。况昨某报刊有奸商假救济邻灾为名，实行垄断米市，乘危谋利之消息，倘果如是，一旦出境，则米价之陡涨，可以预料。而邻邦之惠未见，己国之害先受，诸君之明，当亦能鉴及也"。鉴于这样的情形，该会给出了相应的解决办法："敝会稍有一己之见，商陈于诸君之前。最善之策，莫如助以金钱，令该国筹赈当局，自向暹罗等国产米之邦采办，以省手续，而防己害，则邻国所受之惠多矣，而我国奸商无乘危谋利之机，我国人民亦间接受惠不浅。尚幸日本大阪贮有巨数之粮，往返采办，亦不虞中乏也。"① 此建议现实性强、易操作。

建议三：日本利用所得捐款向他国购买粮食，无须再请中国开弛米禁。安徽大通总商会则认为，与其商请中国开弛米禁，日本还不如利用所得赈款在别处购买米粮。"且为日本计，既承各国助有大宗赈款，则西贡、暹罗、印度等处产米丰富，随在皆可采办，亦非舍我中国，遂无购米之处。何必限于一隅，使东亚黄种同罹饿饥，此事关系三省人民性命"②。

建议四：捐助善款、服饰与地产。对于高凌霨等开弛米禁的一事，章太炎发表了自己的看法。他认为："天灾流行，国家代有，施以赈济，于义允宜。唯中土谷价，近亦奇贵，枵腹救人，势所不可。年来邻省偏灾，多以钱币相救，未有直开大籴者，夫岂不爱，盖事有难行故也。"更何况"日本此次地震火发，与水旱之灾仅伤禾稼者有异，欲相存恤，固亦多端，布纩衣履之用，在在可以赒给，而与中土原无大伤。即以食物言之，日本常食自稻米而外，芦葡山芋，每日不离于口，其余包谷豆芋，悉可供餐，亦不必直输稻米，然后足以糊口矣"。为此，他建议赈济日本灾区"一者钱币，二者服装，三者地产，以之赈恤，所济甚多。米谷出口之禁，且未可弛"③。可以说，章太炎对赈济日灾方式的分析准确、客观。

① 《北城商联会主张助款》，《申报》1923 年 9 月 6 日。
② 《公电·大通总商会代电》，《申报》1923 年 9 月 19 日；《关于米粮出洋之呼吁声》，《大公报》1923 年 9 月 29 日。
③ 《章太炎反对弛米禁》，《申报》1923 年 9 月 8 日。

建议五：用面粉替代食米出口。据《申报》载："日本发生巨灾，各国竞起办理急赈。本埠兴华制面厂，所出各种食品，若通心粉、桂花粉、共和粉、鸡蛋面等三十余种，均为赈灾要品。日前已由美国远东驻亚舰队司令部，向该厂购办通心粉三万磅，装格伦总统号运日。昨又有日人向该厂订购通心粉二万磅。此粉运日，实可代替食米出口。"① 该建议虽是办法之一种，难免有打广告、搞促销的嫌疑。

2. 三省官方的表态与举措

与民众异口同声的反对相比，三省军政长官的态度则有所不同。北京政府致电皖、苏两省当局通告米粮弛禁的决议后，安徽督办马联甲、省长吕调元回电表示同意，谓："运米赈日，人有同情，暂时弛禁，当允诺照办。"② 并且"命地方官查报米之存数"③。关于查报米粮存数一项，省长吕调元致电芜湖海关何监督及房道尹，"令将芜埠现存米粮供求情形，确查具复，以便议定出口数目"④。

省政府的这种"积极""热心"之举，遭到了皖省民众的反对与抗议。如休宁人朱道远斥责政府不顾本省民情，并呼吁民众一致抵制："闻马联甲、吕调元已允开禁，不啻断送吾皖三千万众于水深火热之中，是可忍孰不可忍。除联合同志积极表示外，务望吾皖同胞万众一心，群起反对。"⑤ 反对的不仅仅只有亢奋的言语，也伴随着切实的行动。如在芜湖总商会联席大会上，政府计划从芜湖采办米粮输送日本一事，被公决拒绝⑥。

在是否开弛米禁一事上，江苏军政两长的做法显得更为周全与细致。首先，"两长对采办米粮赴日济灾，决发护照，惟不弛米禁"⑦。其次，"两长因开放粮食出口救济日灾事，定日内召集地方士绅，开放公决"⑧。可以说这既有援日的义举，又安抚了本省民心，充分照顾到了民众的利益诉求。不过，"当道有废弛米禁之说"的谣言，使得民众格外焦躁与不安。面对社团的质询，苏省当局予以否认。如上海县教育会听闻江苏有弛禁米粮之说，特致电省长表示反对。当局回电道："苏米出

---

① 《运救日灾之面粉》，《申报》1923 年 9 月 13 日。

② 《本社专电》，《民国日报》1923 年 9 月 8 日。

③ 《各国救济日灾记》，《申报》1923 年 9 月 9 日。

④ 《芜湖近讯》，《申报》1923 年 9 月 10 日。

⑤ 《开放米禁之反响》，《申报》1923 年 9 月 11 日。

⑥ 《芜湖近讯》，《申报》1923 年 9 月 15 日。

⑦ 《南京快信》，《申报》1923 年 9 月 9 日。

⑧ 《南京快信》，《申报》1923 年 9 月 10 日。

洋，绝对禁止，业经电令江海关监督，随时劝阻购运，断无弛禁之事，仰即知照。"① 更为重要的是苏省当局亦致电摄政内阁表示米谷已无弛禁的必要，电文②如下：

> 北京国务院钧鉴，歌电敬悉，邻国奇灾，自当救恤。惟米谷出洋，为绝对禁止，未可轻许，现已电饬江海关监督会同交涉员详细核议，正核办间，接中国协济日灾义赈会来函，以据日领声明，被灾区域米粮尚可敷用等语，自勿庸再需我国供给，承询并及，即祈查照。齐燮元韩国钧寒印。

浙江省长张载杨以浙省连年灾歉、无余米可运为由，直接回电予以回绝。其电文内容曰："北京外交部鉴，鱼电敬悉，日灾奇重，轸念良殷，晋秦泛舟，恤邻应尔。无如浙省产米有限，供求相剂，常苦不敷。比岁以来，又连遭荒歉，经各处商会呈请给照，向皖、赣等省采米运济，恒数千万石，现尚在陆续采运。"加上多地"复风雨为灾，收成大减，民食更缺，所有浙省产米实已不敷自给，万难运出，承询特复，并希鉴谅"③。

综上观之，三省官民禁止米粮出口的要求，合情合理，有理有据。不过，北京政府却并未做出相应的动作。在此态势下，民众的反对与抗议仍在继续。对此，《申报》谓："高凌霨等前拟开放苏、皖、浙三省米禁，运济日本，既博救灾恤邻之美名，又获每石出口费一元之实利，用意甚巧。但此事与民食有关，三省人民当然表示反对。日来函电纷驰，皆请勿弛米禁。"④

（三）报刊舆论的谴责

针对北京政府开弛米禁的决议，报刊也发表相应的社论，质疑其动机并谴责其目的。

1923 年 9 月 9 日，《新闻报》刊发《日灾不需华米》的评论，对北京政府决意米粮弛禁的真正动机深表怀疑。该评论谓："晋输秦粟，固为义举，然使借赈灾之美名，便营利之私计，而绝不顾及于本国民食，以是而言赈灾，非吾人所敢赞同也。是故政府之昌言开弛米禁，果否纯为恤邻主义，抑或别有用意，殊难言之。"⑤《五九》月刊登载的社论《对日大灾后之我见》亦认为："力主弛禁者，果何为哉，非另有作用，

① 《省长布弛米禁之复函》，《申报》1923 年 9 月 17 日。
② 《苏省不允开放米禁》，《申报》1923 年 9 月 19 日。
③ 《浙省拒绝开放米禁》，《申报》1923 年 9 月 14 日。
④ 《苏省不允开放米禁》，《申报》1923 年 9 月 19 日。
⑤ 《日灾不需华米》，《新闻报》1923 年 9 月 9 日。

即于中取利，二者必居一于此。"①

这种怀疑并非空穴来风，毕竟此时北京政府财政已是捉襟见肘，而且直系还在为总统选举多方筹款。《民国日报》的时评《运米赈日的限制》则将这种怀疑与即将到来的大选联系到一起："'弛米禁以赈济日本巨灾'之说，倡于多方罗掘的直系官僚，是否出诸'救灾恤邻'的热忱，很有怀疑之点。直系搜刮大选经费，无所不用其极，运盐出口事已闹得通国皆知，此次难保其不利用赈日灾之名，大弛米禁，从中征收米粮出口税，或竟由商人承包，供给巨款，以偿其运动大选之欲望，亦未可知。"② 此论调并非一家之言，其他报刊中亦可找寻到踪迹。如《申报》刊载的时论《谨防官僚之利用日赈》称：官僚政客以"日本震灾为施展手腕之凭藉，国民有急赈之热忱，官僚用为敛钱之机会。苟非报效大选，亦必以身发财。"③ 从这一角度来看，米粮弛禁的终极目的不过是政府谋私利的幌子和借口而已。

如果说上述论调只是一种推测的话，那么以下的评论则完全肯定了开弛米禁与大选之间的关系。9月7日，《时报》发表时评《救济日本巨灾之我见》谓："闻高（凌霨）等之计划，大致弛禁之米粮，以百五十万担为限，而每担收取护照费一元。姑不论米禁一弛，米粮之输出绝不止于此数，即使果能如限而止，而高（凌霨）等一百五十万元之护照费，固已稳得矣。至于此项收入之用途何如，可不问而知为充大选费也。然则前之千方百计所搜索而不得者，今则借救灾恤邻之名，可以不劳而获，其设计亦可谓狡矣。"该时评随即斥责道：救济日本震灾，本为慈善之事，"乃彼自称摄政之内阁，竟欲假慈善之名，而行搜刮之实，此何异于趁火打劫"④。可谓是义愤填膺。

除了斥责，还有讽刺挖苦。《民国日报》的另一时评《北庭因赈日发财》讽刺道：全国人民受良心的指挥，齐起赈救日灾，"北庭也跟着开阁议、定办法，很像也明做人、立国道理似的在那里忙。然而，别人赈日灾是摸出钱来的，独有北庭赈日灾，却捞了笔大钱进去"。该时评继续说道：一石米，收一元护照费；五百万石米，收五百万元护照费。出口的米再多些，北庭所捞的钱也多些，够了买选总统票和犒劳军队，

① 徐瀚臣：《对日大灾后之我见》，《五九》1923年第3期，第4页。
② 《运米赈日的限制》，《民国日报》1923年9月7日。
③ 心史：《谨防官僚之利用日赈》，《申报》1923年9月12日。
④ 纯：《救济日本巨灾之我见（三）》，《时报》1923年9月7日。

一切费用都有了。"日本遇灾，中国放赈，却不道中间贴补了曹锟一笔窃位费用"①。由此可知，在报刊舆论的揭载下，北京政府开弛米禁的目的昭然若揭。

二、趁火打劫：加征海关常关附加税

开弛米禁决议，已引起民众极大的公愤。然而，此风波尚未平息之际，北京政府又推出新的赈日与救灾办法——加征海关常关税收。其结果只能是招致更为猛烈的反对与批判，各界也对其动机进行揭露。

1923 年 9 月 10 日，《民国日报》在"译电"专栏中刊发"东方社九日北京电"译电一则，该电文内容为："中国政府于昨日阁议决定于海关税、常关税加课附加税一成，以其所得之半充日本之救济金，近将向外交团交涉。"② 9 月 12 日的《盛京时报》刊登了题为《阁议通过附加关税》的新闻，大意为：此次日本震灾，灾区袤广，人民受害程度又极深巨，若非特辟财源，陆续接济，则杯水车薪，终难实惠普及，且以不足以持久。"故日前当局各要人及在京名流等，在顾少川寓邸开赈灾会议时，曾有人提议仿照华北赈灾成案加收关税一成，以半数救济东邻，其余半数则专款存储，备充本国赈灾之用，此议颇为多数所赞成"。为此，9 月 8 日的阁议上，遂将此案正式提出，并表决通过该案："议决依照前年北五省赈灾成案，全国海关常关统加附加税一成，所得之款，以一半救济日灾，下余一半，留充本国赈灾之用，先由外交部向公使团征来同意。"③

从上面报刊所载的信息中，可以大致了解到内阁加征海关常关税收的原因及其实施办法。

一波未平，一波又起。民众得知此消息后，又一次掀起了反对的浪潮，斥责其荒谬，揭露其目的。全国商会联合会江苏事务所及南京总商会发表通电，反对征收赈灾附加税。该电文说道："报载阁议通过仿上年北五省旱灾成案，将全国海关常关各税统加一成，期限一年，所加之款，半助日灾，半充国内赈灾等语，阅之不胜惶惑。"并认为："募赈为自由性质，不应施之于强迫，而关税附加，即系强制。"并且"募赈仅捐诸富有，加税反累及于贫贩"。更何况北五省旱灾所加附税，"一切用途，事后密未宣布，更不足取信于国人"。为此，该会指责道："此次日

① 湘君：《北庭因赈日发财》，《民国日报》1923 年 9 月 8 日。
② 《伪阁假日灾增税》，《民国日报》1923 年 9 月 10 日。
③ 《阁议通过附加关税》，《盛京时报》1923 年 9 月 12 日。

本巨灾，我国士夫本人类互助之旨，为救灾恤邻之谊，日来各省筹募之热，国际比例，颇不后人，察往知来，当未可量。不图摄阁为穷所迫，忽欲援案加税，但有机隙可乘，即无往而不可搜刮。计自变政以来，私印印花税铜元票，掩耳盗铃，乘火打劫，病国殃民，在所不惜。若再藉灾加税，谓非敛财乱政，其谁之信。"最后，该会疾呼："吾商民敢郑重宣言，对于日灾自由捐募，义无反顾。如果政府强迫加税，将以加税施行之日，为停止缴纳货税之时。盖加税原为助乱之由，反对加税，即所以止乱，并非以抗税为能事也。邦人君子，当韪此旨，凡在商民，曷起图之。"①

指责与抗争的绝不仅仅只有上例。上海县商会认为全国商会联合会江苏事务所及南京总商会的电文"直揭阴谋，言之中肯"。该会亦严厉地控诉道："年来中央倒行逆施，非法之举，殃民之事，方层出不已。今复假恤邻之美名，行敛钱之虐政，欲袭前次北五省灾赈，交通机关加一附税黑幕之故技，名不可假，民岂可欺。"并郑重宣言："将以加税施行之日，即为停止纳税之期，虽有牺牲，亦所不惜。此项责任，应由假名加税者负之。敬告全国，共持正义，凡我商民，亟宜猛省。"②

又，嘉兴商会致电该省当局谓："北京藉口助济日灾，将于关税加收附税一成。际此商业凋敝，物力维艰，毫不体恤，而反假辞加税，借恤邻之美名，行罗掘之弊政，商民同病，利害攸关，誓不承认。务祈一致力争，以纾商困。"③

除有社团声讨北京政府的行径外，也有个人的身影。浙江籍议员杭辛斋致函江海关姚监督，云：加税赈灾，绝无此理。"况以济外国之灾，而加全国之负担，尤为悖谬绝伦。在权要之意，无非借名括财，以充军实，妄费用途。民困一层，初非所计"④。可谓是不留情面的痛斥。

加征海关常关附加税，牵涉到多方的利益，在社会上引起了强烈的反响。不仅商团、民众反应激烈，报刊舆论的态度亦是如此。

1923 年 9 月 15 日，《时报》发表时评《赈灾附税》，痛批当政者为敛财而不择手段的做法。评论谓：日本大灾发生后，国人群起筹赈，"不谓彼高凌霨等竟幸灾乐祸，视此为唯一敛财之机，如前有开弛米禁抽取特税之谋，今复有征取赈灾附税一成之议。若非丧心病狂，讵忍出

---

① 《商界反对海关征收赈灾附税》，《申报》1923 年 9 月 15 日。

② 《县商会否认日灾附税》，《申报》1923 年 9 月 16 日。

③ 《杭州快信》，《申报》1923 年 9 月 19 日。

④ 《杭辛斋致海关姚监督书》，《申报》1923 年 9 月 17 日。

此。南京总商会等谓之为病国殃民、趁火打劫，洵不诬也。"并指出：募捐筹赈本为自愿行为，而赈灾附税则为强制，"使强制而果为赈济日灾，已轶出情理之外，况赈灾其名，搜刮其实乎。此议一旦见诸实行，在高凌霨等固不难得一笔酿乱之资，而国人对于日灾，因既已加税，势必群相观望，而顿减其救济之热忱，是直接影响于日灾之赈务，间接且助长中国之内乱，固无怪南京总商会等将以停止缴纳货税为坚决之表示矣。"该评论还指出："尤可笑者，阁议谓仿上年北五省旱灾成案，各税统加一成，期限一年，所加之款，半助日灾，半充国内赈灾等语。所谓半充国内赈灾，究何所指，姑不具论，即以上年北五省旱灾言，所加之款，迄今秘而未宣，更何足取信于国民。今复恬不知耻，旧事重提，是唯恐人民之健忘，而坚其反对之心也。"① 北京政府公信力的丧失可见一斑。

《新闻报》的社评《米禁附税两问题》在态度上与上述评论无异："加税赈灾，尤为悖谬。因赈本国之灾而有此举，犹为人民所反对，况赈他人之灾，而可以强迫行之乎。愿其所以反对者，非国民无好善之心，不欲施赈也，实缘当轴者借此敛财，用途不明，非济军阀，则饱私囊耳。而今日贿买猪仔议员之大选费，或且将取给于是，则尤国民所切齿痛恨者已。"②

总而观之，政府当局倒行逆施的做法激起各界的反感与反抗。在反对政府借机敛财的同时，舆论提醒民众救护日灾要清醒、理性。"甚么收护照费咧，开放米禁咧，增加关税咧，他们勾心斗角，借此来吮我们脂膏，发他们财的方法正多。我们要注意，我们要见一个这样的题目，打消一个，我们要救日本，尽由我们设法去救，我们不要进军阀、官僚、奸商所合设的圈套。此时不赈日，见得国人不大□；此时因赈日，而为官僚、军阀、奸商所欺驱，见得国人糊涂。我们不可不大方，却也不可糊涂"③。

最终，"米粮弛禁及关税加成以助日灾，但一因国内反对，一因外交团不肯承认，尚未实行"④。此种结果，可谓是北京政府欲借赈济日灾之"名"而行搜刮之"实"计划的落空，同时也折射出北京政府公信力的丧失与能力的式微。

① 纯：《赈灾附税》，《时报》1923年9月15日。
② 记者：《米禁附税两问题》，《新闻报》1923年9月16日。
③ 湘君：《不要做糊涂自杀的救灾人》，《民国日报》1923年9月15日。
④ 张梓生：《日本大地震记》，《东方杂志》第20卷第16号（1923年8月25日）。

第四章 中国民间的响应：
对关东大地震的赈济

相较于水、旱、蝗、风等灾，地震的灾后救护有其独特的一面，加上受灾区远在海外，所以中国民间对日本震灾的赈济以捐款、捐物、助医为主要内容。款物筹集方式多种多样，既有广告劝捐、义卖书画作品、戏剧义演等方式；又有组织学生劝募队、开办游园会等形式。多地发起、成立的救护日灾团体，则是赈济日灾的施行者；一些常设性的救灾机构，也积极参与日本灾后赈济。

第一节 民间各界赈济日灾活动

一、赈灾组织的设立

民国时期的灾荒赈济，因官方财力有限，故民间力量发挥着重要的作用。每当灾荒发生后，都会出现一些民间救灾组织来赈济灾荒、拯救民生。这些临时性的救灾组织或专为灾荒而设，赈济结束后便自行消散；或因现实需要而转变成常设性救灾组织，如中国红十字会、华洋义赈会。这种现象在赈济日本关东震灾时也不例外。

翻检《申报》《大公报》等相关报刊可以发现，日本关东震灾发生后，中国民间各界在多地发起、成立了众多的赈济日灾组织。现列举以下几例：

在上海，各界救护日灾积极、热烈。上海总商会、红十字会等30多个社会团体于9月6日共同发起赈济日灾组织——中国协济日灾义赈会，朱葆三任会长，盛竹书、王一亭为副会长[1]。中国协济日灾义赈会成立后，为日灾募集了大量的款物。此外，它在救护受灾侨胞方面亦发

---

① 《中国协济日灾义赈会成立》，《申报》1923年9月7日。

挥了重要作用。

9月6日下午3时，江苏省教育会、上海县教育局、宝山县教育局、中华学艺社、寰球学生会、江苏童子军联合会、中华职业学校、南洋大学、上海童子军联合会、上海县教育会、同济大学、第二师范、暨南学校、南洋医学、商科大学、中华武术会体育师范、青年会学生部、第一商业、养正学校等团体代表20余人在江苏省教育会三楼开会，决议组织上海中华教育团体救济日灾会。该组织声明"凡志愿救济日灾之中华教育团体，皆得加入本会"，其会务为"筹募救灾款项及物品"①。据9月16日的《申报》所载："发起以来，已逾一周，各校之从事募捐者，颇为踊跃。"②

上海回教各团体如城内穿心街清真董事会、西区清真理事会、振兴珠玉汇市等机关重要人物，在金陵春清真餐馆发起协济日灾急赈会，设总办事处于城内穿心街清真董事会内，并"积极筹募，迅速汇往救济"③。

在南京，南京基督教青年会与基督教协进会为筹赈日本震灾，特联络教会各团体，组织救济日灾协会④。

鉴于日本灾情重大，南通各界人士特于11日在桃花坞总商会集议筹赈办法，到会者有张退菴、高楚秋、葛竹谿、顾眖予等70余人。众人商讨后决定"组织恤济日灾筹赈会，附设总商会内，即日成立，并推举张退菴为会长。议定筹款暂以一万五千元为最低限度，由各法团暨城乡绅董分任筹募"。并指定永昌林号等5钱庄为委托收捐机关，"俟集有成数，即汇交驻沪日领事，转解灾区，聊资补助"⑤。

在宁波，9月11日下午4时，宁波总商会为赈济日本巨灾一事，特地召开董事会，出席者有十余人。大会上有人提出"宁波为通商口岸，筹款赈济，义不容辞"。随后，经众讨论，即在该会附设办赈机关，定名为宁波协济日灾义赈会。并商议了组织大纲和募捐办法等事项⑥。

京津各团体亦积极组织赈济日灾组织。9月5日下午4时，天津报界公会为救济日本地震奇灾开紧急会议，到会的各报馆代表有十余人，公推董少舫为临时主席。周佛尘提议道：此次日本巨灾，实为亘古未

① 《教育团组织救济日灾会》，《申报》1923年9月7日。
② 《教育团体之热心》，《申报》1923年9月16日。
③ 《清真团体组织急赈会》，《申报》1923年9月8日。
④ 《南京快信》，《申报》1923年9月13日。
⑤ 《地方通信·南通》，《申报》1923年9月14日。
⑥ 《地方通信·宁波》，《申报》1923年9月15日。

闻，人民财产之损失，不堪计数。"本会急予设法极救，以尽邻邦国民救灾恤邻之义务"，此建议获得"全体一致通过"。随后，众人决议组织日本奇灾救济会①。

在北京，国立专门以上八校教职员代表联席会议上，美专代表徐瑾提议："此次日本惨遭巨灾，吾人亟应设法拯救，以尽邻邦国民救灾恤邻、唇齿相依、共存共荣之义务。"此倡议得到与会代表的一致赞同，并当即议决组织北京学界日本震灾急拯会及各项办法：（一）联络北京学界，组织北京学界日本震灾急拯会。（二）急由本会极力设法借垫若干先行汇去，或购粮送去。（三）急与校务讨论会及中小学联合会接洽。（四）急与公私立各学校及学生联合会接洽。（五）举办游园、演剧及成绩展览会等。（六）先由联席会议通知八校共同募捐。（七）联席会议代表全体为发起员，以便与各校共同办理。此外，会议还决定在 9 月 8 日下午 2 时开第一次筹备会。该日会议自上午 9 时始到下午 1 时才散会②。

除江浙京津地区外，其他地方也不例外。日灾消息传入江西后，九江总商会会董谢永年"以此次日本震灾致函商会，请速开会组织义赈会，分类劝募，赶办米粮运日，以救灾区"③。九江总商会于 9 月 9 日午后 1 时开会，出席者有二十余人，谢永年强调"抵货为一事，救灾又为一事，应先将组织义赈会手续议定"。徐霖泰指出："今日只能表示发起组织义赈会募款的意见，至数目多寡，尚难表示。"金副会长云："诸位既赞成此举，请定名称。"结果决定名称为九江日灾救济会④。

9 月 10 日，汉口总商会、银行公会、红十字会、慈善会、青年会等五团体决组协济日灾义赈会⑤，作为救护日灾的组织机构。

芜湖佛教会因日本震灾，曾由马振宪、李振标等发起全国佛教徒赈济日灾同志会，后又改称为佛教普济日灾会⑥。

据李学智先生对《申报》《大公报》《晨报》《民国日报》1923 年 9 月间的有关报道进行的统计，日本震灾发生后，各地召集或参加赈济日灾会议的社会团体、机关、学校有 122 个之多，在赈济日灾活动中建立的各种赈灾团体有 44 个之多，其所在地区包括上海、北京、天津、香

---

① 《报界公会之紧急会议》，《大公报》1923 年 9 月 7 日。
② 《京中对拯救日灾之热烈》，《申报》1923 年 9 月 8 日。
③ 《地方通信·九江》，《申报》1923 年 9 月 14 日。
④ 《地方通信·九江》，《申报》1923 年 9 月 14 日。
⑤ 《国内专电·汉口电》，《申报》1923 年 9 月 12 日。
⑥ 《佛教普济日灾会之发起》，《申报》1923 年 9 月 22 日。

港、福建、山东、河南、陕西、山西、直隶、奉天、江西、湖南、湖北、浙江、江苏等省市①。从中可以看出，其发起地区之广泛，其发起者和参与者之众多，其赈灾之迅速、热烈，折射出民国时期的社会状态。

总之，各地赈济日本震灾组织的广泛设立，为救护日灾的有序、持续进行奠定了坚实的基础，为救灾活动的规模与成效提供了保证。

二、款物筹集的方式

赈济日灾，离不开大量的款物。为此，民间团体通过多种方式进行劝募，如刊登广告、组织学生劝募队、戏剧义演、义卖书画作品、开办游园大会等，形式可谓是多种多样。下面就以上几种筹款形式略作分析。

（一）刊登募捐、鸣谢广告

广告具有信息传递与宣传的功能。民间团体刊登"募捐启"，以此激发大众的同情心理，呼吁社会各界献出爱心，援助日本灾区。此举是募集款物的主要形式之一，如《大公报》刊载的天津律师公会为救济日本震灾的"募捐启"就十分感人："九月一日，日本猝遭地震、风、火、水灾。昊天降祸，大地陆沉，巨变奇灾，人寰共悼，矧在唇齿轸痛，尤深况我侨商学子同罹浩劫，遂听之下恻悯曷胜。近日各界人士及各团体，咸以饥溺为怀，共谋赈助，冀拯灾黎于水火之中，以伸救灾恤邻之大义。我律师同仁对于善邻之义举亦不应后人，爰集同志共劝斯举，自愧绵力薄材，无补于疮痛，所幸汛舟指困有赖夫名贤，务祈仁人君子输我至诚，拯彼灾难。"这种直指心扉的捐启广告，通过媒介的传播和宣扬，在民众中引起强烈的共鸣，救灾恤邻成为大家的共识。此外，"募

---

① 这些赈灾团体是：中国协济日灾义赈会、上海中华教育团救济日灾会、北京大学学生日赈会、（天津）救灾同志会、香港日灾救济会、北京日灾协济会、汉口协济日灾义赈会、山东救济日灾会、南京救济日灾协会、山东救济日灾会、山东国民筹赈日灾会、南京救济日灾协会、南通恤济日灾筹赈会、九江日灾救济会、河南救济日灾会、上海留日同学协济日灾会、江西省日灾急赈会、宁波协济日灾义公会、芜湖救济日灾会、欧海日灾救济会、宝山赈灾日灾分会、苏州协济日灾义赈会、松江日灾救济会、安徽日灾救济会、浙江学生日灾救济会、陕西救济日灾会、全国佛教普济日灾会、福建日灾义赈会、交通部日灾救济会、国会两院日灾救济会、上清回教团体协济日灾急赈会、汉口救灾恤邻募款处、北京学界日灾急赈会、北京日灾书画助赈会、山西日本震灾募赈会、大同日震救济会、北京剧界筹赈日灾会、天津基督教联合会日灾赈济部、直隶司法界日灾赈济会、天津报界日本奇灾救济会、上海劝募书画赈济日灾会、全国艺界国际捐赈大会、直隶省日灾救济会、中华民国日灾救济会。转引自李学智：《1923年中国人对日本震灾的赈救行动》，《近代史研究》1998年第3期。

捐启"中还指出赐捐之款将由该公会"将芳衔送登各报，以彰善举"①。

再如天津报界公会发布的启事广告，劝捐的内容更加直截了当："本会为救济日本地震奇灾，特组织日本奇灾救济会，乐善诸君如有捐助者，请迳交下列各报馆代收。该款收到后，除将尊名及捐款数目照登各报外，并发给盖有报界公会钤记图章之正式收据。"②

民间团体不仅为救济日灾刊发"募捐启"，也在收到捐款后及时登载鸣谢广告。如1923年9月至12月的《申报》上，几乎每天都有落款为中国协济日灾义赈会或中国红十字会的鸣谢公告，鸣谢的对象或是各类组织、团体，或为日灾献出爱心的个人。由鸣谢名单可见，既有捐款数元的个人，也不乏慷慨助洋千元之多的各类团体。对于不愿透露姓名的或不留姓名的捐款者，公告中也以"隐名氏""无名氏"助款若干列出。

不可否认，鸣谢广告既是对捐款者的褒奖与感谢，同时又可以吸引更多的民众来捐款、捐物，以此尽可能达到从个人行善到众人扬善的良好互动。

（二）组织学生劝募队

由江苏省教育会、中华学艺社、上海县教育局、上海县教育会等教育团体共同发起的上海中华教育团体救济日灾会，"专办筹募救灾款项及物品事宜"③。该组织决议"各校（设立）筹募队，尽九月十日以前成立（其未开学之学校，则由筹募代表自定之）"④。

9月9日上午9时，上海县教育局、上海县教育会发起的救济日灾会在尚文门内县教育局开会。到会者有县立各学校校长、教育局长、县教育会正会长、县知事公署教育科科长、县视学等数十人，会议由李颂唐主持，贾叔香记录。对于此次日灾，众人谓："救灾如救火，急不容缓，主张由各校设立劝募队，分道出发，按户劝募。"并"应由教育局制成旗帜捐簿收条，分发各学校领用，以资一律"。最后，会议决定：（一）定于本月15日，各校成立救济日灾会。（二）劝募队即日分道出发，按户劝募，并由职员、学生自己认捐劝募队预备存储捐款之竹筒及旗帜（上书救苦救难或救灾恤邻等字样）。（三）收据用救济日灾会所刊发者，填贴捐户大门外。私立学校设立劝募队者，其捐款簿向教育局领

---

① 《天津律师公会救济日灾募捐启》，《大公报》1923年9月21日。
② 《日本奇灾救济会启事》，《大公报》1923年9月7日。注：启事中所说各报馆是指时闻报馆、大公报馆、泰晤士报馆、河北日报馆、大中华商报馆、华北新闻报馆、京津醒世报馆、时闻晓报馆、天津时报馆、评报馆。
③ 《教育界亦组救济日灾会》，《申报》1923年9月6日。
④ 《教育团组织救济日灾会》，《申报》1923年9月7日。

用。（四）各市乡小学校设立劝募者，办法同上①。

按照既定的计划，9月15日为县立小学校组织募捐队之期，和安、朝宗等校"以学生及家属处，捐得数目已可观"。此外，各小学校募捐队皆"分队出发，手执救命、恤邻等字样之小旗，沿途演说，挨户劝捐，精神充足，言论切当，路人颇义之"②。此举既可以为灾区募集一些善款，又在无形之中培养了学生扶危助困、乐善好施的观念与意识，可谓是一举两得。

（三）戏剧义演

一些团体或个人借助演剧的方式为日本震灾筹募款物。日灾发生后，梅兰芳发起全国艺界助赈会，以救济日本震灾，其个人先捐500元助赈。9月7日，他在致日本驻华公使芳泽的函中说道："此次贵国震灾，损伤浩巨，噩电所传，闻者酸鼻……辄欲效其棉〔绵〕薄，发起全国艺界国际助赈大会。趁日邀集同人，先就北京倡办日本震灾助赈义务戏，同献薄艺，冀博巨金。土壤细统，小裨急赈。一俟款集，即当奉呈。"③ 为此，梅兰芳"特发出启事，召集在京各伶，拟演义务戏数日，筹款以恤日灾"。在梅兰芳的约请下，杨小楼、龚云甫、王又宸、时慧宝、陈德霖、俞振庭、马连良、侯喜瑞、程砚秋、尚小云、张春彦、李鸣玉、王瑶卿、王凤卿、周瑞安、姜妙香、徐碧云、慈瑞全、朱素云、王长林等人及报界多人共同商议讨论此事，并拟于9月15、16两日在第一舞台演唱义务戏两晚，"皆演其平日拿手好戏"④。

上海伶界联合会也发起演剧赈济日灾活动。据报载，该联合会定于11月7、8两日在新舞台出演好戏，欧阳予倩、程砚秋、白牡丹、绿牡丹、张文艳、王又宸、余叔岩等名角悉数参演，何丰林、汪兆铭、张继、盛竹书、王一亭等军政商学名流，"俱为后援"，"所有收入，全部拨充日灾赈款"。对此，报刊称道："如此网罗多数第一流优伶演剧，在当地诚属罕见。故引起多大之□兴，于演剧前即已轰动一时。"⑤

考虑到日本灾情浩大，上海四川路青年会除向各方面筹募外，特于9月29日烦请新舞台著名艺员演拿手好戏一天，以资助赈，剧目有《拾黄金》《九更天》《铁公鸡》《百花献寿》《济公活佛》。该日新舞台著名

民族主义
与人道主义

---

① 《县教育机关议救日灾》，《申报》1923年9月10日。
② 《小学募捐队出发》，《申报》1923年9月16日。
③ 《梅兰芳以五百元赈日灾》，《大公报》1923年9月9日。
④ 《梅兰芳演艺赈灾》，《晨报》1923年9月9日；《大公报》1923年9月10日。
⑤ 《前天上海赈日盛会》，《大公报》1923年11月2日。

艺员一律登台，潘月樵虽患感冒，亦抱恙登台出演《九更天》，"购票者甚为踊跃，又得该会会员多所协助，收入必有可观"①。

（四）书画义卖

书画作品具有收藏价值，尤其是名人、大家的字画尤显珍贵。义卖书籍、字画是时人筹集善款的又一方法。

9月9日下午1时，地处上海的中国书画保存会为救济日灾，召集全体会员在北车站来安里会所开临时大会，到会者50余人，讨论救济日灾办法。经大会讨论决定："通告各书画家，请其鬻书助赈"，并"定期开书画助赈会，所得之款如数解筹赈机关。"令人兴奋的是，该日"当场愿将家藏书画鬻款助赈者，有汪北平君所藏吴仓硕、李梅庵等屏条，及唐寅百蝶图；钱季寅捐助近代名人书画真迹，汇编五百册；姜玉辉助刘石庵堂幅八帧"②。

9月13日午后2时，上海美术专门学校、天马会、江苏省教育会、艺术研究会、艺术社、艺术学会、曙光画会、有美书画会、中日美术协会、嘤鸣画会、青年书画会、冷红社等数十团体在江苏省教育会开会，协议救济日灾办法。议决"募集古今中西书画至少一千件，定期专送日本总领事开会出售，征集期以九月三十日为止，并通电全国协助"③。

在北京，中国画学研究会为此次日本震灾，特在中央公园召开日灾书画助赈会，"已征得当代名流硕彦所作书画极多，即向无润格，平日不轻为人作者亦皆不吝挥毫。并有同人所藏字画玩物等件均标定最廉价目，当场售卖，将所得之款，悉数作日灾赈济之用"④。

在东三省也可以见到类似举措。如1923年9月13日的《盛京时报》便刊发了一条"鬻书赈灾"的广告。该广告⑤内容如下：

此次东邻地震，为空前未有之浩劫，世界人类同深惋惜，鄙人窃效古人救灾恤邻之意，愿尽绵薄。而本年东省淫雨洪水为害，人民汤折流离，转瞬冬寒尤堪悯念用是竭我寸长，鬻书作赈，略定价格。于后凡所收入，除纸墨邮费外，悉充两项赈款，区区之意谅蒙，海内君子之鉴察焉。石竹山人：李东园谨启。

---

① 《新舞台今日表演筹赈剧》，《申报》1923年9月29日；《申报》1923年9月28日。

② 《书画保存会鬻书济日》，《申报》1923年9月10日。

③ 《美术界集议协济》，《申报》1923年9月14日；《沪美术界协济日灾》，《晨报》1923年9月17日。

④ 《书画助赈将开会》，《晨报》1923年9月23日。

⑤ 《鬻书赈灾》，《盛京时报》1923年9月13日。

收件处：奉天大南关西二道岗子胡同，门牌一○一号。

七言对联奉洋二元，四尺中堂三元，别件面议。

（五）举办游园会

游园大会，因有丰富、廉价的商品售卖和各种娱乐活动，深受大众的喜爱。每次大灾后，举办游园大会几乎成为慈善社团筹募款物的必备项目。中国华洋义赈救灾总会得悉日本此次遭受地震、大火后，"特发起游园大会，以筹巨款"。为圆满完成此次活动，该会及时对游园大会内部办事人员做了安排，"现正与各园林主管机关接洽，各处商家、银行竭力赞助是举，纷纷认捐各报广告地位"①，可见各界热心善举。

广东各界组织的广东日灾筹赈总会，于9月24日至27日在第一公园、商团操场、九曜坊教育会等处开办游园大会。该会聘请名班白话剧连日演唱，不仅如此，还有催眠术、技艺、音乐、东莞烟花等不下十余种活动节目，设置的这些项目都备受民众关注和喜爱。此外，会场内"不设劝捐，亦不强买各物，以消耗些须游乐之资，助成救灾恤邻之举"②。据统计，此次园艺大会结束后共筹得善款万余元。

总之，涓涓细流汇成江河。民间各界通过多种途径和方式为日本地震灾区筹款募物，为赈济日灾提供了物质上的保障。

三、赈济日灾的内容

中国民间各界救护日本震灾，主要是向灾区赈款、赈物、派员亲赴灾区调查与救护。

（一）赈款

赈济款项是临灾急赈的一种有效方式，相较于物品来说，它具有携带方便、易流通等特点。民间各界闻讯日灾后纷纷捐款，献出爱心。仅江浙地区短时间内就有不少的赈灾捐款，如：

在中国协济日灾义赈会成立大会上，到会团体或个人当场认垫的款额就有65000余元③。

料器业公会募捐日灾款项，共计集洋1500元，此款由该业9厂共同

① 《游园会助赈》，《晨报》1923年9月16日。

② 《筹赈日灾近闻》，《广州民国日报》1923年9月19日。

③ 《中国协济日灾义赈会成立》，《申报》1923年9月7日。

摊认①。

上海中国棉业联合会为筹议赈济日灾，特于 9 月 10 日下午 5 时开临时职员会，在场各职员先行认捐洋 1000 余元②。

钱业公会因日本奇灾，特通函各庄捐募，112 庄共捐洋 5240 元③。

江南造船所同人为日灾捐助赈款集洋 500 元④。

上海丝商总公所为赈济日灾，议决先汇洋 10000 元，委托驻日代办公使张元节救济华侨与日人；"一面又续募三万元，推举代表黄□臣等二人赴日散放"。此外，"闻无锡丝厂已募得五千元，亦派代表二人来沪，将与总公所代表一同赴日"⑤。

上海富滇银行分行经理袁丕祜因日本地震大灾，特召集上海旅沪滇人在三马路广西路口明明医院开会，到会者有二十余人，当场认定 600 余元⑥。

杭州钱业、银行业、绸业为救护日灾已各助洋 500 元，布业、纱厂等各二三百元以至数十元不等。此外，钱业等团体尚在续募中⑦。

不仅江浙地区踊跃捐款，其他地方亦是如此。

在九江，日灾救济会积极筹募善款，结果南浔铁路认 1500 元、商会认 1000 元、银行团认 1000 元、张肇达认 500 元、商会长郑鹏年、金至大认 200 元，此外尚有零星小数。前日已将所募现款 3500 元，"备函

① 《料器业募款数》，《申报》1923 年 9 月 8 日。

② 《棉业联合会筹议赈灾》，《申报》1923 年 9 月 11 日。

③ 钱业各庄捐洋 5240 元构成如下：福源庄、永丰庄、赓裕庄、安裕庄、承裕庄、均泰庄、鸿祥庄、顺康庄、福康庄、元盛庄、叙康庄、致祥庄、大德庄、元牲庄、五丰庄、仁亨庄、永裕庄、永叙庄、安康庄、存德庄、兆平庄、同丰庄、同泰庄、同泰庄、同昶庄、志裕庄、志诚庄、长盛庄、怡大庄、怡昌庄、信成庄、信孚庄、信裕庄、恒兴庄、恒隆庄、茂丰庄、裕大庄、裕成庄、乾元庄、祥裕庄、振泰庄、泰康庄、晋康庄、晋安庄、益康庄、益丰庄、益昌庄、益大庄、裕丰庄、敦余庄、源升庄、德昶庄、庆成庄、衡九庄、鸿胜庄、宝昶庄、汇昶庄、义生庄、厚丰庄、福泰庄、滋康庄、鼎康庄、衡吉庄、鸿宝庄、宝丰庄、宝兴庄、义昌庄、福康庄、慎益庄、滋丰庄、鼎盛庄、衡余庄、鸿丰庄、恒祥庄、益慎庄、瑞昶庄、涵康庄、润余庄、庆大庄、徽祥庄、衡通庄、鸿利庄、大成庄、均昌庄，以上 84 户各捐助洋 50 元；忆成庄、泰丰庄、德丰庄、怡泰庄、鼎牲庄、隆泰庄、义源庄、元顺庄、致和庄、同益庄、鼎大庄、裕元庄、志成庄、信康庄、元发庄、元庆庄、瀛丰庄、德泰新庄、正康庄、生大庄、泰兴庄、巨大庄、乾丰庄、祥元庄、宝隆庄、正昌庄、均和庄、惠兴庄，以上 28 户共捐助洋 1040 元。《钱业认捐义赈》，《申报》1923 年 9 月 14 日。

④ 《江南造船所捐助赈款》，《申报》1923 年 9 月 12 日。

⑤ 《丝茧业赈济日灾》，《申报》1923 年 9 月 13 日。

⑥ 《滇人认定赈款》，《申报》1923 年 9 月 13 日。

⑦ 《杭州快信》，《申报》1923 年 9 月 27 日。

送交驻浔日领署查收，请其转汇灾区，余俟收到补送"①。

在长沙，各团体为筹赈日灾，特开赈救日灾大会。其认捐款数为总商会 1000 元、淮商公所 1000 元、教育会 300 元、青年会 200 元、女青年会 100 元、学生联合会 100 元、各教会 300 元、红十字会 200 元、慈善公所 1000 元②。

在芜湖，芜湖佛教会曾为日灾募集捐款 1000 余元③。

云南省教会亦捐 50 元④。……

各地、各类团体或个人捐助日灾的款数虽有多少之分，但无不包含着中国民众扶危济困、救灾恤邻之情。

（二）赈物

考虑到日本地震灾区民众的实际需求，中国民间各界也纷纷运粮输物，尽力接济灾民。

9 月 4 日，上海总商会为日本救灾事，特开临时会董会，讨论办法，议决之一是购办面粉 10000 包、米 3000 包，装招商局新铭轮船赴日救济。并公推虞洽卿办理报关事宜，顾馨一、荣宗锦二君负责办理购办面粉、米及装船等事务⑤。另外，蒋星阶亦致函上海总商会，称有面粉 1000 包，装招商局新铭轮船运日，托该会总务主任徐可升代为散放，"以应急难"，并要求捐册上登回教徒悔予、淑容二氏合助字样⑥。

中国济生会为日本灾区购办食品一大批，计有洋山芋 100 担、白果子 50 担、青萝卜干 20 担、咸菜 20 罎、酱菜 50 罐、其他杂物数十担⑦。

煤业同业公会捐助青炭 2000 件（每件计价一元零五分），装新铭轮赴日。因船位不敷，只装 1600 件，现存 400 件，由谢天锡向同业再凑 600 件，合成千件，以后有船即行运日⑧。

鉴于此次日本猝遭巨灾，尸积成堆，其火葬时应需石灰，无从采办，料器业公会特捐助石灰 500 担。该业自称此举"金钱既无外溢，用途较为扩大，一举两得，较为妥便"⑨。

① 《九江近事》，《申报》1923 年 9 月 23 日。

② 《各公会认捐之赈救日灾款项》，《（长沙）大公报》1923 年 9 月 15 日。

③ 《佛教普济日灾会之发起》，《申报》1923 年 9 月 22 日。

④ 《滇人认定赈款》，《申报》1923 年 9 月 13 日。

⑤ 《总商会救济日灾之具体办法》，《申报》1923 年 9 月 5 日；上海市工商业联合会编：《上海总商会议事录》四，上海古籍出版社 2006 年版，第 1898 页。

⑥ 《回教徒捐助面粉运日》，《申报》1923 年 9 月 7 日。

⑦ 《济生会助赈食品》，《申报》1923 年 9 月 8 日。

⑧ 《煤业同业续捐炭六百件》，《申报》1923 年 9 月 10 日。

⑨ 《料业公会捐助石灰》，《申报》1923 年 9 月 14 日。

9月19日的《大公报》记载，天津红十字分会为灾民缝制赈衣千件，已制成大半，不日做齐。衣服全部制成后，用中华实业工厂捐助的木箱装载，一并送交驻津日本领事，委托其转寄日本[1]。

从以上所列举的几个事例不难看出，民间赈济日灾的物品既包含食物，又有灾区急需物品，民众的热心、周到可见一斑。

（三）派员亲赴灾区调查与救护

深入灾区调查、慰问乃至现场救护，也是赈济日灾的一部分。如中华学艺社与上海中华教育团体救济日灾会派遣林骙等人赴日，实地调查日本震灾，了解灾区状况。

上海总商会公推总务主任徐可升赴日，调查灾情及办理救济事宜。

中国华洋义赈救灾总会推定该会会员劳之常携款前往日本灾区，调查灾情，慰问日灾。该会编印的《救灾会刊》这样记述道："本会自得日本震灾消息，各执行委员同深悯恻，咸请按照本会组织之性质尽方施行一切救济事宜，并于极短促之时间内召集临时会议。九月八日开会议决本会协济日灾方法，此已见于发出之会议记录，不再详述。此外，更请会员劳君逊五代表本会亲往日本灾区查察报告，俾执行委员会得据其查察结果支配总会暨各分会募集之赈款用途，并由总会商准财务委员会先拨款一万九千元交劳君携往日本灾区，专备临时酌量情形拯援旅日学商等界之中国人士。劳君已于十月一日安抵神户矣。"[2]

上海富滇银行经理袁丕祐约集旅沪滇人开会后，"特由刁成英君携款，于（九月）十二日乘山城丸赴日本救济慰问"[3]。

不可否认，他们扶桑之行的主要目的是调查旅日侨胞受灾情状或护送灾侨回国，但他们将自己在地震灾区的所见、所闻、所感通过多种形式反馈给国内，使得民众能够知晓地震灾区的实况，并能为国内赈济日灾活动起到引导的作用。

特别值得一提的是，地处上海的中国红十字会总办事处与北京中国红十字会总会分别派出赴日医疗救护队，疗治灾区难民，取得了良好的效果。这将在下一章作专门论述。

---

① 《红十字会消息昨闻》，《大公报》1923 年 9 月 19 日。
② 中国华洋义赈救灾总会编：《救灾会刊》第 1 卷第 1 册（1923 年 10 月）。
③ 《滇人携款赴日》，《申报》1923 年 9 月 16 日。

第二节 临时性赈务组织的赈济

近代以来，随着天灾人祸的日趋频繁和灾情的加重，民间赈济力量异军突起，并在防灾、救灾、赈灾的过程中发挥着积极的作用。关东地震的消息传入中国后，民间力量秉承救死扶伤、救灾恤邻的理念，积极行动起来，为救护此次震灾而自发成立了相关的赈济日灾组织。这些赈济日灾组织因日本震灾而专门设立，随着救灾工作的完成而自行解散、消亡，故笔者将其定义为临时性赈务组织。中国协济日灾义赈会、广东筹赈日灾总会、游日同人筹赈会等就是此类组织的典型代表。

一、中国协济日灾义赈会赈济日灾

中国协济日灾义赈会是上海多个民间团体为赈济日本地震大灾而暂时相互联合、合组的救灾组织，其在报纸上刊登的《中国协济日灾义赈会成立通告》对此做了明确的说明："敝会为上海各法团、公团、善团所组织，鉴于日本震灾至为惨酷，爰抱救灾恤邻之旨，合力进行。"从该通告中还可知其赈济日灾的款物来源方式：（1）自捐。9月6日，"各团体开联席会议，举定职员，宣告成立。经各团体认定捐款，分任劝募"。（2）募捐。"惟灾重区广，杯水车薪，恐少补益。乞各界博爱君子广发慈悲，踊跃输将，是敝会为被灾各区人士所馨香祷祝者也"①。

1923年9月4日，上海绅商界代表朱葆三、盛竹书、陆伯鸿、王一亭、徐乾麟、钱新之、陆维镛、沈田莘、叶慎斋、王晓籁、张贤清、王骏生、朱芑臣、袁履登、单仲范、孙仲英等30余人，在"一枝香"会议救济日本震灾。众人一致认为："救灾恤邻，古有明训，即前次俄灾，我国人士亦曾力为拯救。此次日本罹灾，实为从来未有之巨祸，我国侨寓该国士商，为数至多，更宜从速救济。惟兹事体大，亟须会集各公团、各善团群策群力，积极进行。"于是，众人约定当晚8时再在仁济堂会议具体的救护办法②。该晚8时，又有徐冠南、谢奋熙等十余人出席会议，公推盛竹书主席。众人经过商讨决定于9月6日召开各公团、各善团联席大会，盛竹书当即起草内容，送登各报，并向各界发出通

---

① 《中国协济日灾义赈会成立通告》，《申报》1923年9月7日；《民国日报》1923年9月8日。

② 《各善团开急救日灾会议》，《申报》1923年9月5日。

告，邀集会议。众人还公决筹款急救方针，推举筹备组织机构职员①。此外，鉴于"招商局汉冶萍拟专舟赴日救济，公推盛、王二主任前往接洽，共同进行"②。会议持续到晚上 11 时才散会。

朱葆三、孙仲英、盛竹书、王一亭等人邀请各界参加联席大会的通告曰："阅报载日本连日地震，继以飓风、海啸及火山爆发。东京与横滨因之大火，全市几成焦土，人民死伤无算，交通断绝，火势未熄，犹有滋蔓之虞等语。当经同人走探寓沪日侨，所云大致相同，是诚空前之浩劫，未有之奇灾。友邦不幸，遭此鞠凶，闻悉之余，咸深悲恻。窃念我国与日本境属邻封，谊切同种，绳以救灾恤邻之义，忍为秦越无关之视。况我国及各国侨居日本者亦众，被灾罹祸，必甚惨酷，胞与为怀，尤应拯救。前因俄国灾难，邦人君子，曾奔走呼号，竭力施援。此次日本惨遭天祸，事出非常，自当一视同仁，尽恤难之义，敦睦邻之好，并以出吾侨日同胞于水火中也。除叶君慎斋、朱君苣臣、王君骏生自备资斧，愿驰往灾区实地调查外。兹定于九月六日（即旧历七月二十六星期四）下午三时，在六马路仁济善堂召集各公团、各善团组织机关，筹商办法，俾资救济，而苏生灵。"③ 通告情真意切，在情在理，激发和号召各团体踊跃参与。

不仅如此，联席大会发起者之一的上海总商会也积极"公函各业团体及各慈善团体，邀其合组救灾大会"。9 月 5 日，该会的公函云：日本东京、横滨等处于 9 月 1 日夜猝遭地震巨灾，居民荡析流离，令人不忍所闻。而华侨寄居该处者，亦属不在少数，事隔多日，存亡莫卜，尤为恻然。此次灾情奇重，棉力有限，议决会同各业团体及各慈善团合组救灾大会，共谋救济。定于 9 月 6 日下午 3 时，在六马路仁济善堂开会筹议，组织办事机关及救济方法。"请诸公念人类互助之义，本先哲博爱之怀，拨冗惠临，共襄义举。并请于同业中各自分投劝募，务期集有成数，源源筹济，岂但恤邻之谊垂诸远迩，而侨氓劫后余生，亦胥拜诸公之赐"④。

从绅商代表会议商讨救助办法到推举筹备职员，从"通告"各公

---

① 筹备主任：朱葆三、盛竹书、王一亭、朱苣臣；坐办：叶慎斋、陈少舟、孙仲英；文牍：沈田莘、王晓籁；经济：管芷卿、陆维镛；交际：袁履登、谢奋滕、顾馨一、徐冠南、单仲范；庶务：张贤清、王骏生；赴日调查：朱苣臣、叶慎斋、王骏生。事务所设六马路仁济堂。《各善团开急救日灾会议》，《申报》1923 年 9 月 5 日。

② 《各善团开急救日灾会议》，《申报》1923 年 9 月 5 日。

③ 《各公团各善团今日开会》，《申报》1923 年 9 月 6 日。

④ 《总商会之来往函》，《申报》1923 年 9 月 6 日。

团、各善团到上海总商会的"公函"，这些举措可以说是中国协济日灾义赈会成立的前奏和先声。

9月6日下午3时，仁济堂、红十字会、中国济生会、联义善会、上海总商会、宁波同乡会、海员工会、闸北慈善团、广益堂、银行公会、公教进益会、中华学艺社、青年协会、普善山庄、绍兴同乡会、上海慈善团、上海慈善救济会、工商研究会、妇孺救济会、纱厂联合会、中国义赈会、江苏防灾会、玻璃制造同业会、面粉公会、煤业公会、女青年会全国协会、沪南慈善会、县商会、上海女青年会、位中善堂、至圣会、城北慈善会、书业商会、书业公所、上海青年会等团体在仁济堂开联席会议，商议赈济日灾，公推朱葆三主席。朱葆三谓："今日为日本震灾事开会，一切情形，当请盛竹书先生报告。"随后，盛竹书向与会人员介绍了发起本次会议的来龙去脉：震灾各种实情，报纸已有记载，诸君谅必十分注意，不必另行报告。惟此次发起情形，约略言之。"星期一孙仲英先生等在一枝香邀集谈话，到者有二十余人，即提出赈济日灾一事，众意以此事不仅中国侨商工人学生，尚留居彼地，即绝无关系，而揆诸救灾恤邻之义，亦应设法救济。况中日为同文同洲之国，迩来中日虽感情微有隔阂，然吾国德化甚深，素能力行仁义，推物与民胞，断难坐视。今吾奋救日本震灾，有二要义：（一）贯彻实行救灾恤邻之明训，（二）救济侨日同胞。总之此次协救日灾，一以慈悲为念，绝无作用云云。当时到会者，一致表示赞同，即分头与各团体接洽联合办法，故有今日集会。现在招商局新铭轮已允自动开往，并有叶慎斋等三人愿意前往调查，一面仍积极筹款，顾馨一、虞洽卿诸君已在筹备米、面粉、药品等物。前接洽红十字会，欣悉愿派救护队随带药物前往，牛惠霖博士愿亲自赴救，此外自告奋勇前往者甚多。惟此时日本尚在纷乱之中，而国际间之关系尤为重要，故为郑重起见，赴日者俱须填志愿书，发给证书"①。

到会人员商定了组织名称与机关职员："筹备会拟定名中国日灾义赈会，旋经讨论，由姚文敷提议改为中国协济日灾义赈会，多数赞成。"并决定旗帜用蓝底白十字，办事处设于仁济堂。关于机关组成人员，当场推举朱葆三为会长，盛竹书、王一亭为副会长，赵晋卿、金邦平为坐办，沈田莘、伊骏斋为文牍，徐乾麟、王晓籁担任庶务，徐静仁、傅筱庵、秦润卿、倪远甫、管趾卿负责经济。调查及交际二部，改日另推。

① 《中国协济日灾义赈会成立》，《申报》1923年9月7日。

各团体领袖，均为会董。至于筹款办法，盛竹书主张"募捐须求统一，目下先由到会人认捐或认垫若干"①。除上海总商会之前已垫 61000 元购办粮食赈济外②，其他团体也当场认捐或认垫若干，如仁济堂认 10000 万、银行公会捐 20000 万、中国济生会垫 20000 万、红十字会认 10000 万、联义善会认 5000 元、郁君当场捐 500 元。至此，中国协济日灾义赈会正式成立。救灾组织的设立，款物的汇集，这些为赈济日灾奠定了坚实的基础③。

图 4-1　中国协济日灾义赈会成立会
资料来源：《申报》1923 年 9 月 7 日

赈济灾害，款物是基础。除了挖掘自身的潜力外，中国协济日灾义赈会还积极向社会各界募集款物，以期能够集腋成裘。9 月 10 日，《申报》刊载了"中国协济日灾义赈会募捐启"广告④，该广告的主要内容如下：

此次日本震灾，洵为空前巨劫。东京、横滨二大都市，文物繁华，瞬成灰烬，人民死伤并计数达百万。近复大灾之后，继以疫疾，扶裹未已，救护难周，丁此奇变，死者毙命须臾，生者颠沛道左，白骨累累，

① 《中国协济日灾义赈会成立》，《申报》1923 年 9 月 7 日。

② 61000 元的来源为：上海总商会 10000 元，方椒伯向各董接洽 10000 元，祝兰舫 5000 元，顾馨一 5000 元，荣宗敬 5000 元，薛文泰 5000 元，虞洽卿、闻兰亭、沈润挹三人共 10000 元，徐冠南 3000 元，叶惠钧代表杂粮公会 2000 元，徐乾麟 1000 元，田祈原、楼恂如、王鞠如、盛筱珊、谢韬甫五人共 5000 元。《总商会救济日灾之具体办法》，《申报》1923 年 9 月 5 日。

③ 《中国协济日灾义赈会成立》，《申报》1923 年 9 月 7 日。

④ 《中国协济日灾义赈会募捐启》，《申报》1923 年 9 月 10 日。

赤土荡然。每览东报为之心惊，窃唯天灾不限地，而施人类有相恤之义，四海昆季吾土之古训，被发缨冠邻人之本务。且今瀛海交通利害呼吸欲泯，国际差别之嫌，宜恢博爱兼施之义。昔年比灾俄歉，世界各国赈恤恐后，我亦追随各邦勉效推解，今之日灾祸甚俄比，况东邻一衣带水，我国学子、侨商萃于东京、横滨两埠者无虑万数，旅泊异国，同罹鞠凶，飘落冻馁，赴诉无所，念此情形，尤堪怆恻。敝会同人自闻灾讯，寝馈难安，爰于本月六日组织团体协筹救济，募集专款，输送物资，恤死周生，惟力是视，敢谓杯水无补车薪，所冀全裘成于众腋。伏望邦人君子念睦恤之哲训，宏胞与之雅怀，解囊指困，踊跃乐输。

上述劝捐款物的广告，既阐述了救护日本震灾的必要性与紧迫性，又指出赈济日灾的作用与意义。

此外，中国协济日灾义赈会还向各部院、各巡阅使、都统、督军、督办、督理、省长、护军使、各省省议会、商会、教育会、各法团、各报馆等军、政、商、学、新闻各界发出通电，呼吁他们献出爱心，共同开展救助日灾活动。该电文曰：东邻浩劫，亘古未闻，侨寓同胞，同罹惨厄。今由各法团、公团、善团联合组中国协济日灾义赈会，于9月6日正式成立，假上海云南路仁济善堂为会所，分任垫募购办米面专轮运往，先济眉急。并由红十字会特派救护医队携带需要药品，偕同出发。复由专员自备资斧，前往办理赈务，聊尽救灾恤邻之义。所有被难侨民，即由专轮救护归国。"兹事体大，需款浩繁，业由总商会、银行公会通电全国商会、银行公会，一经加入，协力赞助。惟是车薪杯水，绠短汲深，伏祈慨念邻灾惨酷，一视同仁，倘解义囊，广为劝募，多多益善，接济源来，庶彼邦灾黎咸沾仁泽，即劫余侨胞，亦必同拜盛德"①。

事实证明，在中国协济日灾义赈会及其成员团体的共同劝募与宣传下，各界纷纷捐款助物，筹募赈灾款物取得了丰硕的成果。现摘抄几条以便窥斑见豹：

上海书业公会商务印书馆为筹赈日灾事业，已集捐洋5000元，于9月11日送总商会请其转交中国协济日灾义赈会②。不久，书业公所又募得500元，送交上海总商会③。据9月20日《申报》载，上海书业公会致总商会函云："日前两次送上敝同业募集日灾赈捐洋五千五百元，兹

---

① 《协济会之通电》，《申报》1923年9月11日。
② 《商务书馆捐资赈日》，《申报》1923年9月12日。
③ 《书业公所又送捐款》，《申报》1923年9月16日。

又由中华书局交来捐款洋五百元，特即送上，敬祈转交中国协济日灾义赈会。"①

汉帮志成公所致函上海总商会，对于救济日灾助洋 300 元。该函称："接准贵会台函，以日本地震火灾，情形奇惨，应筹救济方法，嘱于同业中分投劝募，以资接济等因，只承一切，敝公所昨经邀集同业开会公议，佥谓救灾恤邻，古有明训，此次日灾奇重，敝同业自当一视同仁，稍尽绵力，况重以台嘱，谊何容辞。兹由敝公所名下恤助洋三百元，送请贵会察收，汇解灾区，并祈掣付收证为荷。"②

上海杂粮油饼交易所经纪人公会前接总商会来函劝募日灾赈款，该公会已函复并附捐款洋 200 元。函曰：此次日本震灾，我侨胞同罹浩劫，离居荡析，谁不感伤，执事悲悯为怀，募资急赈，义所当然。"敝会愿竭绵薄，捐助洋二百元，聊尽被发缨冠之谊。惟涓滴之数，为定章所限，务希鉴原，并请掷下收条是荷"③。

上海总商会接东庄洋货公所函云："前接读劝募日灾赈款大函，当以事关救济，本人类互助之义，向同业各号竭力劝募。"现已筹集成数，计共 25 户，共捐助赈灾洋 1465 元，除支付大阪电费洋 12 元外（找入洋三角），净共大洋一千四百五十三元小洋三角。"兹将捐户开列清单一纸，并所有捐款，一并送请察收，转解义赈会登报证明，以昭实在。"④

上海华商纱布交易所致函中国协济日灾义赈会认捐 10000 元，其中该所捐洋 5000 元，职员 800 元，经纪人 4200 元。并"声明以五千元赈济日本灾黎，其余五千元请汇交神户中华会馆，专赈华侨"⑤。

上海总商会接纱业公所交来所募日灾赈款 4850 元，该所"嘱以二千元归垫认款，以二千元汇交日本中华会馆救济灾侨，以八百五十元开支招待由日回国侨胞"。该款随即转送中国协济日灾义赈会⑥。

张謇又由南通送到蚕豆 1200 包、现金 2400 元，捐助日本震灾，已由中国协济日灾义赈会为之收转⑦。

中国民间各界的慷慨捐助，既包含着对旅日灾侨的浓浓关爱之情，又体现了中华民族救灾恤邻的传统美德。有学者对中国协济日灾义赈会

① 《中华书局助捐》，《申报》1923 年 9 月 20 日。
② 《志成公所助款》，《申报》1923 年 9 月 16 日。
③ 《杂粮油饼经纪人助捐》，《申报》1923 年 9 月 19 日。
④ 《东庄洋货公所助赈数》，《申报》1923 年 9 月 21 日。
⑤ 《华商纱布交易所之赈捐》，《申报》1923 年 9 月 21 日。
⑥ 《纱业公所之日灾赈款》，《申报》1923 年 10 月 18 日。
⑦ 《张謇续赈日灾》，《申报》1923 年 10 月 21 日。

所募集的款项进行了统计，自 1923 年 9 月 12 日至 1924 年 12 月 9 日，《申报》共刊登中国协济日灾义赈会的鸣谢广告 125 条，共列有捐款团体 650 个、个人 1395 人，捐款金额共大洋 184003.95 元、旧制钱 283330 文①，可以说是成果丰硕。中国协济日灾义赈会将募集到的款物及时输送到日本震区，对灾区的救护乃至重建起到了积极的作用。

这其中特别值得提及的一件事是，中国协济日灾义赈会成立后，考虑到日本灾民的实际需要，王一亭副会长组织各慈善团体及公私法团等，垫募白米 6000 担、面粉 2000 包，以及木炭、药品等生活急需品，由招商局新铭轮运日赈济。船上悬挂白十字蓝旗，并于左船侧悬挂"中国协济日灾义赈会"横幅。船到神户后，受到日本民众的热烈欢迎。日本各报均纷纷报道中华民国政府与商民救济日灾船到境的消息，并避免使用"支那"名称，而改称"中华"，以表敬意。13 日的《大阪朝日新闻》刊登社论，感谢善邻中国民众的同情心："中国人会出此热心来救日人的灾难，是日人梦想不到的事。大惊叹中国人此次行动之敏捷，而感谢中国人的高义。"②

二、广东筹赈日灾总会的募款活动

日本关东震灾消息见报后，广东社会各界为救护日灾特组织广东筹赈日灾总会。为筹集救灾款物，该会举办游园大会。

据《广州民国日报》载，广东筹赈日灾总会定于 9 月 24 日至 27 日，连续四日在第一公园、商团操场、九曜坊教育会等处，开办园艺大会。场内设置种种娱乐供市民游览，以便筹集款项。"顷闻该会已聘定名班白话剧，连日演唱，并有催眠术、技艺、音乐、东莞烟花等，不下十余种，备极完美。场内不设劝捐，亦不强买各物，以消耗些须游乐之资，助成救灾恤邻之举。粤人好善，料必踊跃往观。况值中秋佳节，冰轮空拥，秋色宜人，更当无负此良辰美景。闻目下预购入场券者，甚为踊跃，届时当有一翻热闹"③。

游园大会开幕前，该会办事人员，已分头征集物品，布置一切。社

---

① 转引自李学智：《1923 年中国人对日本震灾的赈救行动》，《近代史研究》1998 年第 3 期。注：由某慈善机关募集的多人捐款，或某机关"同人"之捐款，因人数无法确定，均计为一团体。此统计中对少量居沪西人捐款及指明专旅日华侨、留学生之款，均未计在内。

② 转引自陈祖恩、李华兴：《白龙山人——王一亭传》，上海辞书出版社 2007 年版，第 217—218 页。

③ 《筹赈日灾近闻》，《广州民国日报》1923 年 9 月 19 日。

会各界也纷纷为游园大会出物出力，如："电力公司（供应）全场电力；华美电灯店担任全场电灯数百盏；先施公司担任场内一部分食品及抽彩部奖品电影画戏等；陈祥记则报效大牌楼一座；东西堤全体校书担任唱书，锣鼓戏则由蛇王苏、大牛通、豆皮梅等著名角式拍演；市立各校，则担任组织游艺会；至各商店、各界之报效出品者，仍纷至沓来，预料将来所集之款，为数不少。"此外，该会还定购东莞特色烟花，在第一公园会场内燃放，烟花架高达七丈有奇，并烟花戏棚一座，另行燃放各种奇巧烟花。报刊乐观地指出："粤人乐善好施，想届时购券入场者，必定异常踊跃。"①

9月24日，游园大会准时举行，士女云集，会场内极为热闹。游园大会第一日各会场情形如下：

（一）第一会场设在第一公园。园内"售券布置，纠察招待食物，均由保姆、光华、图存各女学生担任，陈设花木，清奇优雅"。唱书部："有东堤影影金枝校书，唱夜明星，夜吊白芙蓉，陆续到唱者多人。"游艺部：有高师、幼稚男女小孩作唱歌绕走，种种游戏活泼伶俐，十分有趣；市师女生唱歌跳舞国技，市师附小学生唱歌游戏，第28国民学校学生作塔式游戏，内容丰富多彩。音乐部：女伶大集会演戏，顾曲者甚为踊跃。食品部："图存学校担任食品，屈臣氏报效汽水。"纵览游园会第一会场，"办事人员甚多，惟对于各事之调度，甚为忙碌。"

（二）第二会场设在西瓜园。太平戏院内各名角均登台表演，场内有国技舞狮八音音乐等，亦十分有趣。

（三）第三会场设在教育会场内。由市立职业学校全体学生担任售券、收券、招待布置等工作，井井有条。诗画部：有省内各大书画家字画，琳琅满目；又有大观画社的油画、水影画、美术画，摆设满壁，标价发售。盘景部：市内各大古玩山水盘景家，纷纷将山水树木盘景陈列，其中以榕荫园内的盘景为清新悦目。游戏部：戏场为教育会礼堂，内有走绳等种种有趣的游戏；市职学校女生跳舞、唱歌，悠扬韵致。

游园会开办的第一日，广东省长廖仲恺与慈善界等亲赴第一会场、第三会场参观，甚为赞赏。另外，各场内均有园艺快报，散发给游客，以便了解各场消息。晚上，游园大会依照原定程序举行，"其情形想亦甚热闹"②。从会场的设置情形来看，广东筹赈日灾总会举办的游园会得

155

---

① 《赈灾游园大会进行之近讯》，《广州民国日报》1923年9月21日。

② 《园游会第一日情形》，《广州民国日报》1923年9月25日。

到社会各界的大力支持，不仅园内物品各商家鼎力支持，也有各学校学生参与的身影。园内不仅可以观听戏剧、音乐、游戏，还可以欣赏或购买名家书画、盆景等，可以说是老少咸宜。

25日为筹赈日灾园游会的第二日，恰逢又是中秋节，清风明月，美景良辰，此景此情游客更添兴致。

第一会场内白天各部活动内容丰富、多彩。音乐部："女伶大集会，开坛，正本貂蝉拜月，出头六月飞霜，观者异常拥挤。"唱曲部：园内东边为校书唱书，西边为女伶度曲。东边棚台，先演国技，有培正学校学生打拳潭腿，第三高小学校学生打真军器，刀枪练棒，甚有可观。演毕，东堤怡红妓女月仙、月珍、宝宝、二宝等40余人，登台唱戏曲，声色俱备，音韵悠扬。至下午五时，曲终人散。铜乐部：铜乐队在音乐亭内奏乐助兴。贸易部：由市师图存及各校学生担任，颇有条理。

晚上，第一会场内"游客愈众，由六时起，士女莅园者次第抵园之正门，直至七时半许，所有公园马路，已万头攒拥。游客入场后，人来人往，无论任何部分，不能暂为驻足。技击场开始演技时，游客停观者较众"。当晚最博游客称赞的"为烧烟花，由九时半许，直演放至散场。尤以演苏武牧羊、姜太公钓鱼、士林祭塔三剧本为最佳，其演祭塔时，火光四射，极五花八门之能事。当是时人影幢幢，熙往攘来，最后电光炮十余发，响彻遐迩，全场游客凝神观赏，甚为意满。至十一时许，乃尽兴而散"。

第二会场日夜开演"赈寰球著名角色，豆皮梅、肖丽湘等甚为卖力，有舞狮铜乐、国技等助兴，陈塘各寨校书登台唱曲，颇为热心。赴该会者，多西关一带富商妇女"。

第三会场书画部陈设各大名家书画，琳琅满目，有高剑父之残菊，高奇峰之松鹰、紫藤，陈树人红棉报喜、秋蝉等字画条幅。这些书画"均有人悬□订购，加价竞买，以黄植之购买为多"。当日，"游客亦多流连不忍去，足见字画之感人"。盆景部陈设各山水树木盆景甚多，极为细致工巧。游艺部由市职、女师、保姆等校女生担任跳舞、唱歌，并有陈剑秋等演剧，值得一看。贸易部"亦由女生担任购买生果、汽水、饭食、烟仔等，并设抽彩，以助兴趣"。该日，"全场日夜秩序甚佳，办理招待各女生，各称其事，游客极为赞赏"[1]。

9月26日为园游会第三日，晚上7时许，忽狂风暴雨，第一公园赈

---

① 《赈日灾游园会之第二日》，《广州民国日报》1923年9月27日。

灾会门口牌楼被风吹下，当场压死一人，伤十余人①。

9月27日，园游会第四日，第一会场因遭祸停会外，其他两会场仍继续举办。

第二会场12时开会。幻术部仍如前日。唱书部"为陈塘乐乐院诸校书担任，圣心书院音乐队亦赴场在音乐亭奏演，均极动听，游客亦颇众"。

第三会场内游客众多，由市职女学生布置招待，极为妥当，秩序甚佳。戏台开演锣鼓戏，陈列古玩山水书画等，灿然大观。下午二时半，广州军政人员纷纷到场出价购买字画，如孙市长以25元购得郭冰等合作花鸟中堂，又出30元购陈树人红棉喜雀图。该会场"游客亦较日前为多，因第一会场已停，故是日五时左右，游客尚络绎于途"②。

为期四天的赈济日灾游园会结束后，"据该会人员云，此次三会场，共筹得之款约计总有二万元左右"③。广东筹赈日灾总会为赈济日本震灾而举办的游园大会，虽然募集到的款项有限，但从中可以看出中国民众的救灾热情和人道情怀。

不过，在此期间，游园会场内也出现过一些"意外"事件。撇开26日晚第一公园因暴风雨造成的人员伤亡不论，如园游会进行到第二日，"技击场开始演技时，游客停观者较众，惟有一技师，当演艺之际，突然失手所持之武器，伤及观者某甲之头颅，被伤者大哗，银笛之声遂起，一时秩序颇为扰乱，观者亦从而散去"。又如，"女伶大集会戏场，将演毕时，忽有衣军服二人登台，将某女伶之首饰抢去。据该女伶所称，失去之价值约五百余元"。报刊称"此亦办事人未预行有相当保护之咎，故该女伶以热心报效而来，而有此事发生，大不满意"。事后虽然派警对出门者加以检查，但"恐于事无补，随又中止"。再如，有一年华双十之少妇，持券入场，"被一衣军服者施以不道德之待遇，及大呼救命，始得入场，入场后坐而泣"。此外，每当入场最拥挤时，"好身手者，多由门前右便高墙，跳跃而过"④。这些看似偶然的事件，却反映出主办方管理上的疏忽与组织上的纰漏，表明该团体筹救工作的不成熟。当然，这也和当时的社会环境不无关系。即便如此，广东筹赈日灾总会的救灾热情与募款举措值得肯定与褒奖。

① 《赈日灾游园会之第二日》，《广州民国日报》1923年9月27日。
② 《赈日灾园游会第四日情形》，《广州民国日报》1923年9月28日。
③ 《赈灾园游会会议结束》，《广州民国日报》1923年10月1日。
④ 《赈日灾游园会之第二日》，《广州民国日报》1923年9月27日。

三、游日同人筹赈会捐募业绩考察

赈济日本震灾的队伍中，也有留日归国人士的身影。他们在日灾发生后，互相联络，共同发起或组织日灾救济会，为地震灾区救护贡献一份力量。游日同人筹赈会的设立，就是其中典型的代表。

（一）游日同人筹赈会的设立

游日同人筹赈会由留日归国人士发起，是数个救济日灾组织的合组与联合体。关于其组成过程，《游日同人筹赈会征信录》中有详细的记载。该会征信录的"序言"云："民国十二年九月上浣，扶桑三岛，地震告灾。东京、横滨一带受害尤烈，死亡枕藉，城郭邱墟，巨劫奇灾，亘古罕有。吾国学商两界旅居其地者，琐尾流离，待哺更急。同人等旧游彼国遽听心惊，因集合同志于北京銮舆卫夹道法学会内，组织游日毕业同人筹赈会，由发起人各认捐款，并刊发捐册，分途劝募，一面先筹千元托江翊云先生携带赴东赶办急赈。"当时，"交通部留东同人已组织日灾救急会，财政部留东同人亦组织东灾急赈会，气求声应，志同道合，彼此协议，金以分办力薄，不如合办之便。爰于十月二日与交通部同人所设救济会合并，更名为游日同人筹赈会。酌改章程，加推干事，并议决征集物品在中央公园举办慈善市，以资集腋"。10 月 18 日，财政部留东人士组织的东灾急赈会也合并进游日同人筹赈会①。至此，游日同人筹赈会组建完毕。

为完善程序，健全章程，该会与交通部留东同人组织的日灾救急会合并后，特议决修正简章。该会简章内容主要有：

（一）本会由各界曾经游日同人所组织，以募集赈款、救济日本震灾为宗旨。

（二）本会设置干事会，并分为文书、会计、交际三股。其中文书股主任干事 1 人、副主任干事 1 人、干事 8 人，会计股主任干事 1 人、副主任干事 1 人、干事 6 人，交际股主任干事 1 人、副主任干事 1 人、干事无定额。

（三）本会事务由主任干事议决分配各股执行，但重要事项仍由大会议决。

（四）文书股掌管文牍、收发、记录庶务，及不属于其他各股的一切事项；会计股掌管收支款项及其他会计事项；交际股掌管劝募、赈

---

① 游日同人筹赈会编：《游日同人筹赈会征信录·序言》，1924 年。

款、联络会员及其他交际事项。

（五）各股主任干事、副主任干事由大会推选，干事由各股主任干事商定。

（六）本会会议分为大会、主任干事会、干事会三种。

该会简章首先明确了其宗旨与目的，并根据实际需要设置了相应的内部构成组织。各股之间分工明确，权责分明。其中，游日同人筹赈会总干事为余荣昌①。

（二）游日同人筹赈会的款物收入

游日同人筹赈会通过会员认捐、分途劝募、举办慈善市、刊载广告劝募等形式为日灾募集款物。

1. 款项收入

游日同人筹赈会的款项收入主要由三部分构成，其中捐款所得仍是收入的主体（见表4-1）。

表4-1　游日同人筹赈会款项收入表

收入类别	款　数
京外捐款	洋6153.7元，日本票2元
慈善市所得	洋3003.53元，辅币300.1元，铜元147吊200文
存款利息所得	洋24.48元
合计	洋9181.71元，日本票2元，辅币300.1元，铜元147吊200文

资料来源：游日同人筹赈会编：《游日同人筹赈会征信录》，1924年。

上表中，京外捐款所得款项，根据《游日同人筹赈会征信录》中"捐款清册"所载，经笔者统计，共列有捐款团体22个、个人891人。其中有捐者直接将钱款送到该会的，但绝大多数是他人经手募捐的。纵观捐款清单：最大的一笔捐款为500元，最少的只有1角，绝大多数为5元以下。由此可知，此款多出自普通百姓之手。

2. 捐物收入

从《游日同人筹赈会征信录》的"征捐物品表"中可以看到，社会各界捐助了大量的物品。"征捐物品表"中所列捐助物丰富、详细，对了解当时的生产生活场景具有一定的参考价值（详见表4-2）。

---

① 游日同人筹赈会编：《游日同人筹赈会征信录》，1924年。

表4-2 游日同人筹赈会征捐所得物品表

捐赠者	捐赠物品	捐赠者	捐赠物品	捐赠者	捐赠物品
宣统帝	宋龙泉梅瓶1件，乾隆釉裹红方瓶1件	冯懋同	墨菊立轴1轴，藕兰立轴1轴，画片3张，花卉扇面3张	王武通	王阳明长联1件，交翠轩秦汉瓦当拓本1件，谷朗碑1件，禹碑1件
廖世绍	颜氏家庙碑4部	吴宗栻	张小蓬隶书4条，和谐人对联1副，陈棠豁字幅立轴1轴，朱鹤年山水立轴1轴	沈孟韩	金料漆瓶2个
沈桂芬刘	金科玉律7部	秦申洁	花卉画片2张	陈鸿畴	伊秉绶墨迹对联1付，陈冕墨迹对联1付
刘维城	蓝田叔山水1幅，汉碑2种	林有王	《北庐政话》20本	张寿祺	张女士写书谱8幅
徐洪	杨超山水大中堂1幅，王原祁山水中堂1幅，何子贞对联1付，刘石菴对联1付，戴临对联1付，邓承修对联1付，奇石1座，宜兴花瓶1对	陶恩章	文林绣绣玉种6本，《铸史骈言》8本，《劫海慈航》3本，《华英商业会话大全》1本，《英文书札指南》1本，《英文法程二集》1本，《华英尺牍范本》2本，《华英进阶三集》1本，新增英华尺牍1本，《英文法程初级》1本，《最新用量书教科书》1本，《课士新艺初续编》7本，东莱博议4本，《西洋史要图》1本，《法令全书》32年8本	王怡亭	书籍全部8本，墨褟屏条一套8条

捐赠者	捐赠物品	捐赠者	捐赠物品	捐赠者	捐赠物品
郑宰平	宋宣和大中堂1轴，翁同龢墨对1付，翁叔平七言联1对，黑竹4幅，黑小对1付	薛笃弼	自绘会山水1幅，欧阳霖字帖1件，墨榻碑帖1件	蔡冶民	孙兰陵对联1对
王偁	自画山水1张	严惠庆	乾隆五彩花瓶1件	缪承金	隋碑两帧
陈尔锡	陈师曾书陈母墓志30套，《陈大夫人家传》4本，自画中堂1条，自画横批1条，满洲实业案3本，《国债辑要》1本，《列强大势》1本，《俄国之武力外交》1本，《国家社之支那研究》1本，《陆军刑事条例》1本	汪伯唐	自书对联10付	朱麟藻	袁文笺正1部，《行政法讯论》1册，《后藤新平论集》1册
史康侯	篆刻书四种3部，篆刻寿言16本	颜德庆	查士标山水立轴1幅，伊秉绶古隶联1幅，李文田字条1幅，缪素筠女史花卉1幅，交虎湘绣1幅，印度绣花手包1件，绣花手包1件	谢荣初	《化学鉴原》1部，《化学分原》1部，《唐人小说》1部，寿山石图章1付
汪仲周	泥塑美人1座，桃花钱袋1个	王治昌	雍正五彩花盘1对	林樾僧	物品两件
柴奄生	古磁五彩幅1对	雪天民	古物水彩画四幅1套	吴延清	景泰蓝花瓶1对
师岚峯	淳化阁帖1套，天发神谶碑1套	史介唐	青缎马褂1件	萧永熙	油画2幅，对联1付

捐赠者	捐赠物品	捐赠者	捐赠物品	捐赠者	捐赠物品
沈甄鼎	象牙小件1匣	黄宗麟	《红楼梦》全部，墨兰4幅	许修直	商匜1件，汤禄名真迹美人4幅，乾隆蓝印色缸1只，铜胎蓝花磁盘1只，绿绸女洋伞1柄，织锦花枕头套2个
李正甫	玻璃丝挂镜1对，《经礼必读》1部，《日语入门》1部，《山东杂志》12册，新旧说部10种	尹非非	自画山水4幅，自画屏联4幅	踵息庐主人	扇面4件
巫德源	藤箱1件，磨肉机器1件，磁碗2个，磁印色盒1个	傅端长	《赵书金刚经帖》1份	李静涵	《银行制度论》7本，《银行经营论》6本，《银行计算法》6本，《银行簿学记》5本
邓楚箴	铁世界30本	章鸿剑	赵摄叔字1件，蝙蝠石1方	寿洙邻	康熙蓝花大磁瓶1个，古铜如意香炉1座，查士标山水中堂1轴，屏镜1座
方夔生	四喜式古铜色磁瓶1对	陶俊人	对联2幅，堂幅1件，挂屏1条，花插1对	江铭忠	《清代书史补录》50部
陆雨庵	书籍52本	黄霄九	书籍3本	王亚良	黄山寿山水1轴，日文书7本，游记9本，英文书5本，真宗至典汉文2本，油书片框1个

捐赠者	捐赠物品	捐赠者	捐赠物品	捐赠者	捐赠物品
袁华	玻璃金鱼缸1个，台镜1座	致明甫	磁瓶1对	陈文哲	楼根石经周易1套
卓宏谋	《中国历史图考》200部	张玮	黄子久书1轴	萧大忠	条屏中堂4幅，七言对联1付，横条小对1付
赵希文	景泰蓝花瓶1对	王彦超	大风琴1件	康心铭	博古帽筒1对，宜兴笔敔1个，铜香炉1个，占磁爵杯1个
项激云	陆佚小册2件	蔡笙渔	宣纸楹联1件	刘海民	中外书籍二十五种40册
张竞仁	赵子谦桃花屏条4幅，粗拓隋孙桃姜碑1幅，晋积阳府君神道碑1幅，樊奴子造像1幅，检继亭兰花1幅，品兰金花女衫1件，魏云峰山五言诗2册，魏东堪石玺铭1册，魏贾使君碑1册，苏文正公全集1册，危害1册，《胡学问》1册，《水学问》2函，化妆品4盒，宜兴茶盘2个，红茶1箱，宜兴茶壶2把，宜兴香炉1个，宜兴茶杯4个，琴粹1个，宜兴瓶1对，皮包1个，琴粹8册	张季易	字画10张	鹿钧世	魏大利法宗遗像拓片1张

捐赠者	捐赠物品	捐赠者	捐赠物品	捐赠者	捐赠物品
刘成志	法帖 1 部，铁钟 1 座	刘志骰	《宝贤堂集古帖》1 部，不空和尚碑 1 张，《民事诉讼法要论》2 本，《民事诉讼法论》3 本，《法律学说判例总览》1 本	梁伯强	古瓦红坛 1 件，石门颂裱帖 1 件，痉鹤铭帖 1 件
陶翰卿	《中华法学大全》1 部	贺调章	洋琴 1 件，皮包 1 件，儿童算术玩具 2 件	贺夔云	《饮冰室丛书》20 本，美术丛书 4 函，《海上权力史论》2 册，《国际公法原论》1 册，《比较行政法》1 册，《国语汉文新字典》1 册，《普济玉林国师语录》5 册，《保险法》1 册，经书 50 本
朱家俊	扁瓶 50 个	路孝植	李春湖楷书对联 1 付，吴让翁楷书对联 1 付，何子贞篆书对联 1 付，莫子偲隶书对联 1 付，姚伯昂菊花立轴 1 幅，汉白石神君碑（并阴）2 幅，汉嘉祥刘村画像 2 幅，殷比干墓四大字 1 幅，唐元饮山华阳岩铭横幅 1 件，玉盆题字 1 轴，墨拓琴屏 12 轴	沈琪	鹿茸 1 件
刘符城	花瓶 1 个，花盆 1 对	唐星板	旧画 3 件	马体乾	英文汉文书籍地图 6 种

民族主义与主道人义

捐赠者	捐赠物品	捐赠者	捐赠物品	捐赠者	捐赠物品
戴亮集	恽南田菊花大中堂1件，上官周山水条幅1件，阿那版印仇十洲山水条幅1件，方子易山水条幅1件	朱学会	碑帖一大包	卫昕涛	风琴1件，皮丝烟1件，皮暖袋1件
陆眯孳	山东玻璃丝书框1对，潍县手杖4根，宜兴玻光盆1对，唐山浆盂1对，洋钟1架	易巽	斗方2块，百乐长条1张，菊花长条1张，梅花长条1张，松树小条1张，荷叶小条1张，斗方4块，梅花直条1幅，菊花横条1幅	林兆瑶	炭书2张，何绍基墨拓4幅，郑板桥墨拓1张
汤铁樵	磁瓶1件，漆瓶2件	王述彭	自书对联5幅	胡维德	行书直幅3幅，行书对联6付，隶书对联5付
陈福颐	端砚1方，乾隆磁碟1个，乾隆烧磁盒1对，张箬板对4幅	陶书臣	修身指南大学图100份	吴检齐	粉纸书籍25册，有光纸书籍25册
侯松泉	居仁堂锦地开光方印盒2件	张世德堂	外洋小自鸣钟1架	龙少垄	大红磁瓶1件
吴先生	梁同书行书自屏4条，桂未谷联1付，戴文节联1付，金冬心联1付	戴圣仪	潇湘梦40部	权谨堂	油画1副，菊花石1座，玻璃丝挂镜4面，石膏人1对，银丝杖1只，风景照片1打，紫晶杯1对，紫晶图章1方
中华书局	善书30卷	周亮才	铜火炉2个，葡萄酒4瓶	任绍鲁	新出土晋碑橱拓片5件

民国间中……东大关地……震灾涝的……应对

捐赠者	捐赠物品	捐赠者	捐赠物品	捐赠者	捐赠物品
邓木鲁	大小花瓶 6 个、各种花盆 14 个、挂屏 1 个、椅垫 1 对、枕套 1 对、《史记》26 本、《前汉书》32 本、《后汉书》26 本、《三国志》16 本、《五代史》10 本、《国策语》10 本、《杜诗镜铨》10 本、《苏诗集注》2 函	汤爱理	古书 2 件，书籍 1 件，《支那职员录改党系统表》1 册	刘调虎	油画 1 件
王幼山	磁瓶 1 对，书籍 20 本，对联 10 付，皮鞋 3 双	郭葆昌	项圣谟册页十开 1 件	邓敦翔	中堂 1 幅、对联 1 对、屏条 4 条
吴叔芝	书籍 4 本、堂幅 3 件	耿兆栋	方兴记要 1 部	萧日昌	字画 12 件
刘镜人	花瓶 1 件	喜仲泉	有盖磁坛 2 个、蝙蝠耳花瓶 1 件，红朱砂花瓶 1 件	杨谨庸	何绍基墨拓横批 1 件、岳飞墨拓 1 件、中堂 2 件，万字花古瓶 1 件
易宗夔	书籍 5 部	姚 憾	自书对联 9 付	马步祥	象牙图章 1 方，细磁茶杯 1 对、景泰蓝漱口盂 1 个，铅笔半打，墨水 2 瓶，牛乳壶 1 个
蒋宾侯	吕纯阳大中堂 1 轴、李铁拐磁像 1 尊、端砚 2 方，磁瓶 2 座	傅丙荣	绢绘山水 4 件	袁德宣	书籍 3 部，碑帖 5 种
李 铎	子玉图章 1 个	王文椿	大小拓片 60 张	李伯崟	小石佛 1 尊，赤壁赋图章 1 个，陋室铭图章 1 个

捐赠者	捐赠物品	捐赠者	捐赠物品	捐赠者	捐赠物品
袁励准	自书对联5付	张一志	《山东问题汇刊》5部、方石图章1对、长石图章1方、红磁水池1个	蔡傅奎	篆书对联5付
张大椿	花瓶1对	寿□	自书对联5付、自书单条4件	宋建勋	人物画2幅、小罗径1个、小手照像盒1个
秦鄂生	任阜长团扇面1件	齐之彪	旧云龙磁瓶1件、乾修齐印谱1部、自书七言联2付、自书小直幅1条	何元瀚	磁佛1件
王玉臣	秦挂珠8串、烟壶8个、使倭草1部、法律须知1部	谢恩隆	磁碟4个	翁铜士	自书对联6件
庄曜孚	红屏2张	侯毓汶	大白铜瓶1件、小白铜瓶1件、磁瓶1件、《锡山先哲丛刊》1部、铜佛1尊	薛之珩	铜佛3尊、蓝绸8匹
王蔚文	铜熨衣熨壶1个、漆盒1个、木盒1个、盘龙铜杯6个	陆渭渔	带框西湖全景1幅、湘绣何子贞画1幅、玉彩雕菓匣1只、女用手提皮包1只、红木烟卷匣1套、大号铜漆盂1对、银丝手杖1只、玻璃全景1对	周作民	左莼湖江山清趣1件、佟德设色山水1件、山水中堂4件
顾准会	对联2件	夏光宇	湘绣插屏1个、无量寿佛1幅、清人绘山水1幅、富贵齐眉1幅、山水扇面2件、何子贞联1付、刘镛联1幅、陈若木人物1幅、王梦楼联1付	管西园	自书对联3付、自书屏条1幅、自书山水花卉6张

第四章　中国民国间的高应……对关东大地震赈济

168

（续表）

捐赠者	捐赠物品	捐赠者	捐赠物品	捐赠者	捐赠物品
公债司	青玉大图章 2 方	胡武堂	胡开文制小楷羊毫 10 支	朱庆椿	自书山水 2 张
张德耀	对联 2 付	祖麟启	石图章 2 块，水盂 1 个	刘德明	横幅 2 张
宗　立	赵字帖 1 册	邵其光	赵㧑叔印谱 1 部	陶善培	石印无量寿佛图 1 幅
赵文锐	洋装书 2 册	葛渊如	洋装书 5 册	谭　怀	洋装书 3 册
林鸿贵	洋装书 3 册	赵启宗	礼帽 1 顶，静宜园地图 1 幅	汪子刚	油画 1 张，碑帖 1 册，对联 6 付
庄作村	莲花石拓碑帖 3 种	严智怡	石印阅微草堂砚谱 10 本，《石印尹太夫人年谱》10 本，石印苏孝慈墓志铭 16 份，《石印兰亭帖》4 本	张惟攘	山水 2 张，屏条 2 张，对联 1 付，字条 1 张
谭咏青	明尹字五言联 1 付，清宋湘五言联 1 付，清恽尔准花卉斗方 1 幅	傅润章	漆瓶 1 个	萧世琛	字画扇面 4 幅
王儒堂	银杯 1 尊	罗耀政	孔学发微 2 部，慎所立齐存稿 2 部	朱达齐	南屏山樵对联 10 付
胡炳炽	自画直联 2 张	孙宝钟	寰球名人德育鉴 2 本	姜体仁	宜兴假山石花瓶 1 件
戴　矩	何子贞隶书中堂 1 轴	田焕庭	书籍 5 种，碑帖 5 种	李希三	纸联 5 付
徐毓宋	书籍 18 册	孙祖楼	对联 10 付	朱辛彝	屏幅 3 张，山水 1 张
郑庆澄	对联 10 付	缪兆伦	季子十字碑 1 件，对联 1 付	范百祥	对联 10 付

捐赠者	捐赠物品	捐赠者	捐赠物品	捐赠者	捐赠物品
杨时中	对联3付	何孝渭	俞楼真迹1张，罗雨峯和合二圣图1张，知足长乐无欲则刚8字，《商品学》1册，蜗牛舍诗1册	陈 初	石图章3块
刘 济	纸联10付	刘 麟	明拓汉隶帖1本	汪衮甫	景泰蓝花瓶1对
张鼎冶	花卉2条	叶慧晓	对联1付	钱 泰	欧战纪念书31页
李 荃	石印对联1付	张毓骅	小花瓶1个，碑帖2张	徐 森	长柏人物画横幅1张，皮水壶1个
杨亚清	历代史论书1部，三希堂小楷四种1本	李子轩	纯阳仙师戒烟歌帖1本，《日本教育行政法》1部	何锡晋	磁瓶1个
邓 熙	珊瑚色磁瓶1对	胡子清	《历代政要表书》1部	盛沛东	洋式银盆1个，绢地溪山雪霁图1件，松鹤图1件
陈 复	书籍10本	丁 械	《延寿新法》1本	詹镜澄	洋装书1部
张大猷	书籍30本	宋桐珊	割磁花瓶1件，郭兰石行书中堂1件，陆中堂对联1件	庄孟野	小说18种
方 乘	方絜君书条幅1件，刁遵志帖1本；夏纯山水1轴	华惠康	对联2件	刘钟英	《船山近古诗》12本，《司法例规》1册
吴凤章	篆字直条3件	孙树珊	百论疏1部	张岱杉	乾隆五彩花瓶1尊

（续表）

捐赠者	捐赠物品	捐赠者	捐赠物品	捐赠者	捐赠物品
王绍奎	伊阙魏刻 132 种、荼食镰仓佛像图书 1 本、大佛碑 2 张、张道人像 2 张、避火井铭 2 张	黄润书	梅花梦 1 部、汉北海相景君碑 1 件、唐龙藏寺前后碑 1 件	达寿	刘石菴行书中堂 1 幅、罗典对联 1 付、跷季子白盘 1 幅
孔昭焚	柞木大摇椅 2 件	王右屏	北京繁昌记 10 本	陈励可	泾川丛书 1 部、宜兴方瓶 1 对
邵逸轩	绢棱六尺山水中堂 1 轴、小立幅山水 1 张、长立幅花卉 1 张	曾朴九	碑帖 4 件、菊花砚 1 件	汪巢庵	张之万山水 1 轴
方策六	胡节手卷 1 册	汪仲方	李梅生花卉 1 幅、马江香花卉 1 幅、李文忠公行书 1 幅	许朗丞	张皋文篆书联 1 对、汤禄铭花卉 1 幅
徐昕涛	川鼠皮马褂 1 件、小铜佛 1 尊、嵋岩玉图章 3 个、牙章 1 个	徐佛苏	人物画 2 张、磁盆 2 件、磁壶 2 件	叶瑞棻	杨继盛拓联 1 付、金石谷集联 1 付、大同西平公主墓志 1 份、日本明治神宫铜碟 1 对、湘绣何绍基对联 1 付、刺绣海棠代镜框 1 方
汪定华	《陆军刑事条例》8 本、《唐高僧真迹拓本》1 件	侯疑始	对联 2 付、条幅 1 件、精刻大墨盒 1 件、戏片 1 张	沈亮超	芝青女史山水 1 轴、小磁骆驼 1 对、小蓝磁花瓶 1 对、小景泰蓝瓶 1 对、墨盒 1 个、德国磁盆 1 个
余载门	査二瞻五言联 1 付、板对 1 付	王东英	字条 3 张	徐行恭	花卉中堂 1 张、钱季马条 1 张
陈大斌	《江西通志》162 本	周祐宜	油画 1 张、自书对联 1 对	郑志熙	自书横直条 3 张
佟奎	自书横直条 4 张	胡子清	蒋廷锡画 1 轴	鄂国栋	对联 1 对

捐赠者	捐赠物品	捐赠者	捐赠物品	捐赠者	捐赠物品
董博泉	竹条 1 轴，对联 1 付，朝珠 1 挂，扇面 2 件	王叔鲁	楠木观音 1 座，白玉镶嵌宝石台屏 1 对	李成志	墨井道人山水真迹 1 件
蔡允	书籍 3 本，对联 1 付	全绍清	金农氏石印帖 1 件，朱子忠孝碑揭 1 件，何绍基墨联 1 付，张铨氏碑揭 1 件，致中氏碑揭 1 件，祁寯藻揭联 4 条	王润贞	刘西园山水 1 件，易晓山渔樵 1 件
贺履之	书籍 36 本	权国垣	三角宜兴磁花瓶 1 对，斜方宜兴磁果盘 1 件，天然小花木托碟 1 对，细木嵌花卷烟盒 1 件	陈静齐	草廷韩大堂字幅 1 幅，孙小舟山水中堂 1 幅，章大炎小堂字幅 1 幅，冯祥山水横批 1 幅，翁叔平印字屏条 4 条，陈守诚人物屏条 4 条，陈草人花卉条幅 2 条，小瓷瓶 1 个
唐肯	刘石庵对联 1 付，翁同龢对联 1 付，自书五言联 2 付	冯玉祥	玉石水盂笔架 1 个，玉石小台镜 1 座，玉石大花插 1 个，玉石小花插 1 个	张耀会	端砚 1 方，滇南名胜图 1 函，淳化阁帖全套，云南大篆碑 1 张，云南小爨碑 1 张
陆建三	蓝磁香炉 1 个，瓜酿色磁盖缸 1 个，黄地松鼠花瓶 1 个，小瓶 1 个，粗白磁盘 2 个，白磁水盂 1 个，墨石圆印 1 块，白磁小碗 1 个，无盖粗瓶 1 个	戚玄龟	自书对联 2 对	蹇先聪	对联 1 付，横披 1 轴

中民国间的震惊对关东大地……应昌的

（续表）

捐赠者	捐赠物品	捐赠者	捐赠物品	捐赠者	捐赠物品
王文诚	自书条幅1张	汪仲高	铜人1件，铜佛1件，磁狮1件，磁笔洗1件，磁花盆1对	赵椿年	钱鲁斯字1轴，翁叔平对1付
李雨林	吴渔山山水条幅1幅，曲春浦兰石册页1本，自书青绿山水1轴，自绘山水扇面附题柳碑图1轴	陈东山	座钟1架，香粉1瓶，日本铁道院装载书全部，日本早稻田大学法政经济讲义全部，日本铁道1册，杂书50本	奉楷	腊笺对联2幅，腊笺中堂4幅，腊笺宣中堂10幅，玉版宣屏条4条，玉版宣对联2付，玉版宣屏4条，玉版宣对联12付
李壮怀	藤篓1个，洋烛灯1个，洋熨斗1个，罗辰揭片2张，墨揭问子帧平揭片1张，何金寿条屏1轴，翁叔平揭山水小条1张，李弘毅山水小条1张，小斗方6块	妙香室	牙粉500包	德元祥	牙粉10盒
北京女子职业学校	洋蜡20包	三星公司	雪花膏10匣	曾叔度	职员录300本，湘绣斗方4幅，手杖1根，大正博览图说1册，风景画1册，铜狮1个，冲象牙风景雕片1方，《日本地方自治判度调查记》18本，《日本议院法精义》68本
张醉石	扁磁花瓶1个，小磁花瓶1个，磁人1个，古碗1个	孙揆西	屏条1张，山水1张	黄镜人	刘石庵行书1轴，程诞庵山水1轴，图牧山藤萝1轴，项易庵山水1轴

资料来源：游日同人筹赈会编：《游日同人筹赈会征信录》，1924年，中国国家图书馆馆藏。

上述表格中，各界所捐物品五花八门，有古董、书画、对联、书籍、地图、扇面、手包、皮包、泥塑、洋伞、象牙小件、藤箱、磁碗、香炉、大风琴、鱼缸、红茶、铁钟、画框、葡萄酒、铜火炉、枕套、皮鞋、紫晶杯、漱口盂、铅笔、礼帽、摇椅、烟盒、香粉、洋熨斗、牙粉，等等。物品种类几乎是无所不包，琳琅满目，相当于一座收藏室。物品中既有贵重的宋龙泉梅瓶、乾隆釉裹红四方瓶等古董，也有普通百姓的生活用具。姑且不论以上多数物品对灾区是否适用，或变卖后是否有价值，就民众对日本震灾的捐助热情而言，却是值得肯定的。

对于上述募集来的款物，游日同人筹赈会除去必要的开销，加上之前"先筹千元托江翊云先生携带赴东赶办急赈"外，又交 3000 元于中国驻日代办公使汪荣宝，"托其调查旅日学、商两界被灾情形，分别散布"，并"将现款三千元及清帝所颁花瓶（宋龙泉梅瓶及乾隆釉裹红四方瓶各一件，经名家估计价格约值洋四千元）送驻京日使照收转寄日本政府，赈济日籍灾民"[1]。日本驻华公使芳泽对于游日同人筹赈会"惠然好施之至意敬领之余，感激奚似"，并表示"鸣谢"[2]。

最终，除去所有开支，所得捐款还剩银洋 1197 元、日本票 2 元，"此款因赈务业已办竣，后经各省区陆续汇到捐款，只得结存金城银行，再商用途"[3]。至此，赈济日本震灾活动圆满结束。

第三节　常设性赈务组织的赈济

近代以来，因战事、灾荒等原因而成立了一系列民间慈善组织，该类组织在完成赈济后继续存在，并转设为常设性慈善组织，继续从事相关赈务工作。囿于材料所限，这里特以红卍字会和华洋义赈会为例，考察此类组织对日本震灾的赈济行为。

一、红卍字会对日灾的赈济

红卍字会，全称世界红卍字会，是民国时期一个重要的具有全国规模的宗教性社会救助团体，起源于 20 世纪 20 年代兴起的民间宗教——

---

① 游日同人筹赈会编：《游日同人筹赈会征信录·序言》，1924 年。
② 游日同人筹赈会编：《游日同人筹赈会征信录》，1924 年。
③ 游日同人筹赈会编：《游日同人筹赈会征信录》，1924 年。

道院。其社会救助事业包括"永久慈业"与"临时慈业"两大类，其中，临时慈业内容主要有战事救助和灾荒救济，救护领域既有国内，也涵盖国外。红卍字会分布广泛，多地设有分会，每次遇到重大灾难，各地红卍字会的财力、物力便汇集使用，形成一个全国性的社会救助网络[1]。

日本关东震灾惨况的消息传到中国后，红卍字会也积极行动起来，伸出援手，运粮筹款，赈济邻灾。

（一）红卍字总会运粮赈灾

1923 年 9 月 8 日，红卍字总会在舍饭寺召开全体大会，讨论救济日本震灾办法，冒雨莅会者约二百余人，红卍字会的赈灾热情与爱心可见一斑。大会上，红卍字会会长钱能训报告了最近日本灾情情况与开会宗旨，谓"应由红卍字总会发起筹集大宗粮食款项，从速救济"。江朝宗、王芝祥等人也相继发言讨论。大会自上午 10 时一直进行到下午 1 时，最终议决办法如下：（一）推举江朝宗为代表，赴日本使署慰问。（二）致电中国驻日代办张元节及大阪、神户等处领事，请其转致慰问之意，并查询我国使领各署及学生商旅情形。（三）通电各省长官及商会、慈善团体、各道院卍字分会、悟善分社，劝募赈款。（四）红卍字会运输赈灾物品，函请财政部、交通部及税务处免费。（五）筹募赈款办法：先由红卍字总会拨款 5 万元，并速印捐启 1 万册，向各省各团体募赈。（六）捐购米面及运输办法：团体或个人捐助米面，或由红卍字会采购米面。（七）办赈处名称，仍用世界红卍字会中华总会办赈处。（八）组织救灾团，携带米面，速往灾地切实查务并酌带衣物药品。（九）推举办事人员办理赈灾事宜，内部组织分总务、文牍、会计、庶务、交际、调查、采购、放赈等 8 部。（十）对于赈济日灾进展情况，由《卍字日日新闻》逐日登载报告，并预备择期召集京中各团体，开一联合会议，进行大规模之筹赈运动[2]。

从上述议决的内容不难看出，不论是临灾慰问，还是灾后筹救，都井井有条、规划有序，可见红卍字会救灾的娴熟与老道。从相关报刊的报道中亦可以看出，红卍字会对日本震灾的赈济，基本上是按照上述议决内容来操作。

---

[1] 高鹏程：《红卍字会及其社会救助事业研究（1922—1949）》，合肥工业大学出版社2011 年版，第 1—2 页。

[2] 《京中筹救日灾之热烈》，《申报》1923 年 9 月 9 日。

据《申报》载："自日灾发生后，该会议决以迅捷的实力援助，乃即由乔亦香承缴一万元，钱能训等合缴一万元，共二万元，由道生银行汇交南京道院院监、现充众议员之陶保晋，令（陶保晋）在宁购米二千担。并电交通部免运费。"红卍字会计划尽快将此批米粮运抵日本灾区，赈济灾民。不过，"斯时适江苏本省禁米出口，致不能克期放洋。经陶（保晋）一再电京，由税务处令江宁、上海两关查验放行，并与齐、韩二长商准，暂予出口一次。一面电京派办理赈务之员随同前往东"①。经过充分协商后，本次赈日米粮"由金陵关出口，经过上海，仅持金陵关护照照验放行，径运神户。在船照料赴日者为侯延爽，其他有冯渊模、杨承谟二人，则由京乘京奉车至沈阳，改坐南满铁道赴神户"②。

鉴于实际需要，红卍字会还致电交通部请其发给该会赴日人员免费车票，这在红卍字会致交通部的电文中有详细的说明："本会筹办日赈，在南京购米二千石，运东赈济，并公推代表侯延爽、杨承谟、冯渊模三人赴日调查情形。侯君已随米船由宁赴东，冯、杨二君则由京奉转南满铁道直抵神户，恳乞发给京奉来往通车免票二纸，并侯君回国时由宁旋京免票一纸。事关恤邻急赈，务希迅赐填给。"③

当红卍字会的救济米粮运抵灾区时，"灾区正感米粮缺乏，米贵如金。灾区人民闻米粮运到，皆欢欣鼓舞"④。红卍字会运米赈济灾民的义举值得肯定，赈粮也是其常规业务之一。不过，红卍字会此时运米赴日救护，值得商榷。如前章所述，日灾后不久，各团体纷纷向震区赈米赈粮，奸商乘机囤积居奇，抬高价格，再加上开弛米禁决议的推波助澜，多地米价纷纷上涨，民众困苦不堪，反对运米出口之声不绝于耳。红卍字会此时此举难免会遭到一些阻力与猜疑，这也就解释了为什么"不能克期放洋"的缘由。

（二）红卍字分会募款赈灾

不仅红卍字总会有赈济日灾行为，多地分会也有相应的行动，主要是通过多种方式为日本地震灾区筹集款物。下面仅以济南红卍字分会与天津红卍字分会为例，略作考察。

---

① 《红卍字会购米运日》，《申报》1923 年 9 月 26 日。

② 《红卍字会赈米已东渡》，《申报》1923 年 9 月 30 日。

③ 《红卍字会赈米已东渡》，《申报》1923 年 9 月 30 日。

④ 《红卍字会缘起》，上海档案馆馆藏档案，档号 Q120-4-1。转引自高鹏程：《红卍字会对日本关东大震灾的救助及影响》，载《〈红十字运动研究〉2008 年卷》，安徽人民出版社 2008 年版，第 287 页。

济南红卍字分会为赈济日灾积极募款。1923 年 9 月 10 日，该会为募集赈日款项，特发布"济南红卍字会筹赈日本巨灾募捐启"，呼吁民众积极捐款捐物，以济日灾。该"募捐启"云："近闻日本猝遭地震海啸，旷代罕见，水深火热，毁坏要埠多处，波累外国侨居。恻隐在怀，孰不惊悼。延垂危之生命，赖宏济之仁人。泛舟而疗晋饥，散粟以彰周义。奋袂者遍于邻境，待哺者况有国民。夫道重大同，性原一体，有地域之限，无国界之殊。均是欧亚灾黎，讵宜秦越歧视。本会以慈业为宗旨，导善举之先声。慨念友邦，力襄巨款。救灾如救火，庶免燎原之虞。济物即济人，共普慈航之渡。尚冀诸大善士协赞援助，俾偕北京总会迅赈东洋各区，惠爱遐施，功德无量。"①

"募捐启"以凝重的言语表达了对日本震灾的同情与悲悼，劝说民众献出爱心，发扬人道，"共普慈航之渡"，捐款助物，并阐述了赈济日灾的必要性与意义。

济南红卍字会为赈济此次日本震灾，还进行过三次社会募捐活动，取得了一定的成绩。其中第一次募得 1069 元②；第二次募款共计 274.01 元③；第三次募得捐款共计大洋 132.03 元、钱 14960 文④。

红卍字会天津分会，也为赈济日本震灾积极劝募。对 1923 年 9 月 24 日《大公报》所载《世界红卍字会天津分会今将劝募日本奇灾赈捐数目开列于后》的统计，红卍字会天津分会共募得捐款为大洋 4031.91 元⑤（具体款项见表 4-3）。

① 《济南红卍字会筹赈日本巨灾募捐启》，《哲报》第 2 卷第 25 期（1923 年 9 月 10 日）。转引自李光伟：《道院·道德社·世界红卍字会——新兴民间宗教慈善组织的历史考察（1916—1954)》，山东师范大学 2008 年硕士学位论文，第 190 页。

② 《哲报》第 2 卷第 25 期（1923 年 9 月 10 日）。转引自李光伟：《道院·道德社·世界红卍字会——新兴民间宗教慈善组织的历史考察（1916—1954)》，山东师范大学 2008 年硕士学位论文，第 190 页。

③ 《哲报》第 2 卷第 29 期（1923 年 10 月 20 日）。转引自李光伟：《道院·道德社·世界红卍字会——新兴民间宗教慈善组织的历史考察（1916—1954)》，山东师范大学 2008 年硕士学位论文，第 190 页。

④ 《哲报》第 2 卷第 30 期（1923 年 10 月 31 日）。转引自李光伟：《道院·道德社·世界红卍字会——新兴民间宗教慈善组织的历史考察（1916—1954)》，山东师范大学 2008 年硕士学位论文，第 190 页。

⑤ 《世界红卍字会天津分会今将劝募日本奇灾赈捐数目开列于后》，《大公报》1923 年 9 月 24 日。

表 4-3 天津红卍字会募得款项收入表

捐款额度	捐者及其具体款物
10 元以上	徐素一、刘素蔼各 1000 元 谢素定 7 年长期债票 1000 元照市合洋 454 元 乔玉林 200 元 张和顺女士金镯子一对合洋 132.91 元 卞明仙、信义堂卞、乔哲宋、张公□各 100 元 卞滋如、乔秉初、卞养吾、卞叔元各 50 元 谢淑德太太 7 年长期债票 100 元合市值 45.4 元 乔鸣九 40 元 饶炳文 30 元 张剑潭、庞慧觉、张锡三、解铭臣、卡伯巽、张松泉各 20 元 陈皇蔼先生与陈惟娴女士 15 元、天津女道德社 15 元 张锡三令郎 10 元□角
3—10 元	卞耆卿、卞静涵、陈石臣、赵兰舫、阎阳和、陈毅然、陈泽普、卞润吾、董道明、云成麟、吴润生、李敬斋、永孚银号、陈叶如、卞六太太、无名氏、卞淑和太太、冯春洁各 10 元 耿仰泉、张凤臣、卞惠吾、卞赞吾、暴子周、胡松如、陈叔为、曹云台、马少眉、许太太、郭太太、顾太太、卞平德、查太太各 5 元 顾杨淑婉 3 元
3 元以下	李小轩、刘性安、陈鹤舫、高子谦、王泽三、陈赓虞、韩锦堂、顾云龙、张冠卿、耿翰卿、姜向荣、章润田、乔星垣、聚顺当、天津恩怀永号、天津义成银号、天津永信银号、天津吉通银号、天津信孚银号、天津新懋银号、天津信富银号、天津道胜银行、天津朝鲜银行、天津正金银行、张淑怡太太、张平惺太太、张随怡女士、张融靖太太、韩太太、卞真拂太太、卞融惺太太各 2 元 韩瑞芝、金子延、曹鼎臣、胡子玉、金小亭各 1 元 陈宋 5 角

资料来源：《世界红卍字会天津分会今将劝募日本奇灾赈捐数目开列于后》，《大公报》1923 年 9 月 24 日。

从所列清单中看，既有个人捐款，也有永孚银号、天津义成银号、天津道胜银行、天津朝鲜银行、天津正金银行等金融组织捐助；既有捐助现金的，也有人捐助长期债票、金镯子等物品。捐款中最大数为1000元，最少者仅有5角，捐款数十元及以下者居多，由此不难想象天津民众对日本震灾的关注与奉献。

总之，红卍字会对日本震灾的赈济，在一定程度上给予了灾区民众精神上的慰藉与物质上的帮助，同时又在无形之中宣扬、传播了红卍字会的组织形象。

二、华洋义赈会对日灾的赈济

华洋义赈会，全称"中国华洋义赈救灾总会"（China International Famine Relief Commission，缩写为CIFRC），是一个以"筹办天灾赈济"和"提倡防灾工作"为职志的民间组织。该组织成立于1921年，终结于40年代末，由一批怀揣改良民生、造福黎明的中外人士联合组成，最盛时影响遍及全国16个省，设立地方分会、事务所、赈务顾问委员会17个，成为当时全国最大的民间性救灾组织①。

赈灾救灾无国界之分，日本东京、横滨地震伤亡的消息传来后，总会与分会尽力筹款赈济，以尽"义务"。

（一）总会赈济日灾

关于赈济日灾，总会高层不仅积极接洽其他民间组织共同"发力"，还举办游园会。有关总会的动态，《救灾会刊》有此方面的记载：日灾发生后，"本会执行委员梅君乐瑞、章君元善等均同时为中国红十字会组织之日灾协济会会员，总会为免重复起见，不再募捐。但有愿将捐款送至总会及总会与有来往之各银行者，固极所欢迎也。至总会虽不再募捐，但已组织一游园会"，由10月12日至21日共10日为会期，先5日开放北海、景山二处；后5日开放中央公园三殿、天坛、地坛四处。为增进游人兴趣起见，特聘俄国哥萨克马戏在天坛定时开演，门票每张售大洋5角。"此次游园会组织概照本年一月间浙灾急赈游园会成规办理"。该会刊发刊之日正值游园会举行期中，该会"极盼各界人士踊跃赏临，俾集腋成裘获得良美结果，此本会为灾民所馨香祷祝者也"②。

10月12日，游园大会如期举办。首先开放北海、景山5日。17日，

---

① 蔡勤禹：《民间组织与灾荒救治——民国华洋义赈会研究》，商务印书馆2005年版，第1页。

② 中国华洋义赈救灾总会编：《救灾会刊》第1卷第1册（1923年10月）。

又同时开放中央公园3殿，天坛、地坛4处共5日。为吸引游人，游园会特聘请俄国哥萨克大马戏于每日下午2时在天坛表演，此种马戏之前从未到过中国。马上技术，花样翻新，层出不穷，"五日有五日奇观"。此外，"又特请中西音乐会全体人员，在该会场叠奏各乐，以娱众耳"。上述活动"只须费大洋五角，购一总券，既可博恤邻义举美名，复可享此优异待遇"①。由此我们不难想象，游园大会场内的热闹场景。

最终收支情况如何呢？由"中国华洋义赈救灾总会会计报告"可知，收入方面，自1922年12月1日至1923年11月30日，总会收到办理浙江水灾、日本震灾捐款共计62581.90元，其中日本震灾捐款为10275.49元②。对此，总干事梅乐瑞指出："为数虽不甚大，然值此政象无定市面萧条之年，已足见京师人士对于本会之呼吁捐输尽力矣。"③事实也确实如他所言的那样。

赈济日灾支出方面，主要包括赈济旅日灾侨、给日本灾民捐款和相关费用的花费，共计25231.05元④。具体支出项目和数目见下表。

表4-4　中国华洋义赈救灾总会赈济日灾支出表

用途	金额（单位：元）
赈济被灾旅日华侨	13947.20
旅费等	1582.94
交付驻京日使赈款	5749.47
办理游园会及一切募捐费用	3951.44
总计	25231.05

资料来源：中国华洋义赈救灾总会丛刊甲种6号：《民国十二年度赈务报告书》，1924年2月刊行，第6页。中国国家图书馆馆藏。

（二）分会赈济日灾

总会在为日灾筹款的同时，还呼吁分会募款协济。1923年，华洋义

---

① 《赈日游园会之盛举》，《民国日报》1923年10月20日。

② 中国华洋义赈救灾总会丛刊甲种6号：《民国十二年度赈务报告书》，1924年2月刊行，第6页。注：浙江水灾捐款收入为51292.25元，日本震灾捐款收入为10275.49元，其他收入1014.16元，合计62581.90元。

③ 中国华洋义赈救灾总会丛刊甲种6号：《民国十二年度赈务报告书》，1924年2月刊行，第2页。

④ 中国华洋义赈救灾总会丛刊甲种6号：《民国十二年度赈务报告书》，1924年2月刊行，第6页。

赈会成立虽然仅仅只有数年时间，分会数量也区区不过数地，可谓是"势单力薄"，即便如此，相关分会也尽力赈济日灾。"日本震灾消息传来，各分会及总会同人，俱极注意设法筹募，咸具热心，所得款项间有汇京汇送日本者。但大多数之分会办理此举以须与当地各界联合而作，故所得款项亦即由各省迳自处置，此举不独足以表示中国人民对于日本人民之美意，且为酬答上年北五省旱灾，日本朝野踊跃捐输之良机也"①。现以上海等地分会为例，简要梳理下它们的赈灾历程。

在上海，上海华洋义赈会得悉日本震灾情况后，随即联合上海其他组织共同成立救护日本震灾团体。据《上海华洋义赈会十二年度赈务报告》载："日本东京、横滨此次地震伤亡人数达数十万，洵亘古未有之奇灾。本会闻耗即联合沪上各慈善团及总商会组织协济日灾义赈会，设法筹款并商诸招商局放新铭轮装运粮食药品赶程前往。"现协济日灾义赈会共募有 15 万元，除救济日本被灾人士及华侨外，并会同上海各同乡会招待由东来申灾侨数达八千余人。抵沪后，概供以食住至资送回籍时，俱请之于铁路局、轮船公司免费。"嗣准中国华洋义赈救灾总会函嘱募款协济，当经分函江浙皖三省各分会一体辅助，并由本会职员会议决刊印宣言书七十五万份，详叙灾情，广呼将伯，凡已设立华洋赈济会各省寄请采择仿行，所有未设华洋赈会各省以及华侨机关均经分达以宏宣传，共襄义举。"②从中不难看出上海华洋义赈会为赈济日本震灾所做的种种努力。

在河北，直省华洋义赈救灾会接到总会的来函后，也积极行动起来。从《直省华洋义赈救灾会民国十二年报告》中我们可以大致了解到其赈灾的所作所为。该报告记载道：在 9 月的时候日本地震，先有总会总干事来函提倡，后有本会会长梁孟亭先生招集会议，借戈登堂开会，其不求安逸之精神，亦可概见了当开会之时曾举定委办 25 人专办日赈，散布募捐传单等事是由津埠中外各校的学生所办的，亦有从直省乡间捐来的赈款，可以表显中国人体恤日本人的美情，所收入总数计洋 2 千 176 元 7 角，银 3 百 20 两。这款数目虽不算大，但驻津的日人已经着手自己募求，本会所得和各机关所捐的以天津计之统共捐得有 12 万 5 千元。直省华洋义赈救灾会的救灾义举，正如其报告书中开篇之语写的那

① 中国华洋义赈救灾总会丛刊甲种 6 号：《民国十二年度赈务报告书》，1924 年 2 月刊行，第 1—2 页。

② 中国华洋义赈救灾总会丛刊甲种 6 号：《民国十二年度赈务报告书》，1924 年 2 月刊行，第 13 页。

样："本会这二年的服务未见甚么活泼，不过近来因日本的奇灾稍事一点工作。"①

在湖南，湖南华洋义赈会也设法为日本震灾筹款募物。关于湖南华洋义赈会赈济日灾行为，我们可以从《湖南华洋筹赈会十二年度报告书》中略知一二。该分会的报告书提到："此次日本地震，本会特召集各公团联席会议，分途募捐。惜彼时军事倥偬，省垣已入无政府状态，市民复苦于筹募军饷，无力输将，先后所募赈款仅一千三百六十二元，悉汇寄北京中国华洋义赈总会转汇日本。"②

在山西，"山西华洋救灾会除拨给河东分会八万元外，并在本省募集二千五百一十二元汇寄北京以作赈济浙江水灾之用。山西人民对于日本震灾深表同情，共捐助一万元"③。

不可否认，中国华洋义赈救灾总会及分会赈济日灾的举措，践行了该会梁如浩会长为《民国十二年度赈务报告书》作的"序"中所写的那样："本会会务以救人为宗旨，以慈善为先提。"④

总之，中国民间各界积极赈济日灾的行为，诠释了救死扶伤、扶危济困的道德情操，彰显了中华民族善良、包容的传统美德。

---

① 中国华洋义赈救灾总会丛刊甲种 6 号：《民国十二年度赈务报告书》，1924 年 2 月刊行，第 16 页。

② 中国华洋义赈救灾总会丛刊甲种 6 号：《民国十二年度赈务报告书》，1924 年 2 月刊行，第 42 页。

③ 中国华洋义赈救灾总会丛刊甲种 6 号：《民国十二年度赈务报告书》，1924 年 2 月刊行，第 39—40 页。

④ 中国华洋义赈救灾总会丛刊甲种 6 号：《民国十二年度赈务报告书·序》，1924 年 2 月刊行。

第五章 中国红十字会的响应：
人道救援行动的个案研究

中国红十字会创建于 1904 年，以博爱恤兵为宗旨，以救死扶伤为天职，发扬着人道主义的崇高美德。自创会以来，它在战争救护、灾害救济、社会援助等方面发挥着积极的作用。"中国红十字会拯灾恤难，不仅尽职于国内，而且采取援外行动，以弘扬红十字国际人道主义精神"①。关东地震惨况的消息传入中国后，中国红十字会立即行动起来，积极募款筹物，并派遣医护队赴日援救，取得了良好的救护效果与社会声誉。

第一节 红十字会援救日灾筹备

中国红十字会成立 20 年来，"国内救济，无岁无之；国外使命，始于日俄之役，中经欧洲大战"②。所有这些经历既为中国红十字会的救护活动提供了充分"锻炼"的机会，又为中国红十字会的人道救援积累了丰富的实践经验。可以说，对于恤兵、救灾这一"业务"，中国红十字会此时已是轻车熟路、得心应手。

日本地震，亘古未有，"救灾恤邻，本为天职；何况侨胞学子，殃受池鱼"③。对此，中国红十字会当即着手发动募捐，组织医护队④。

一、组织救护医疗队

地处上海的中国红十字会总办事处，"由无线电音知悉灾状，即日

---

① 池子华：《红十字与近代中国》，安徽人民出版社 2004 年版，第 236 页。
② 杨鹤庆：《日本大震灾实记》，中国红十字会西安分会发行（1923 年 11 月），第 67 页。
③ 《中国红十字会二十年大事纲目》，见中国红十字会总会编：《中国红十字会历史资料选编，1904—1949》，南京大学出版社 1993 年版，第 493 页。
④ 中国红十字总会编：《中国红十字会的九十年》，中国友谊出版公司 1994 年版，第 47 页。

决意组织救护医队，出发驰赴日本"①。不久，中国红十字会总办事处对救护医队的人员组成和物品置办都一一做了安排，决定"由本埠中国红十字会总办事处理事长庄得之、医务长牛惠霖，率领男女医生各五人，男女看护生二十人，会计、庶务、队役若干人，携带药品、病床、帐篷，一切需用品，数十大箱"，乘亚细亚皇后号轮船东渡日本从事救护工作②。

　　随后，中国红十字会总办事处通电230余处分会，通报了救护医队的赴日决定。该电云："日本奇灾，侨胞同难，本会天职，救护维亟。现由庄理事长会同牛医务长，率领男女医生、看护二十余人，携带药物，于九月八日出发。医队驰赴日本实施救恤，以重人道，特奉闻。"③

图5-1　中国红十字会总办事处赴日救护医疗队

资料来源：《中国红十字会月刊》第25期（1923年11月10日）

　　关东地震同样也引起了设在北京的中国红十字会总会的同情和关注。总会在致总办事处的电报中称："日本发生亘古未有之灾，人民生命财产，及我旅日华侨，伤害不可计数。惨痛情形，殊堪怜悯。善后救济，刻不容缓。总会现已组织救护队，刻日出发。""贵处谅已竭力提倡进行，情形若何，急盼电复，时通消息为荷。"同日，总办事处回电道：

　　① 《中国红十字会救日震灾概要》，见中国红十字会总会编：《中国红十字会历史资料选编，1904—1949》，南京大学出版社1993年版，第442页。

　　② 《红会组救护队往救》，《申报》1923年9月6日。

　　③ 《红会赴日救灾之通告》，《申报》1923年9月11日；《各方面救济日灾之昨闻》，《时报》1923年9月11日。

"日灾奇重，自应救护。已决由沪出发医队，前往东京，专任救护。"并详告了救护医队的行程安排等情况①。

中国红十字会总会派出德高望重、素有名望的前医学专门学校校长汤尔和、中华民国医药学会会长侯毓汶、陆军医学校校长戴棣龄、京师传染病院院长严智钟、前山东医学校校长孙柳溪等5人，前赴日本慰问、诊治，并协助日本赤十字社救护伤民②。关于此种安排，从《申报》刊载的文章中可以得知其中缘由。"北京总会已知上海有救护班出发，倘北京亦组织救护队，则人数过多，转为灾区官民之累。故一则专派著名医师，一则兼率救援人役，可以并行不悖"③。

由此可见，中国红十字会派出的两支赴日救护医疗队，在人员配置上相互补充、相得益彰，充分考虑到灾区的实际情况，从而保证了救护的效果。后来在日救护期间，"日人起初见中国同时有两个红十字会，甚有讶色。北京来东诸人，到处声明，出发区域，虽有不同，而团体则一"④，给予必要的解释。

需要指出的是，中国红十字会救护医疗队还对赴日后的接待等事项做了充分的考虑和安排。鉴于人地两疏，又加上东京、横滨等地正处于戒严时期，为顺利完成救护事宜，9月6日，中国红十字会总办事处特致函驻沪日本总领事矢田七太郎："本会救护人员定于本月八日，由沪附轮，驰赴神户，察看灾形，换乘火车，进诣东京实施救恤。长崎县知事，仰荷台端知照接待，甚感。现在既拟直赴神户，所有神户县知事署，乞一并电知，尤所感祷。"⑤ 中国红十字会赴日救助的举动使矢田七太郎深为感动，他复函道："此次敝国震灾，仰荷贵会派员前往灾区，实施救济，感激万分。兹承台示，藉悉赴日诸君，直抵神户，业已遵嘱电达敝国兵库县知事（管理神户地方事），以便接洽。"⑥

① 《中国红十字会救日本震灾纪事本末》，见中国红十字会总会编：《中国红十字会历史资料选编，1904—1949》，南京大学出版社1993年版，第417页。

② 《各处筹赈日灾之进行情形》，《晨报》1923年9月8日；《京中进行救济日灾情形》，《申报》1923年9月11日。

③ 《东京见闻杂缀（一）》，《申报》1923年9月28日。

④ 《东京见闻杂缀（一）》，《申报》1923年9月28日。

⑤ 《中国红十字会救日本震灾纪事本末》，见中国红十字会总会编：《中国红十字会历史资料选编，1904—1949》，南京大学出版社1993年版，第417页。

⑥ 《日总领事致谢中国红会》，《申报》1923年9月13日；《中国红十字会救日本震灾纪事本末》，见中国红十字会总会编：《中国红十字会历史资料选编，1904—1949》，南京大学出版社1993年版，第418—419页。

后来的事实证明此项安排的必要性，庄得之一行抵日后，受到日本地方当局的优待，并在行程上给予了种种便利。这在他致中国红十字会总办事处的报告中有明显的体现：12日上午七时到达神户，"神户商业会议所副会长西川庄之君，及外事课长西川涉君；兵库县厅知事官房主事藤冈长和君，及神户市长石桥为之助君之代表二人来接。又由中国领事柯荣陔君，特派署员垄礼田君，招待一切上岸"。随后，"由神户商业会议所备汽车，伴至该所暂歇，款以茶点"，并由马聘之详告了被灾各区的灾情状况和华人方面的情形等①。此外，汤尔和率领的由中国红十字会总会派出的医疗队也在日本驻华公使芳泽的提前通告下，受到各地相关部门的照顾和给予的方便，顺利抵达大阪和东京等地。

救护医疗队筹备的充分、周密为救护行动的展开奠定了坚实的基础，也为圆满完成此次震灾救护创造了有利的条件。

二、会内会外筹措款物

中国红十字会为日灾筹募款物的方式主要有：与其他社团联合成立义赈会，共同劝募；各地红十字会的自捐与募捐等。

（一）成立义赈会，共同劝募

灾害救助，款、物是保障，也是慈善社团奉献爱心的关键。在筹备救护队的同时，中国红十字会总办事处"一方面又与上海各慈善团会议，组织协济会"。9月6日，中国协济日灾义赈会成立，其为"上海各团体合组，而本会领袖之"②。在成立大会上，中国红十字会认捐1万元，其他团体亦纷纷慷慨解囊。据统计，当日会场认捐就有6万余元③，这为救护日灾提供了物质上的准备。

中国红十字会的善举，得到了官方的赞扬与支持。上海护军使何丰林致函中国红十字会总办事处：此次日本地震奇灾，罹灾之重，死亡之多，凡属友邦，自应奋起拯救。"兹闻贵会集合沪上各善团，合组救灾大会，筹商赈济事宜，先得我心，至深钦佩"。除派"本署陆秘书守经，业于昨日前往日总领事署，代表慰问，并嘱加入救灾大会，共同进行外，特由敝处勉捐国币五千元，聊资涓滴之助。尚希贵会迅予筹划进行为荷"①。

如前所述，中国协济日灾义赈会成立后，通过刊登广告等形式劝募，积极募集善款和物资，大量物品被及时运送到日本灾区，给灾民提供了强大的精神慰藉和物质援助。

一些分会也有类似的举措。如汉口红十字分会，联合汉口总商会、银行公会、慈善会、青年会等五团体，于9月10日在汉商会开联席会，决定"组协济日灾义赈会，于两星期内募足十万元"②。

天津红十字分会为日本地震惨灾，于9月5日上午9时召开董事紧急会议，卞月庭、赵幼梅、张月丹、朱祝颐、马千里、王积臣等20余人到会。会议认为"日本人民遭此奇灾，本会当急起援救，义不容辞"。遂议决事务有十项，其中之一便是分别致函天津总商会、教育会、各慈善团体、各机关，呼吁一致援救日本奇灾③。其致函各机关文曰："日本突遭浩劫，惨不忍闻。敝会天职所在，何容膜视。故连日开紧急会议，筹备救济之策。然材力棉［绵］薄，恐无补于万一。用敢代为呼吁，务望各□□念，救此沉灾，俾亿万生灵不至终于饥溺，是所甚愿。□贵机关善与人同，谅不我后也。"④

南昌红十字分会亦认为：红十字会为国际慈善团体，"理应首先发起，联合各团体，协助进行"⑤。

(二) 红十字会的自捐与募捐

赈济日灾，中国红十字会总办事处与总会率先垂范。如前所述，总办事处除在中国协济日灾义赈会成立大会上献出爱心外，还利用此"平台"募款筹物；北京中国红十字会总会也"筹洋两万元，交与日本公使汇交日本赤十字社，以充救护之用"⑥。

援救日灾当然也离不开中国红十字会各分会的有力支持和参与。为更好地救援日灾，中国红十字会对各分会进行了充分的动员。良好的沟通和互动，推动了救援款物的募集。

---

① 《中国红十字会救日本震灾纪事本末》，见中国红十字会总会编：《中国红十字会历史资料选编，1904—1949》，南京大学出版社1993年版，第417页。

② 《国内专电·汉口电》，《申报》1923年9月12日。

③ 《日本巨灾中之救急运动》，《大公报》1923年9月6日。

④ 《关于救济日灾之□讯》，《大公报》1923年9月8日。

⑤ 《赣省之救灾恤邻》，《民国日报》1923年9月15日。

⑥ 《各处筹赈日灾之进行情形》，《晨报》1923年9月8日；《京中进行救济日灾情形》，《申报》1923年9月11日。

日灾发生后，中国红十字会总会"电各埠分会，设法集项，汇总办理"①。如总会两次致电天津分会，敦促其救济。电文一曰："日本发生亘古未有之大地震，重以烈火、海潮，为世界之浩劫。人民生命财产，及我旅日华侨，伤害不可计数。惨痛情形，殊堪怜悯。善后救济，刻不容缓。本会以博施济众，救灾恤邻为天职，急应全体兴起，竭力赞助。"电文二曰："中国红十字会天津分会鉴，集资赶速救济。贵分会慈心义举，想表同情，务希竭力。集济汇京，以便转往灾区，事关国际体面，且地居地邻，不容在欧美之后也。除通知外，急盼电复。"② 上述两电，既重申了红十字会的天职与使命，又指出了此次救护的必要性与意义。次日，天津分会回复总会电文道："北京中国红十字总会鉴，两接支电敬悉一切。日本突遭惨劫，我会自应急起救援。敝分会随开紧急会议筹商办法"，并委托董事孙子文、朱祝颐前往总会面陈梗概③。

9月7日下午6时，继5日上午的董事紧急会议之后，天津红十字分会又召开董事会，商议赈济日灾之方。到会者有卞月庭、孙子文、马千里、朱祝颐、阎润章、李燕林、朱茞臣、张国体、刘道平、刘襄孙、杨禹闻、王积臣等12人，公推孙子文主席。关于筹集善款，孙子文认为："本会此次赈济日灾，设法筹募万元。如达不到此数，能筹若干，亦以迅汇为要。"关于赈济衣服一事，大会公决：购买中华实业售品处爱国布匹，由朱祝颐请日本女工师，于本周日下午2时，在东宣讲所传习各女学教师、女学生做法，数量为1000件。并在衣服内挂一白布条，上盖红十字戳记和书写某人经手制成字样。关于接受会外人士捐款问题，该会亦愿代收代交④。可以看出，该会基本确定了赈济日灾的款物数量与类别。随后，天津红十字分会将缝制的千件救灾赈衣，用中华实业工厂捐助的木箱装载后，一并送交驻津日本领事，委托其转寄日本⑤。驻津日本领事对于天津红十字分会上述举措尤为感激，田岛昶副领事等人亲赴河北大王庙中国红十字会天津分会，"代表日本灾民，致谢红会所施赈物之厚意，极表感谢之忱"⑥。

9月7日，南京红十字分会在致总办事处的电文中说道："昨奉北京

---

① 《中国红十字会救日本震灾纪事本末》，见中国红十字会总会编：《中国红十字会历史资料选编，1904—1949》，南京大学出版社1993年版，第417页。

② 《日本巨灾中之救急运动》，《大公报》1923年9月6日。

③ 《红十字会消息汇志》，《大公报》1923年9月7日。

④ 《红十字会开董事会纪》，《大公报》1923年9月9日。

⑤ 《红十字会消息昨闻》，《大公报》1923年9月19日。

⑥ 《日领事答谢红十字会》，《大公报》1923年10月8日。

总会支电，以事关国际，饬即广为劝募，以尽救灾恤邻之谊等因，奉电之下，理应遵办。惟际此时局艰难，劝募不易收效，（于恩）绂惟有勉竭绵薄，仅自助大洋一千元。兹嘱舍侄近农，就沪立交钧处察收转解，明知戋戋之款，杯水无济车薪，不过藉济急需，聊尽寸忱而已。"①

南昌红十字分会接到总会的两通"支电"后，于9日召开特别会议，议决"将本会存财厅十一年度补助费洋五百元，向财厅提取，寄京总会，转往东京红十字会放赈，俟筹到款项，再行弥补"②。

在中国红十字会总会和总办事处的牵头与引领下，在社会各界的大力支持下，各地红十字分会积极筹赈款项，除了上述分会的捐助外，其他分会捐赠亦取得了一定的成果（详见表5-1和表5-2）。

表5-1　红十字分会对日灾捐款简表（1923年9月—1923年11月）

分会名称	捐款	分会名称	捐款
沙市分会	垫汇1000元	玉山分会	募捐150元
临汝县汝郏分会	垫解50元	阿城分会	捐52元
商邱分会	捐洋61元	经棚分会	募35.3元
仪征十二圩分会	捐洋100元	襄阳分会	捐100元
宜都分会	100元	曹县分会	捐30元
新野分会	捐国币53元	上洋分会	募小洋1000.9元
正阳分会	10元	樊城分会	捐100元
郧县分会	集大洋119.2元，债票15元	大荔分会	57元
洛宁分会	捐洋5元	沁源分会	25.03元
汕头分会	捐400元	奉天分会	捐日金1000元

资料来源：《中国红十字会救日本震灾纪事本末》，见中国红十字会总会编：《中国红十字会历史资料选编，1904—1949》，南京大学出版社1993年版，第424、429、433、435—438、440页；《日灾助赈芳名录》，《盛京时报》1923年9月29日。

① 《各方赈济日灾之昨闻》，《申报》1923年9月15日；《中国红十字会救日本震灾纪事本末》，见中国红十字会总会编：《中国红十字会历史资料选编，1904—1949》，南京大学出版社1993年版，第417—418页。

② 《赣省之救灾恤邻》，《民国日报》1923年9月15日。

表 5-2　红十字分会对日灾捐款简表（1923 年 12 月后）

单位：元

分会名称	捐款	分会名称	捐款
仙游分会	30	安顺分会	44
蚌埠分会	30	临淮分会	5
禹县分会	25	潜江分会	12
扬州分会	21.175	安阳分会	30
屯溪分会	67.2	兴化刘庄分会	35
武安分会	4	万安分会	10.07
广州分会	20	昆明分会	100
武功分会	64	贵阳分会	62.7
高密分会	4	荥阳分会	10
西平分会	12	南苑分会	50
黎川分会	100	朝阳分会	25
鄱阳分会	50	浦城分会	60
泰县分会	5	总计	876.145

资料来源：《中国红十字会救日震灾概要》，见中国红十字会总会编：《中国红十字会历史资料选编，1904—1949》，南京大学出版社 1993 年版，第 444—445 页。

从上述两表不难发现：（1）两表中所列分会涉及直隶、热河、奉天、吉林、江苏、安徽、江西、河南、山东、湖北、贵州、陕西、云南、福建、广东等省区，涉及区域之广，几占当时中国全部省区的大半，可见红十字会对日本震灾关注度之高。（2）两表中，捐款少的仅仅数元，多的也有千元，可以看出各地红十字会发展的不均衡性。百元以内，是红十字分会捐款的"主流"。（3）由表 5-1 结合《中国红十字会救日本震灾纪事本末》可知，各分会捐款来源多为会内职员自捐，如商邱分会捐洋 61 元，系"会中会员六十一人，各捐一元，计共捐六十一元"[①]。襄阳分会、曹县分会、阿城分会、汕头分会等亦是如此。究其原

[①]　《中国红十字会救日本震灾纪事本末》，见中国红十字会总会编：《中国红十字会历史资料选编，1904—1949》，南京大学出版社 1993 年版，第 433 页。

因，与时局动荡、灾匪不断、民生困苦不无关系。

根据红十字会资料记载，到 12 月底，全国共有 50 多个分会捐款大洋 23376.945 元①。款数虽然不多，但却折射出各地红十字分会的救灾热情与人道情怀。

第二节　红十字会赴日后的援救行动

救灾其实就是救人。中国红十字会此次赴日救灾，内容包括"派员救护（伤病灾民），并资助华侨返国"②。这种"双核"驱动，满足了中日双方灾民的救护诉求。

一、医救伤病灾民

9 月 8 日，由庄得之、牛惠霖率领的中国红十字会救护医疗队一行 26 人由沪赴日③。12 日，该队到达神户。14 日，救护医疗队抵达东京后，受到日本赤十字社的接待，并先后拜访了该社社长平山成信、日本外务省支那文化事务局冈部长景和中国公使张雁南，"查询被难人民"④。在了解东京的灾况后，该队即与日本赤十字社共同合作，不分畛域，救拯难民⑤。

抵京的当晚，医疗队听说有中国学生、工人数百人欲乘船回国，牛惠霖不顾旅途疲劳，"至码头察看，尚无病人。俟船开后，乃去"⑥。拳拳之心，可见一斑。

19 日，庄得之等 4 人先行离京返国，办理接济善后事宜。医疗队

①　中国红十字总会编：《中国红十字会的九十年》，中国友谊出版公司 1994 年版，第 48 页；王立忠、江亦蔓、孙隆椿主编：《中国红十字会百年》上卷，新华出版社 2004 年版，第 46 页。

②　顾正汉：《中华民国红十字会七十年纪要》，见《九十纪要》编辑委员会编：《九十纪要》，（台北）致琦企业有限公司 1994 年版，第 218 页。

③　中国红十字会总办事处派遣的救护医疗队成员为：理事长庄得之，医务长牛惠霖，医生焦锡生、汤铭新、华阜熙、张信培，女医生刘美锡，日文顾问陆仲芳，会计沈金涛，英文书记李桐村，看护生杜易、朱继善、张惠理、陈威烈、史之芬、孙有枝、钱宝珍、孙文贤，女看护曾德光、刘振华、王秀春、钱文昭，队役 4 人，并携带药品、器具等 90 余件。中国红十字会总会编：《中国红十字会历史资料选编，1904—1949》，南京大学出版社 1993 年版，第 418 页；《红会方面消息》，《申报》1923 年 9 月 16 日。

④　《中国红十字会救日震灾概要》，见中国红十字会总会编：《中国红十字会历史资料选编，1904—1949》，南京大学出版社 1993 年版，第 443 页。

⑤　《红会救济日灾续闻》，《申报》1923 年 9 月 29 日。

⑥　《中国红十字会救日震灾概要》，见中国红十字会总会编：《中国红十字会历史资料选编，1904—1949》，南京大学出版社 1993 年版，第 443 页。

"现在一切事宜，全权托付医务长牛惠霖代表"①。"中国红（十）字会总办事处赴日救护队，此次在东（京）进行救护事宜，颇为尽力"。赴日救护医疗队在给中国红十字会总办事处的第四次报告中说道：9月20日上午9时，牛惠霖医务长等前往日本赤十字社医院商酌进行方法，该院院长"嘱本队在该院任事，指定八号病房归本队主持。该病房现容病人四十六名，惟只准医生及女看护员在彼处任事"。下午4时，牛医务长等人查视了华人收容所。收容所内有华人430余人，浙江籍居半，不久将坐船回国，其中患病者颇多。因条件有限，中国红十字会医疗队"仓促间共治病人十余名"。为使更多的病人能早日痊愈重见故土，于是该队决定"定于明日在彼创设临时医院，疗治内外科，冀其早日痊愈，重见故土"②。

考虑到灾区的实际情况，为更好地服务灾民，中国红十字会医疗队共分成三组：（一）医院部。由牛惠霖主持，每天8时到赤十字社医院服务，诊治日本病人。（二）收容部。每日由汤铭新医生率救护员前往华侨收容所，诊治伤病员。（三）事务部。由会计沈金涛管理③，其负责"兼理中文书记及庶务二项，并主持饭食等事"④。

自9月21日起，牛惠霖医务长偕各医生及女看护等在日本赤十字社医院服务，并规定每日任事时间，自上午8时起至下午5时止。当日由该院外科主任，逐一说明各人病状及一切疗治法后，即返宿舍，午膳后女看护仍往医院办事。牛医务长及医生等前往华人收容所，诊治患病华侨，共计47名。不仅如此，该医护队还不时遣派队员到横滨从事救护，以期能够帮助更多的灾民⑤。

灾区救护期间，医护队中唯一的女医生刘美锡肩挑两副担子：既要救护灾民，又需给产妇接生。她不辞辛劳，夜以继日，用自己温暖的双手，把这些在灾难中诞生的婴儿接到人间⑥，其工作量可想而知。

此外，20年代初，中国西医尚处草创阶段。进口西药，费用昂贵，而牛惠霖率领的赴日救护队，免费为灾民医疗、给药，确实难能可贵⑦。

① 《红会救济日灾续闻》，《申报》1923年9月29日。

② 《红会救护日灾之进行》，《民国日报》1923年10月3日。

③ 《中国红十字会救日震灾概要》，见中国红十字会总会编：《中国红十字会历史资料选编，1904—1949》，南京大学出版社1993年版，第444页。

④ 《红会救护日灾之进行》，《民国日报》1923年10月3日。

⑤ 《红会救护日灾之进行》，《民国日报》1923年10月3日；《红会东京救护队之努力》，《申报》1923年10月3日。

⑥ 吴纪椿、李咏霓：《关东大地震中的中国救护队》，《人民日报》1981年2月9日。

⑦ 吴纪椿、李咏霓：《关东大地震中的中国救护队》，《人民日报》1981年2月9日。

这既是红十字会使命之所在，亦彰显救灾恤邻之壮举。

关于医护队在日救护历程，牛惠霖后来记述道：总办事处派遣的医护队在东京从事救护，共计3个星期，10月6日由横滨返国。医救伤病灾民期间，医疗队与日本赤十字社亲密合作。东京赤十字社病院往日"容病榻约四百五十具，自地震以后，复增病榻四百具。所诊病人，均为受火伤、压伤甚重者，其中中国红会所担任医治者，计有病榻四十号"。当该队准备离日返国时，该院所有病人"病势伤势，均已恢复，无复须其诊治矣"。此次在日服务，中日双方，感情极洽，故"当救护队动身时，赤十字院医院均冒雨到站欢送"。牛惠霖等人还将所有未经使用的约值5000元的药品，赠送给日本赤十字社。此外，还另赠4000元支票一张，以便日后留治其他病人①。

图 5-2　中国红十字会医护队返国时与东京赤十字社合影
资料来源：《中国红十字会月刊》第 25 期（1923 年 11 月 10 日）

受陕西省政府之特派，赴日调查灾况的西安红十字分会会长杨鹤庆，归国后特将此行见闻记述成文，著成《日本大震灾实记》一书。在该书中，他这样描述和评价中国红十字会救护医疗队：总办事处医护队抵京后，"扎本队于麻布高田町，设支部于日赤十字社病院对门。索查

① 《红会赴日救护队返沪》，《申报》1923 年 10 月 12 日；《红会赴日救护队昨日返沪》，《时报》1923 年 10 月 12 日；《红会赴日救护队返沪》，《东北文化月报》第 2 卷第 10 号（1923 年 10 月 15 日），第 63 页。

患者，巡回治疗，亘二十余日。昼夜不辍，克尽厥职。牛医（务）长手术妙快，日本赤十字社医长赞赏不置。医员等艰苦卓绝，看护士妇等精明亲切，一行均能发挥牺牲精神"。救护医疗队此行"直接为吾会（增）光，即直接增国家荣。十月六日职务完结，行将凯旋。日皇室先于十月二日为之款待，外务省为之送行。上下一体，感激靡已。余分会长也，至日先赴赤十字社，次访我总会一行。故知之深，感之切，特笔记之，以志不忘云尔"①。杨鹤庆在亲历、亲感后，真实、客观地描绘了中国红十字会医疗队业务的娴熟与奉献精神，认为其"出发日本，尽救灾恤邻之天职，广大博爱恤兵之精神。日人感激，列邦称赞"②。事实也确实如此。

中国红十字会总会派遣的另一支赴日医护队由汤尔和率领，9月8日晚从北京动身，过奉天，经安东，赴釜山，11日晚抵下关，铁道局接到驻华芳泽公使及船津总领事的急电后，已妥为照料。12日上午，汤尔和一行抵达大阪，午后往访大阪府知事，"待遇亦至为优礼，告以赴东京种种情形，并立召内务部长来，命其调查赴东铁路各线，以何者为最便，不数分钟已开清单来复命。当此百忙之际，其机关办事之敏捷，令人失惊"。随后，汤尔和等人"即分头办事，以二人在阪与各机关接洽；以二人坐电车赴神户，访本国领事"③。次日，该支医护队乘中央线东上，一路所见场景多为残垣断壁与逃难的民众。14日午后，汤尔和等人到达东京。对于中国红十字总会代表一行的到来，日本朝野深为感谢④。

汤尔和等人的学问、经验为日人所素知，并且日语又极流畅，"故行装甫卸，即分头加入陆军卫成病院、帝大医院、赤十字病院。日人对之，极为信用，划出病室全部，使其独当责任，医员、看护妇悉听指挥"。日本医事机关，素不容外国医师插足，而陆海军所属机关尤为不可通融。"今能如此，亦一难得之例也"⑤。北京总会所派医护队员高超的业务水准与专业素养，博得了日方的肯定与信任。汤尔和在给《晨报》的"第五次通讯"中也说道："弟（汤尔和）等到后即入陆军第一卫成病院，专治所收容之灾民，凡一星期，病人渐次出院。复往帝大病院一星期，亦于二十九日结束。伤者多渐愈，病院亦于十月一日起恢复原状，照常开始普通诊察。"然而，国立传染病研究所收容的灾民为数

---

① 杨鹤庆：《日本大震灾实记》，中国红十字会西安分会发行（1923年11月），第68页。
② 杨鹤庆：《日本大震灾实记》，中国红十字会西安分会发行（1923年11月），第67页。
③ 《从北京到大阪》，《晨报》1923年9月20日。
④ 《对于中国慰问之感谢》，《时报》1923年9月19日。
⑤ 《东京见闻杂缀（一）》，《申报》1923年9月28日。

不少，"当局尚欲我等前往帮忙，以行期既定，只好却之，深抱不安"。汤尔和一行自抵京以来，克服任务繁重等困难，精心疗治灾民，其所诊治的病人"合计不下五千人，于灾民亦不无小补"①。

旅日侨胞的健康状况，也被该队所牵挂。在帝大医院疗治结束后，汤尔和等4人特至习志野兵舍慰问华工。地震发生后，"华人在东京作小买卖及劳动者，穷无所之，公使馆被焚，自顾不暇。日政府乃悉数收容于习志野兵舍，计（一）千六百余人"。汤尔和等人向该兵舍所长富田少佐详细询问了自收容以来，有无人员患病死亡等情况。当兵舍所长说"内有一人因'鼻下腺炎'而死，余等大诧异，谓恐系耳下腺之诧。少佐谓自不知医，但据报告则'鼻'而非'耳'，余等大笑，谓鼻下安得有腺。少佐立命取报告册来，则果误书作鼻下腺"。此外，"华人所居共兵舍六进，余等一一走遍，灾民均为温处人"。汤尔和等人"每经过一室时，问大家至此好否，则阒然曰好，告以我等为北京红十字会派来看望大家者，则有合掌者，大呼多谢者，哄然并作"②。

二、遣送难侨归籍

"本会救护日本震灾，尤注重救拔侨胞返国"③。换言之，资遣侨胞回国乃至归籍，是医疗救护队及中国红十字会的另一要务。在医治伤病灾民的同时，中国红十字会赴日医护队还会同驻日公使及神户中华会馆商议救护侨胞回国。可以说，遣送灾侨返回故土，称得上是对受灾国的另一种"别样"赈济。

由于余震不断，个人财产和生活用品在震灾中损毁殆尽，加之乱象环生，受灾华人多想回归故土。中国红十字会医疗队通过联系、筹借船只等方式设法帮助灾侨回国。据庄得之调查，震灾发生数周后侨胞"在东京商学两界尚有二千五百余人"。之前，虽有部分灾侨通过各种途径和方式，或返回或已转移他处，但此时因日本船只缺乏，租借困难，加上地震后水道变更，船小风大非常危险，倘遭不测，情形将更为凄惨。为此，庄得之拍电回沪求援，"请速商招商局派图南或太古、怡和船吨位稍大者至少三艘，直达抵横滨。何日起程，请先电驻神户领事，以便接洽"④。

① 《华工被灾后之实况》，《晨报》1923年10月12日。
② 《华工被灾后之实况》，《晨报》1923年10月12日。
③ 《中国红十字会救日震灾概要》，见中国红十字会总会编：《中国红十字会历史资料选编，1904—1949》，南京大学出版社1993年版，第444页。
④ 《红会之消息》，《申报》1923年9月22日。

上海总商会接庄得之来电后，当即与招商局切实磋商，商请招商局抽调图南轮船赴日，接运侨民归国。招商局鉴于"津货堆积，前次抽调新铭赴日，已损失不少。刻下各货亟待装运，万难抽调；且图南较新铭船身更小，难经巨浪"①。已无力派船前往日本接运侨胞。该局又指出：前次抽调天津新铭轮赴日后，"明知无补于大局，聊以竭尽乎寸心。而津商以各货待运，已啧有烦言"。当时，船员担心"敝局船吨较小，日本水道变迁易涉危险，阻不使往者。敝董等力排众议，锐意东行。然亦仅敢开至神户，未敢到横滨也"。此外，该船返回时"仅载难民"，无货压载，下轻上重，幸未遇风，不然亦殊可虑，事后思之犹为心悸"②。此种论调，既是托词，也是实情。对此，不得不另行设法解决。最后在各方的多次沟通和协商下，华人乘船回国一事得到日方与他国的支持与帮助，此事总算得以圆满解决。

据红十字会资料统计，医疗队与神户中华会馆合作，自9月19日至11月16日，共分25批，将6723人资遣回国③。成绩背后，无不尽显中国红十字会的慈善胸襟。

医护队在协助难侨回国的同时，上海中国红十字会总办事处除筹募款物外，自9月13日起，每次接到神户中华会馆报知被灾华侨返沪的消息后，"即备车至码头，有病者接至医院治疗，于〔余〕则由（中国）协济日灾义赈会招待"④。根据《中国红十字会救日本震灾纪事本末》的记载，我们可知其逐日"服务"的人数情况（详见表5-3）。

表5-3　返国灾民到沪统计表（1923年9月8日—10月18日）

到沪日期	船只名称	人数	备注
9月8日	加拿大皇后号	37	宁波人
9月17日	熊野丸号	171	各省人
9月19日	麦克来总统号	412	各省人
9月20日	新铭号	741	各省人

---

① 《招商局调轮赴日之为难》，《申报》1923年9月27日。
② 《中国红十字会救日本震灾纪事本末》，见中国红十字会总会编：《中国红十字会历史资料选编，1904—1949》，南京大学出版社1993年版，第426页。
③ 中国红十字总会编：《中国红十字会的九十年》，中国友谊出版公司1994年版，第47页。
④ 《中国红十字会救日震灾概要》，见中国红十字会总会编：《中国红十字会历史资料选编，1904—1949》，南京大学出版社1993年版，第444页。

到沪日期	船只名称	人数	备注
9月21日	千岁丸号	575	各省人，学生208人，其中女生1人
	俄皇后号	156	各省人
9月24日	近江丸号	119	各省人
9月27日	千岁丸号	501	温州人，1人已故
	山城丸号	108	各省人，学生，其中女生6人
	阿里梭纳丸号	448	各省人
9月28日	大洋丸号	20	温州人
10月1日	熊野丸号	140	各省人
	大英公司德加大号	450	各省人
10月4日	月光丸号	30	温州人
	弘济丸号	497	各省人
10月6日	博爱丸号	449	各省人，其中学生20人，小孩8人
10月11日	千岁丸号	741	各省人
10月12日	山城丸号	63	各省人
10月14日	长城丸号	524	温州人
10月16日	熊野丸号	97	各省人，其中学生13人
10月18日	白野丸号	42	温州人

资料来源：根据《中国红十字会救日本震灾纪事本末》相关文字内容编制，见中国红十字会总会编：《中国红十字会历史资料选编：1904—1949》，南京大学出版社1993年版，第434—435页。

从上表可知：其一，自9月8日至10月18日，由日回沪的侨胞总数为6321人，接待任务之重可想而知。其二，灾民回国所乘船只以日船为主，可以说，这既是中方"努力"的结果，也是日方"赈济"的体现。同时还兼有英国、加拿大等国的船只，正是这种"合力"的作用，使得灾民得以顺利返回故土。其三，回国侨胞中，温州籍人较多，总数不下千人，是一个较大的群体。

旅日侨胞抵沪后，助其返乡工作随之而来。不过，由于各地同乡会的介入，此项工作大致得以解决。

鉴于返乡侨胞的实际困难，中国红十字会电告北京政府交通部，请

图 5-3　各界接待由日抵沪灾侨

资料来源:《东方杂志》第 20 卷第 16 号（1923 年 8 月 25 日）

发火车免费证，以便他们能够及时归乡①。在日期间，中国红十字会医护队对欲回乡灾侨施以援手，助其返国；抵沪后，中国红十字会总办事处又主动承担起治病救人的使命，保其康健；离沪归乡时，中国红十字会继续接起人道主义这根接力棒，为灾民的健康安全保驾护航。

对由沪归籍的难侨，中国红十字会甚至还专派医生随船护送，防"病"于未然。其中对"飞鲸"号轮的护送就是一例。10 月 4 日，有温籍难民 1000 余人，亟应遣归故里。"惟有时患疫症者，必须沿途医治，庶免贻误生命等情"②。温州同乡会特商请中国红十字会理事长庄得之派遣医队随船诊护，对此，红十字会及时做出回应，商请海军总司令部黄戒宜医生，率带看护 2 人、伺役 1 人，携带药品，随船前往③。

事后，对于此次护送时遭遇到的惊心动魄的一幕，黄戒宜在给中国红十字会总办事处的报告书中说道：10 月 5 日夜半，率同张、耿二君，由沪登飞鲸商轮，"是夜求诊者数人"。该船原本只能装载 500 人，但却容下灾民 1094 人。全船几无空隙之地，极行拥挤；且炭气极重，空气

①《中国红十字会救日本震灾纪事本末》，见中国红十字会总会编：《中国红十字会历史资料选编，1904—1949》，南京大学出版社 1993 年版，第 418 页。

②《中国红十字会救日本震灾纪事本末》，见中国红十字会总会编：《中国红十字会历史资料选编，1904—1949》，南京大学出版社 1993 年版，第 427 页。

③《温州灾侨陆续遣送回籍》，《申报》1923 年 10 月 5 日；《中国红十字会救日本震灾纪事本末》，见中国红十字会总会编：《中国红十字会历史资料选编，1904—1949》，南京大学出版社 1993 年版，第 428 页。

图 5-4　侨日温州灾民由沪启程回籍

资料来源:《申报》1923 年 9 月 28 日

不清,"即健者处此等空气中,亦有头晕脑胀之患。故得腹痛、腹泻、头痛者不下二十人,而其中有真正霍乱者二人"。6 日晨 5 时,霍乱者林阿全发病,"来势甚恶",医护人员即时准备注射器具,并商请温州同乡会代表转商船主,腾出官舱一间,作为临时开刀间。因此略为耽延,到下午 2 时半才开始开刀,注以食盐水。此时风浪渐大,船身颠簸不定,"勉(黄戒宜)等头晕欲呕,亦不自持,以此只能嘱张、耿二君轮流看护"。至下午 7 点,注射终了,共计注射 9 磅。"而患者斯时精神极健,为之庆幸"。不料,7 日 10 时 1 刻,船上又发现郑逢兼出现霍乱症状,"来势尤猛,立时即为注射助心药一针"。10 时半开刀,到下午 4 时半,共注射盐水 8 磅,此时"患者精神亦颇健"。不久,船抵码头,病人被送至医院安置。次日上午 9 时,"率同张、耿二君,往瓯海关医院察看病人,精神甚好,可保无虞"[1]。

此次由沪赴温船中,先后共发现患病者近 20 人[2]。所幸的是,有红

---

[1] 《浙温灾侨回籍》,《申报》1923 年 10 月 14 日。

[2] 他们分别是:林阿全、郑逢兼、徐苏氏、陈氏、潘国琛、林国权、蔡时波、吴阿元、潘石寿、张少庆、林郑氏、吴凤章、张兰梅、黄阿六、陆志成、张安达、陈如永、潘国纲、潘国纪,共计 19 人。见《浙温灾侨回籍》,《申报》1923 年 10 月 14 日。而《中国红十字会救日本震灾纪事本末》所列病者则为:林阿全、郑逢兼、徐苏民、潘国琛、林周权、蔡时波、吴阿元、潘石寿、陈少庆、林郑氏、张兰梅、黄阿六、徐阿六、陆志成、张安达、陈如永、潘国纲、吴凤章,共计 18 人。见中国红十字会总会编:《中国红十字会历史资料选编,1904—1949》,南京大学出版社 1993 年版,第 431 页。

十字会延请的医务人员护船同行，经过及时医治，终于化险为夷，否则后果难料。令人敬佩的是，黄戒宜一行在船身颠簸不稳的环境下，克服晕船等困难，及时给患者予以救治，彰显了医务工作者救死扶伤的崇高美德。

总之，旅日灾侨的安全、顺利归籍，既实现了侨胞因灾返回故土的愿望，从某种程度上来说也减轻了日本当局安抚和救济灾民的负担，不能不说是中国红十字会救护日灾的一个"特殊"贡献。

第三节　红十字会援救日灾的社会效应

在特殊的历史语境下，秉承救死扶伤的理念，中国红十字会援救日本震灾之举，既诠释了人道主义的含义，又在无形之中光大了人道主义精神。同时，红十字会扶桑之行，亦加深了民众对两国友好共处的期待。

一、人道、理性精神的光大

如前所述，1923 年是中日关系史上不同寻常的一年，由于日本的霸道与野心，中国民众用抵制日货、对日实行经济绝交等行动的方式加以回应，各处抵日、排日、仇日的气氛异常浓烈。

在尖锐的民族纠葛和冲突目前，中国红十字会毅然冲破民族矛盾的樊篱，义无反顾地奋力援救日本。从同情慰问到派遣医疗救护队，从组织义赈善团到输送善款、善物，从医治伤病灾民到遣送难侨归籍，所有这些无不体现了中国红十字会"尽救灾恤邻之天职，广大博爱恤兵之精神"，其人道、理性之举得到淋漓尽致地彰显。

诚然，博爱恤兵、扶危济困，是中国红十字会所奉行的宗旨；参与国际救护，亦是其一项对外"业务"。但在特殊的时空环境下，中国红十字会积极援救日灾的人道主义之举，显得格外耀眼与令人瞩目。在面晤东方通信社记者时，牛惠霖医务长这样说道："中国红十字社（会）派遣此种大规模之救护班于海外，实属从来所未见，是基于同文同种的情谊，及红十字社（会）本来人道的精神。"[1] 这种"情谊"，是中华民族传统美德——救灾恤邻——的再现；这种"人道的精神"，是中国红十字会天职——救死扶伤——的又一次的践行。可以说，中国红十字会

---

① 《华红十字实施救疗》，《盛京时报》1923 年 9 月 23 日。

此次扶桑救灾之行，灾民感受到的不仅有慰问与救治，也有人道、理性与友情。

此外，"维护民食"一事，亦再现出中国红十字会人道、理性的一面。日灾发生后，北京政府决议开弛米禁，允许米粮出口。然而，"我国产米省份，历被水旱之灾，五谷歉收，民食早形缺乏"①。加上一些奸商乘机囤积居奇，高抬米价，致使米价骤涨，人心恐慌②。

中国红十字会"领袖"的中国协济日灾义赈会曾一度向日本灾区输送米谷予以接济。但鉴于国内米谷需求情形，加上得悉日本灾区米粮已无不足之虞后，中国协济日灾义赈会当即决定不再运米出境，以维民食，并将此决定致函江海关监督。函曰："敝会以日灾惨重，购米运济，原属恤邻之义。惟近年我国民食维艰，米价日昂，同人等为兼筹并顾计，决议除已运出万担，以后不再续运，藉维小民生计。且据日领事声明被灾区内，米粮尚可敷用，是敝会以后接济当以赈款或以其他用品为限。除电陈北京部院暨南京军省两长外，相因函达，即烦查照为荷。"③红十字会不盲从、理性的决定，折射出其关心、体恤民生疾苦的人道情怀。

不料，10月30日出版的《时报》却突然刊有中国红十字会总办事处运米赴日的电文，总办事处对此消息极为震惊，当即致函该报馆，请其予以更正。该函曰："今日贵报第一张所登本馆二十八日北京电，红十字会购皖米七万五千石，赈济日灾，政府电吕调元放行等语。查本会并无此事，尚祈更正为祷。"④

为消除不良影响，防止误导民众，总办事处在函请《时报》馆更正外，并及时发布广告加以澄清。其刊登在《申报》上题为"中国红十字会总办事处广告"曰："本月三十日，时报载红十字会运米七万五千石赴日赈济等语，阅之不胜诧异。查日本此次赈（震）灾，虽甚惨伤，而其食料则非常充足。本会医队前赴日本救护时，见其积存米谷千仓万箱，足敷本年供给，故美国前助日本粮食四千吨，日政府仅收其半。兹据时报所载，本会并无其事，显系奸商假借本会救济邻灾名义从中渔

---

① 《学商公会反对弛米禁电》《申报》1923年9月9日。

② 《米价已受震灾影响》，《申报》1923年9月10日。

③ 《协济会职员会纪》，《申报》1923年9月11日。

④ 《中国红十字会救日本震灾纪事本末》，见中国红十字会总会编：《中国红十字会历史资料选编，1904—1949》，南京大学出版社1993年版，第436页。

利，贻害我同胞。其居心叵测，诚不堪问用特声明，幸垂鉴焉。"① 该条广告自 10 月 31 日见报起，连续刊载至 11 月 9 日，共持续 10 天，可见其辟谣决心。

二、友好、和睦期待的加深

中国红十字会援救日灾行动得到日本社会各界的一致称赞和感激，日本外务省司长冈部感谢中国红十字会救护队"远涉海洋，惠临东京，专心致力于救护灾民之事，特对于伤病者厚赐治疗，使我国人同深感泣"。随后该会又接到外务省亚细亚局长出渊胜次来函，"语意亦同"②。

东京商业会议所致电中国红十字会总办事处表达了相同的情感："此次地震火灾之际，首承以深厚之同情，赐予慰问。且于救济事业及其他事务，多蒙仅虑，实属感谢不已。"③

日本赤十字社社长平山成信亦致谢中国红十字会曰："前承贵会派遣救济日灾医队，当于十月二日奉函申谢，自医务长牛惠霖君及队员诸君在东锐意尽瘁于罹灾患者之救护，与本社事业上以多大之补助，此节即敕社总裁载仁亲王殿下所深为嘉尚。又承惠赐各种物资并金币四千元，尤甚感荷，兹谨表深厚之谢意。"④ 感激中国红十字会的义举，可谓是日本政府与民间各界的共同心声。

感激之情中亦包含着对两国和睦共处的良好祝愿与期盼。神户商业会议所会长泷川仪作等人函谢庄得之道："承尊处代表贵国对于日本此次所罹巨灾，实心体恤，表示诚挚，吾等不胜感激。且深悉此等美誉之意，必使二国交谊，更加亲密。"⑤

除致函道谢外，日本还派谢赈团来华，表达对中国红十字会及中国人民援助震灾的感激之情。

11 月 21 日午后 3 时，日本驻沪总领事、副领事偕表谢团臼井哲夫、铃木富久弥、砂田重政、半泽玉城 4 人亲临中国红十字会总办事处，"敬表谢意"。臼井等谓："此次贵国人民对于敝国震灾所给与伟大之同情，与贵会派遣医队之协助，殊足使敝国上下一致感动。此次来沪，敬

① 《中国红十字会总办事处广告》，《申报》1923 年 10 月 31 日。

② 《中国红十字会救日本震灾纪事本末》，见中国红十字会总会编：《中国红十字会历史资料选编，1904—1949》，南京大学出版社 1993 年版，第 438 页。

③ 《中国红十字会救日本震灾纪事本末》，见中国红十字会总会编：《中国红十字会历史资料选编，1904—1949》，南京大学出版社 1993 年版，第 438 页。

④ 《日本赤十字社社长之谢函》，《申报》1923 年 10 月 18 日。

⑤ 《日商函谢中国红会》，《申报》1923 年 10 月 19 日。

表谢意，极希望此后中日两国国民益臻亲善之意。"① 彼此友爱与和善，此时成为大家共同的心声。

11 月 28 日，中国红十字会等十团体设宴招待日本来华道谢团。宴会上，中国红十字会代表盛竹书就如何增强中日两国人民感情发表了自己的看法，并就两国友好共处提出了一些建议和忠告，希冀在此契机下，重新搭建中日两国友好的桥梁。盛竹书说道："今日两国主宾团聚一堂，而臼井、铃木、砂田、半泽诸先生均系日本国代议士，完全系日本人民的代表；公宴的各公团主人，完全系中国人民的地位。是今日的宴会，实中日两国人民结合好机会，鄙人以为不可作为普通交际看待。"他认为中日两国人民近来感情日形薄弱，其原因有二方面：其一，两国政府互相利用，私自缔约，不顾人民利害。"往往因我政府压制，发生对方误会"。其二，"日本国人民，敦厚者固有，而精明者居多，凡权利所在，尽力竞争，往往不肯为中国人民稍留余地。但中国人民自海通以来，对实业之发展，商务之振兴，不知牺牲多少精神、多少金钱。若固有的利益，设或因日本国人民的竞争，不能保全，心何甘休"。对此，盛竹书希望"诸代议士回国后，陈请日本国政府，将来与中国政府缔约，须先采取中国人民舆论。即以前所缔约，或有伤失中国人民的主权，务请从速废除；并劝告日本国人民，凡对中国商业上关系，当推诚相见，互相扶助，幸勿因有利可图，不顾交谊……两国人民须各体此意，力求亲善，庶两国人民幸福日增，当为世界各国所企仰，其光荣为何如耶"。为此，他认为"今日的宴会，于我中日两国有莫大关系"②。

臼井亦对中日两国民众友好相待满怀期待："今日中日两国国民之共存关系，渐次由官僚政府之手，而移于国民自身之手。今日作为新纪元，交换握手，则两国国民之亲睦融洽，永久不渝，盖无可疑。"③

诚然，后来的历史证明，以怨报德是日本对华的回赠，但中日民间的友好交谊却在中国红十字会等力量的推动下，不断得以延续和加深。

---

① 《中国红十字会救日本震灾纪事本末》，见中国红十字会总会编：《中国红十字会历史资料选编，1904—1949》，南京大学出版社 1993 年版，第 439 页。

② 《中国红十字会救日本震灾纪事本末》，见中国红十字会总会编：《中国红十字会历史资料选编，1904—1949》，南京大学出版社 1993 年版，第 440—441 页；《昨晚十团体欢宴日本谢赈团》，《民国日报》1923 年 11 月 29 日。

③ 《中国红十字会救日本震灾纪事本末》，见中国红十字会总会编：《中国红十字会历史资料选编，1904—1949》，南京大学出版社 1993 年版，第 442 页。

余　论

　　关东大地震，从灾害学的角度来看，其关键词无非是震级烈度高、次生灾害种类多、人员伤亡惨重、财产损失巨大，纯粹是一场自然灾害。但如果结合深沉的时代背景即中日民族关系加以考察，就中国方面而言，对于此次地震的评析及震后的救护，不难从中看出民族主义与人道主义的并存。具体来讲，关东大地震前，中日双方交涉、冲突不断，中国多地掀起了声势浩大、波澜壮阔的抵制日货运动，主张对日实行经济绝交，抗议日人暴行，等等。民众的排日、抵日、仇日情绪异常浓烈，民情激愤，中日民族矛盾异常尖锐。关东大地震发生后，中国社会各界秉承救灾恤邻的理念，以不同方式、积极热烈地援助地震灾区。其间因日本趁灾屠杀华工事件曝光，在国恨家仇面前，中国民众再一次爆发了声势浩大的声讨与抗议活动，但即便如此，中国人民援助日本灾区的步伐并没有因此而停下来。

一、对日运动与赈济日灾并存

　　日本关东地震发生前后，中国多地掀起了废除二十一条、收回旅大、抵制日货、实行经济绝交、抗议日人暴行等对日运动，这是对日本政府当局蛮横、霸权的回应与反击。然而，面对震灾惨状，中国民众理性地将灾害援救与民族冲突区分开来，抵制日货、排日运动与赈济日灾、救灾恤邻并存①。

　　9月9日，武昌对日各团体决发宣言，认为"赈济日灾，与对日运动为两事，并行不悖"②。9月10日，中华救国十人团联合会建筑会在国语专修学校开会，总队长陈良玉致辞，谓："鄙人因本会今晚之会，

　　① 李学智、彭南生等人对此有过精彩的论述，详见《1923 年中国人对日本震灾的赈济行动》，《近代史研究》1998 年第 3 期；《民族主义与人道主义的交织：1923 年上海民间团体的抵制日货与赈济日灾》，《学术月刊》2008 年第 6 期等。

　　② 《国内专电·汉口电》，《申报》1923 年 9 月 11 日。

而联想及于救恤日本震灾事。现在抱定抵制劣货及对日经济绝交之团体，其一为救国十人团，其一为市民大会。而市民大会睹此番邻邦之灾祸，悯人类之惨苦，遂有救恤之举，十人团在市民大会中亦抱同一主张，以为救灾恤邻是一事，经济绝交又是一事，立于反对地位者尚如是，于此可见我国民心理之一斑。"① "救灾恤邻是一事，经济绝交又是一事"，可以说此种认识不仅是该会的主张，亦是社会各界的基本共识。这里不妨再列举几例加以验证。

【事例一】

在对待日灾的问题上，山东省议会议长宋傅典指出，近年来中日两国感情极坏，不免有抵制日货等事件发生，但"此次救济日本，系本救济恤邻之谊，与国际交涉，截然分为两问题。救济是救济，交涉是交涉"②。该省督军田中玉认为："年来吾国朝野上下，因外交上关系，对日感情，至为恶劣，所以对于此次日灾，有主张不赈济者，殊属不对，一方面赈济日灾，一方面不妨力争旅顺、大连。"③

【事例二】

9月16日午后三时，上海对日外交市民大会在总商会大厅举行第二次提倡国货大会，各界到会者达二千余人。干事长冯少山致开会辞，谓："本会以反对二十一条收回旅大，而为经济绝交之进行，迄于今日，仍抱初衷。迩来时开提倡国货大会，并非放弃以前主张，其实系从消极方面为积极进行，一方面仍坚持经济绝交，至得达目的为止。或谓日灾已烈，似宜为相当之解缓，实属误会，要知救济日灾，系人类互助之天职，吾人已组织慈善团，竭力资助，此古训所谓被发缨冠之举也。事属慈善，不能与国家存亡关系之问题相提并论，而加以姑息养奸，酿成国际阶级世界混乱之风习，此意深望加以区别。"④

此外，在得悉芜湖国民对日外交后援会打算撤销日货检查所的消息后，该会特致电芜湖国民对日外交后援会与安庆国民外交后援会，电文中强调："抵货为国民自卫之策，与赈济日人急难，划然两途。盖赈济系暂时，而抵货主张，非达到最初目的，决不能稍有变更。"并感慨道："贵会因救济日灾，取消日货检查所，似已变更最初主张，是九仞之功，

① 《十人团延长征募期》，《申报》1923 年 9 月 11 日。
② 《鲁省各界救济日灾会议》，《申报》1923 年 9 月 13 日。
③ 《日灾筹赈游艺会开幕》，《申报》1923 年 9 月 28 日。
④ 《市民二次提倡国货大会纪》，《申报》1923 年 9 月 17 日。

亏于一篑。不但为贵会惜，且为外交前途厄也。"同时建议该会"慎重考虑，勿以一地而灰全国之心"①。

【事例三】

福建学生联合会筹赈日灾办事处就抵制日货与赈济日灾之间关系发布宣言书②，具体内容如下：

抵制，赈灾，我们真是自相矛盾了，我们果真自相矛盾了吗？大家知道，抵制是恶感的表示，赈灾是亲善的举动。既抵制，就用不着赈灾；既赈灾，就可以取消抵制。这两个问题是反对的，不是连带的。那么，这次筹赈日灾的工作，岂不是发生在抵制时期内吗？难道你们忘了二十一条件，旅顺、大连湾的强迫和霸占，以及其他种种的耻辱吗？不！请大家听我们解释这个理由。抵制的目的是什么？是用经济绝交的手段，去警醒日本的人民，告诉他们因为你们政府的野心，致你们受到影响，你们快些反对罢。简直说我们对日的恶感，是和那些眈视弱邻，和操纵国民的少数野蛮政府宣战。至于那些百姓，真是和我们同病相怜的，被压迫或被操纵，那有恶感可言。赈灾的目的是什么？是本着那救灾恤邻的古训，去赈救那受灾被难的人民。……大家更须明白，抵倒（制）当然仍要抵制，赈灾也可以说是抵制。我们并不因赈灾而忘抵制，我们却是因抵制而来赈灾。

类似上述的宣言、言论很多，由此不难看出其中既陈述了赈济日灾的缘由，又表明了对日的态度与立场。对此，《五九》发表的社论《论对日经济绝交与赈济日灾》也指出了原委："对日经济绝交，以减损其国家之富强力，促其政府改变野心政策为目的；赈济日灾，以援救其人民维持过渡现状，不致因灾后不能生活而流离死亡为度。"③

二、中国各界抗议、交涉旅日侨胞被杀事件与赈济日灾并存

关东地震后，日本青年团员、在乡军人等借口朝鲜人趁灾起事，在野蛮屠杀朝鲜人的同时，疯狂残杀我国旅日侨胞，"数千华工被日人无辜残杀"④。消息传入中国后，国内的舆论由"中止排日运动、救济日

---

① 《市民会贯彻主张之通电》，《申报》1923年9月11日。
② 《排货与赈灾之解释》，《大公报》1923年9月28日。
③ 《论对日经济绝交与赈济日灾》，《五九》1923年第3期，第1页。
④ 吉林省档案馆：《1923年日本关东大地震后中国留日学生状况史料选编》，《历史档案》1997年第1期，第52页。

"，转为再次高呼对日抗议运动①。

中国各地方政府、各社会团体以及知名人士等纷纷致电致函，呼吁外交部速向日本政府提出严重交涉，促其尽快查清事实真相，惩凶道歉，赔礼抚恤，以慰冤魂，而保国权②。

如上海市民会因旅日侨胞被惨杀一事极为愤慨，致电外交部请其对日交涉，电文曰："日人惨杀侨工，数达百计，而于生者又加拘囚，仁义道德，沦亡颓尽。吾本救灾恤邻之义，集资以济其急，而其浪人，反加横杀，以德报怨，莫甚于斯，吾人一息尚存，当不容其恣意横暴也。伏希钧部速提抗议，惩办恶凶，赔偿损失，谨布区区，急盼交涉。"③

上海国民对日外交大会，为日本惨杀被灾华工事件，特召集临时紧急会议讨论对付，经众商讨形成"通告全国国民厉行经济绝交""严缉凶犯""对于被害者之家属以损害赔偿"等议决④。

江苏省议会议员李昂轩等人提出议案云：此次震灾，"我国各界人士，莫不为良心上之主张，奔走呼号，亟谋救济，踊跃捐输者络绎不绝。旬日之间，数逾千万，可谓仁至义尽。对于朝夕谋我之强邻，国际上似可告无愧矣。乃该国群众竟乘灾患发生之际，惨杀我国华工至数百名之多，而该国政府宜如何引咎，严惩为首滋事之人，抚恤我无辜被害之侨□，乃竟视若无睹，视而不宣。若不急谋对付，惨死之数百同胞，固含冤莫白，将来我国侨民，任人宰割，直无丝毫保障。"⑤

吉林学界为遇害同胞王希天等人开追悼会，与会者达二千余名。"席间为悲愤慷慨之演说数次后，即行议决，设立吉林国民外交励行会，以督促当局者。散会后，学生数百名，手持缀有倭奴残忍，及日本人不讲人道，并此仇必报等字样小旗，在市中游行，至省议会门前，三呼中

---

① 沈海涛：《日中两国就关东大地震时中国工人被害事件的交涉经过》，载长春王希天研究会编：《王希天研究文集》，长春出版社1996年版，第137页。
② 吉林省档案馆编：《王希天档案史料选编》，长春出版社1996年版，第290页。注：笔者根据相关资料统计，致电致函的社会各界有温州旅沪同乡会、温州同乡会、上海市民会、上海国民对日外交会、上海旅沪各省区同乡会联席会、上海华侨被害后援会、东京留日华侨虐杀抗议后援会、侨日华人被害后援会、罹突留日学生归国团、吉林留日学生同乡会、吉林学生国货维持会、吉林学生联合会、吉林省农商会、吉林省教育会、吉林省议会、河南省议会、侨务局、吉林省长公署等团体，以及江苏省长与督军、留日归国学生、王希天友人、长春县知事、驻日代理公使施履本、参议院议员雷殷等众人。
③ 《日人惨杀华侨之请提抗议》，《申报》1923年10月22日。
④ 《对日外交会紧急会议纪》，《申报》1923年10月24日。
⑤ 《日人惨杀华工之反响》，《（长沙）大公报》1923年10月28日。

华民国万岁而散"①。

对于此事件，《民国日报》特刊发时评《日人暴行》予以谴责，痛斥其凶残与无道。该评论云："我国人于日灾发生后，抛弃积仇，慷慨救灾，日人反以惨杀华侨数百人以报，此种无意识之暴行，不知是何用心？我国以前抵制日货运动，曾经表示，是仅抵制日本的野心家，现在日本当局已因震灾，改变宗旨，光天化日之下，岂容演此惨剧，恐怕不仅失中国人之同情心，也要失世界人类的同情心吧。"②《大东日报》亦刊发社论《请看日政府眼中之惨杀华侨案》，指出：日人乘灾惨杀华人"真可谓震古绝今世界稀有惨无人道之骇闻，惟有吾国昔年发生拳匪之乱差足比拟其一二，不讲日本以文明自命的国家竟有这等举动，不知他是怀着什么心思。……这个案子之发生我想就是他们想要试试不承认我们是人类一分子的一个方法，我们要放松不向他们问罪，就是我们默认我们不是人了，同胞们快起来醒醒吧！"③

随着民间抗议运动的高涨，中国政府也决定与日本方面进行交涉。9月27日，新任驻日代理大使施履本要求日本外务省进行调查。10月1日，外交总长顾维钧也向日本驻华公使芳泽提出，今后对中国人的保护要求特别注意。另外，10月20日，由驻日中国代理大使正式提出抗议④。

此外，北京政府外交部就华工被害事件照会日方，多次与日交涉，并派遣调查专员王正廷等人赴日调查。据1923年12月6日《外交部为日军警惨杀王希天和华侨案请迅电惩凶并抚恤被害家族致日本芳泽公使的照会》，可知外交部所做的安排和努力。该照会陈述了地震灾区华工受虐、被害的详情："据回国灾侨陈协丰等一千六百九十八人报告，本年九月一日在东京发生大地震后，有日本军警及青年团三百余人，于三日午刻，手持枪械拥至大岛町八丁目华侨所住之林合吉、林合发、周进顺、夏日丰、张广进、吴元昌、陈益顺等七客栈内，威逼华侨将财物储藏处指出，并勒令齐至栈外空旷地方，突将侨胞一百七十四人一齐施以毒手，有用枪毙者，有用刀杀者，有用铁锤击脑门致死者，种种惨状目

---

① 《吉学界追悼日灾遭难者》，《满洲报》1923年11月8日。转引自吉林省档案馆编：《王希天档案史料选编》，长春出版社1996年版，第330页。

② 《日人暴行》，《民国日报》1923年10月15日。

③ 《请看日政府眼中之惨杀华侨案》，《大东日报》1923年11月1日。转引自吉林省档案馆编：《王希天档案史料选编》，长春出版社1996年版，第324—325页。

④ 沈海涛：《日中两国就关东大地震时中国工人被害事件的交涉经过》，载长春王希天研究会编：《王希天研究文集》，长春出版社1996年版，第137页。

不忍睹。此一百七十四人中，仅有永嘉人黄子连一名压在他尸之下伴死得免。其头部击有大窟窿二处，右耳被兵器轨轧去，奄奄一息，不饮不食者一昼夜，至五日逃至七丁目空屋，不料又遭暴徒捆打，旋被该处街警绑送小松川警署，再经军队押往千叶习志野拘禁，近始释回。"9月6日，"龟户警察厅派警百余人，将大岛町三河岛等处居住之华侨一千六百余人四面兜拿，拘禁于千叶习志野军营内，待遇酷虐，逾于在狱之囚"。9月9日，共济会会长王希天探询侨胞被捕情形时遭龟户警察厅拘禁。"十二日晨三时，又见有兵丁二人将王希天反缚而去，迄今有传其已被击。被毙者上述诸端，均系侨民目击身受之实在情形，并经共济会总务部长王兆澄在东京切实调查"。该照会称"查以上所称各节，均经详密调查，颇为确实"，并指出："此时，中日邦交方且日谋亲善，乃有此类惨杀华侨事件发生，本国政府深为遗憾。现在本国各界对于此案异常愤激，本部不得不提出严重抗议，应请贵公使迅电贵国政府，速将殴杀华侨之犯人，予以严重惩办，其罪状已判明者，即日详细公布。被害之家族与以相当之抚恤，至其余各被杀事件，现由本国政府简派王正廷、沈其昌、刘彦前往彻查。"①

王正廷一行抵日后，其调查内容主要分三项：一、大岛町华工遭虐杀事件；二、共济会会长、基督青年会干事、第一高等学校毕业学生王希天被害事件；三、横滨及其附近华工被杀事件②。

《王正廷等为赴日本调查侨日学生商工人等因灾被害情形编号附陈致外交部呈文》记述了王氏等人至大岛町后的调查情况。"九月三日乘震灾后，日本自警团与警察及军人等，至各日人家宅，严嘱闭门，不许出外，旋诱迫华工将所有金钱一概交出，并迫至八丁目附近旷土聚集，用刀棍等凶器概行击死，中有死而复苏之黄志连可证，被害人数另册呈报。旋将尸体用煤油烧毁以灭其迹。……查八丁目多系水田草地，廷等巡察各处，见有长广约十丈之地系新垫黄土，并无青草，且有黑水，其形迹似焚尸场所，但询问该处居民，无论老少男妇皆同声诿为不知，似有不能明言之隐"。12月16日，王氏等人会见出渊亚细亚局长，"将上记情形详为告知，出渊初不承认，辩论至三小时，嗣言震灾后纷乱太甚，或有华工被害，然为数亦不至如是之多，允再调查，惟声明作为私

① 《外交部为日军警惨杀王希天和华侨案请迅电惩凶并抚恤被害家族致日本芳泽公使的照会》，见吉林省档案馆：《王希天档案史料选编》，长春出版社1996年版，第280—281页。
② 《王正廷等为赴日本调查侨日学生商工人等因灾被害情形编号附陈致外交部呈文》，见吉林省档案馆编：《王希天档案史料选编》，长春出版社1996年版，第159页。

人谈话,不得作为交涉根据等语。似此日政府意图掩饰,以致新闻界亦多不敢宣布"①。为引起舆论的关注,12 月 19 日,在国际记者协会招待会上,王正廷发表了《中华民国政府特派调查委员王正廷、沈其昌、刘彦陈述书》②。陈述书内容如下:

此次敝国对于贵国空前之大地震,举国上下莫不表深厚之同情,一时筹赈救灾之举风动全国,此诚两国国民互相亲善,互相救助之最好现象也。不幸震灾发生之后,东京及神奈川等处忽有惨杀无辜华人之举,而大岛町为尤甚,被害者达三百余人,学生王希天亦至被害。此恶耗传至敝国,朝野初不甚信,以为文明国家决不至有如此举动,及归国之学生、工人及慰灾人员等皆异口同音为切实之报告,且有谓曾目击当时惨状者,全国舆论因之激昂,参众两院亦提出质问,敝国政府以事情重大乃特派廷等三人前来实地调查。夫此事之发生业经数月,杀害事实贵国迄未彻底发表,而舆论界亦漠然视为不足轻重,此廷等不能不引为遗憾者也。以吾人所见,有识之士及为国民指导之舆论界,对于此等惨杀之事或知而不言,或言而不尽,则非特有背乎正义人道,且有妨于两国实际亲善之前途。当今两国有识阶级莫不知我两国在世界地位上有唇齿相辅之关系,有谋实际亲善之必要,深望贵国舆论界为两国国民亲善,计对于此次惨杀华人之事,发挥正义人道之主张,实不胜盼祷之至。

相关资料显示,日本方面则设法隐瞒大岛町事件和王希天被害事件等,并禁止《读卖新闻》等媒体发售有此方面内容的报道③。日方对此事件的反应和举措引起了中国民众的极大愤慨,《大东日报》刊载的社论具有代表性:"现在日政府以吾国人民之激愤及政府之抗议不但不认罪,并且以无理之词答复,其何目中尚有中国吗?他答复之问是地震时闻韩人有横暴行为,华情愤激,有贵国学生三名,因语言不通,误认为韩人,遂被殴伤。……怪不得于大震灾外,只闻有朝鲜人与中国人之被

① 《王正廷等为赴日本调查侨日学生商工人等因灾被害情形编号附陈致外交部呈文》,见吉林省档案馆:《王希天档案史料选编》,长春出版社 1996 年版,第 159 页。注:黄志连一作黄子连,录此存疑。

② 《王正廷等为赴日本调查侨日学生商工人等因灾被害情形编号附陈致外交部呈文附件四号:中华民国政府特派调查委员王正廷、沈其昌、刘彦陈述书》,见吉林省档案馆编:《王希天档案史料选编》,长春出版社 1996 年版,第 161—162 页。

③ 参阅吉林省档案馆编:《王希天档案史料选编》,长春出版社 1996 年版,第 194 页。

杀，而未闻西洋人有一个被害者，因此吾不知所谓为中日亲善当作何解说。"①

与盘根错节的中日政府之间的交涉相比，民间纪念活动和交涉持续不断。"当日本地震灾害发生后，各埠对日团体以震灾为理由也有停止抵制运动的情况。这种主张虽无人提出异议，但是日本在很大程度上没有人道，乘灾乱发生惨杀我国同胞，迫使抵制运动和经济绝交运动极力进行"②。

面对冲突不断的民族纠葛，在关东震灾的背景下，中国人民深明大义、忍辱负重，仍旧义无反顾地赈济日本地震灾民。1924 年 1 月底的《申报》、1923 年 12 月底的《大公报》上，仍然可以看到多条鸣谢日灾捐款者的公告，就是最好的例证。

总而言之，在中日民族矛盾激化的时代大环境下，面对日本关东震灾，中国人民既维护国家的正当利权，同时又饱含着浓浓的人道情怀，民族主义与人道主义并存。

① 《请看日政府眼中之惨杀华侨案》，《大东日报》1923 年 11 月 1 日。转引自吉林省档案馆编：《王希天档案史料选编》，长春出版社 1996 年版，第 324 页。
② 沈海涛：《日中两国就关东大地震时中国工人被害事件的交涉经过》，载长春王希天研究会编：《王希天研究文集》，长春出版社 1996 年版，第 137—146 页。

参考文献

一、报刊资料

《申报》《时报》《晨报》《共进》《孤军》《华国》《前锋》
《矿冶》《华年》《五九》《向导》《来复》《学艺》《大公报》
《时言报》　《太平洋》　《新闻报》　《民国日报》《中华新报》
《苏州晨报》《盛京时报》《新周庄报》《新黎里报》《努力周报》
《晨报副镌》《东方杂志》《矿业杂志》《创造周刊》《少年中国》
《史地学报》《商学季刊》《进德季刊》《圣公会报》《道德月刊》
《道路月刊》《外部周刊》《银行周报》《法律周刊》《农商公报》
《英语周刊》《时兆月报》《国闻周报》《华商纱厂联合季刊》
《新农业季刊》《实事白话报》《广州民国日报》《东北文化月报》
《中外经济周刊》《学生文艺丛刊》《浙江兵事杂志》《新民国杂志》
《中华基督教育》《益世主日报》《陕西实业杂志》《大陆银行月刊》
《中国红十字会月刊》《中华农学会报》《（长沙）大公报》
《救灾会刊》

二、文献资料

1. 中国华洋义赈救灾总会丛刊甲种 6 号：《民国十二年度赈务报告书》，
   1924 年。
2. 游日同人筹赈会编：《游日同人筹赈会征信录》，1924 年。
3. 《政府公报》（137），（台北）文海出版社 1968 年版。
4. 中华文化复兴运动推行委员会主编：《中国近代现代史论集》，（台北）商务印书馆 1968 年版。
5. 孙曜编：《中华民国史料》，见沈云龙主编：《近代中国史料丛刊（第2 辑）》，（台北）文海出版社 1968 年版。
6. 李振华辑：《近代中国国内外大事记》（民国九年——十二年），见沈云龙主编：《近代中国史料丛刊续编（第67辑）》（667），（台北）文海出版社1977年版。

7. 刘绍堂：《民国大事日志》第1册，（台北）传记文学出版社1979年版。

8. "中华民国"史事纪要编辑委员会编：《"中华民国"史事纪要（初稿）》，（台北）正中书局1980年版。

9. 天津市政协文史资料研究委员会编：《天津文史资料选辑》第17辑，天津人民出版社1981年版。

10. 顾维钧：《顾维钧回忆录》第1分册，中国社会科学院近代史研究所译，中华书局1983年版。

11. 李大钊：《李大钊文集》下册，人民出版社1984年版。

12. 《李大钊年谱》编写组：《李大钊年谱》，甘肃人民出版社1984年版。

13. 尚明轩、余炎光编：《双清文集》上卷，人民出版社1985年版。

14. 程道德等编：《中华民国外交史资料选编》（1919—1931），北京大学出版社1985年版。

15. 吉林省政协文史资料研究委员会编：《吉林文史资料》第7辑，1985年版。

16. 中山大学历史系孙中山研究室等合编：《孙中山全集》（第8卷），中华书局1986年版。

17. 《外交公报》，（台北）文海出版社1987年版。

18. 苏州市政协文史编辑室、苏州市地方志编纂委员会办公室编：《苏州史志资料选辑》，1988年第2期。

19. 湖北省地方志编纂委员会编：《湖北省志》，湖北人民出版社1990年版。

20. 中国第二历史档案馆编：《中华民国史档案资料汇编》（第三辑），江苏古籍出版社1991年版。

21. 沈慧瑛：《苏粮弛禁之争档案史料选》，《民国档案》1993年第2期。

22. 万仁元、方庆秋主编：《中华民国史史料长编》（15、16），南京大学出版社1993年版。

23. 中国红十字会总会编：《中国红十字会历史资料选编，1904—1949》，南京大学出版社1993年版。

24. 《中日关系史料——排日问题》（1919—1926），（台北）"中央研究院"近代史研究所1994年印行。

25. 中国第二历史档案馆：《民国以来历次重要灾害纪要（1917—1939年）》，《民国档案》1995 年第 1 期。

26. 温州市政协文史资料委员会、浙江省政协文史资料委员会编：《东瀛沉冤——日本关东大地震惨杀华工案》（浙江文史资料第 57 辑），浙江人民出版社 1995 年版。

27. 吉林省档案馆编：《王希天档案史料选编》，长春出版社 1996 年版。

28. 吉林省档案馆：《1923 年日本关东大地震后中国留日学生状况史料选编》，《历史档案》1997 年第 1 期。

29. 季啸风、沈友益主编：《中华民国史史料外编（中文部分）——前日本末次研究所情报资料》第 81 册，广西师范大学出版社 1997 年版。

30. 罗元铮主编：《中华民国实录》，吉林人民出版社 1998 年版。

31. 温州市志编纂委员会编：《温州市志》，中华书局 1998 年版。

32. 魏宏运主编：《民国史纪事本末》（一）（二），辽宁人民出版社 1999 年版。

33. 吴伯康：《回忆旅居日本三十二年》，见全国政协文史资料委员会编：《文史资料精华丛书第 10 卷——旧中国的社会民情》，安徽人民出版社 2000 年版。

34. 上海市工商业联合会编：《上海总商会议事录》（四），上海古籍出版社 2006 年版。

35. 吴廷燮：《段祺瑞年谱》，中华书局 2007 年版。

36. 中国科学院上海历史研究所筹委会、复旦大学历史研究所编：《（民国）大事史料长编》第 6 册、第 7 册，北京图书馆出版社 2008 年版。

37. 中国第二历史档案馆：《中国援助 1923 年日本震灾史料一组》，《民国档案》2008 年第 3 期。

38. 严晓凤、池子华、郝如一主编：《苏州红十字会百年纪事》，安徽人民出版社 2011 年版。

39. 池子华、严晓凤、郝如一主编：《〈申报〉上的红十字》第 2 卷，安徽人民出版社 2011 年版。

40. 池子华、傅亮等主编：《〈大公报〉上的红十字》，合肥工业大学出版社 2012 年版。

三、专著

1. 杨鹤庆：《日本大震灾实记》，中国红十字会西安分会 1923 年 11 月发行。

2. ［日］井上清、铃木正四著：《日本近代史》，杨辉译，商务印书馆 1959 年版。

3. ［日］東京大學地震研究所：《關東大地震 50 周年論文集》，文獻社 1973 年版。

4. ［日］菊池貴晴：《中國民族運動の基本構造——對外ボィコット運動の研究》，東京汲古書院 1974 年版。

5. ［日］吉村昭：《關東大震災》，文藝春秋 1977 年版。

6. ［日］竹内理三等編：《日本近現代史小辭典》，角川書店 1978 年。

7. 张玉法主编：《中国现代史论集》第五辑，（台北）联经出版事业公司 1980 年版。

8. 方汉奇：《中国近代报刊史》，山西教育出版社 1981 年版。

9. 何瑞藤：《日本华侨社会之研究》，（台北）正中书局 1982 年。

10. 王芸生：《六十年来中国与日本》第 8 卷，生活·读书·新知三联书店 1982 年版。

11. ［日］菊地利夫：《日本歷史地理概說》，古今書院 1984 年。

12. ［日］竹内理三等編：《日本历史辞典》，沈仁安等译，天津人民出版社 1988 年版。

13. 张宏山：《日本都道府县概况》，三秦出版社 1989 年版。

14. 中国社会科学院日本研究所编：《日本概览》，国际文化出版公司 1989 年版。

15. 章伯锋、李宗一主编：《北洋军阀（1912—1928）》，武汉出版社 1990 年版。

16. 徐友春：《民国人物大辞典》，河北人民出版社 1991 年版。

17. 徐鼎新、钱小明：《上海总商会史》，上海社会科学院出版社 1991 年版。

18. 吴杰主编：《日本史辞典》，复旦大学出版社 1992 年版。

19. 李原、黄紫慧编著：《20 世纪灾祸志》，福建教育出版社 1992 年版。

20. 陈旭麓：《近代中国社会新陈代谢》，上海人民出版社 1992 年版。

21. ［日］山田国雄：《關東大震災 69 年》，每日新聞社 1992 年 10 月 2 日发行。

22. 李文海等：《中国近代十大灾荒》，上海人民出版社 1994 年版。

23. ［美］费正清编：《剑桥中华民国史（1912—1949）》，章建刚等译，中国社会科学出版社 1994 年版。

24. 中国红十字会总会编:《中国红十字会的九十年》,中国友谊出版公司 1994 年版。

25. 《九十纪要》编辑委员会编:《九十纪要》,(台北)致琦企业有限公司 1994 年版。

26. 石源华:《中华民国外交史》,上海人民出版社 1994 年版。

27. 王世刚:《中国社团史》,安徽人民出版社 1994 年版。

28. 章绍嗣:《中国现代社团辞典(1919—1949)》,湖北人民出版社 1994 年版。

29. [日] 古屋哲夫编:《近代日本のアヅア認識》,东京绿荫书房 1996 年版。

30. 郭强、陈兴民、张立汉主编:《灾害大百科》,山西人民出版 1996 年版。

31. 长春王希天研究会编:《王希天研究文集》,长春出版社 1996 年版。

32. 颜惠庆:《颜惠庆日记》,上海档案馆译,中国档案出版社 1996 年版。

33. [日] 葛生能久:《東亞先覺志士記傳》,東京大空社 1997 年版。

34. 张建民、宋俭:《灾害历史学》,湖南人民出版社 1998 年版。

35. 郑功成:《中华慈善事业》,广东经济出版社 1999 年版。

36. 章开沅等:《中国近代史上的官绅商学》,湖北人民出版社 2000 年版。

37. 李伶伶:《梅兰芳全传》,中国青年出版社 2001 年版。

38. 龚书铎主编:《中国近代文化概论》,中华书局 2002 年版。

39. 孙柏秋主编:《百年红十字》,安徽人民出版社 2003 年版。

40. 戈公振:《中国报学史》,上海古籍出版社 2003 年版。

41. [英] 安东尼·吉登斯:《社会学》,赵旭东等译,北京大学出版社 2003 年版。

42. [日] 小浜正子:《近代上海的公共性与国家》,葛涛译,上海古籍出版社 2003 年版。

43. 池子华:《红十字与近代中国》,安徽人民出版社 2004 年版。

44. 孙绍骋:《中国救灾制度研究》,商务印书馆 2004 年版。

45. [美] 罗兹·墨菲:《亚洲史》,黄磷译,海南出版社 2004 年版。

46. 王立忠、江亦蔓、孙隆椿主编:《中国红十字会百年》上卷,新华出版社 2004 年版。

47. 王卫平、黄鸿山:《中国古代传统社会保障与慈善事业——以明清时期为重点的考察》,群言出版社 2004 年版。

48. 张宪文等：《中华民国史》第一卷，南京大学出版社 2005 年版。

49. 李育民：《中国废约史》，中华书局 2005 年版。

50. 沈予：《日本大陆政策史（1868—1945）》，社会科学文献出版社 2005 年版。

51. 王新生：《日本简史》，北京大学出版社 2005 年版。

52. ［日］夫马进：《中国善会善堂史研究》，伍跃、杨文信、张学锋译，商务印书馆 2005 年版。

53. 熊志勇、苏浩：《中国近现代外交史》，世界知识出版社 2005 年版。

54. 张东刚等主编：《世界经济体制下的民国时期经济》，中国财政经济出版社 2005 年版。

55. 朱伯康、施正康：《中国经济史》下卷，复旦大学出版社 2005 年版。

56. 郑学檬主编：《简明中国经济通史》，人民出版社 2005 年版。

57. 张耀华：《旧中国海关历史》，中国海关出版社 2005 年版。

58. 石源华等著：《近代中国周边外交史论》，上海辞书出版社 2006 年版。

59. 关捷主编：《近代中日关系丛书之一：日本与中国近代历史事件》，社会科学文献出版社 2006 年版。

60. 张声振、郭洪茂：《中日关系史》第一卷，社会科学文献出版社 2006 年版。

61. 高书全等：《中日关系史》第二卷，社会科学文献出版社 2006 年版。

62. 周秋光、曾桂林：《中国慈善简史》，人民出版社 2006 年版。

63. 周秋光：《熊希龄传》，百花文艺出版社 2006 年版。

64. 上海市慈善基金会、上海慈善事业发展研究中心编：《转型期慈善文化与社会救助》，上海社会科学院出版社 2006 年版。

65. 上海市档案馆主编：《上海档案史料研究》第一辑，上海三联书店 2006 年版。

66. 周启乾：《日本近现代经济简史》，昆仑出版社 2006 年版。

67. 李剑农：《中国近百年政治史：1840—1926》，武汉大学出版社 2006 年。

68. 金光耀、王建朗主编：《北洋时期的中国外交》，复旦大学出版社 2006 年版。

69. 池子华、郝如一等：《近代江苏红十字运动（1904—1949）》，安徽人民出版社 2007 年版。

70. 小田：《江南场景：社会史的跨学科对话》，上海人民出版社 2007 年版。

71. 陈祖恩、李华兴：《白龙山人——王一亭传》，上海辞书出版社 2007 年版。

72. 陈祖恩：《寻访东洋人——近代上海的居留民（1868—1945）》，上海社会科学院出版社 2007 年版。

73. 池子华、郝如一主编：《中国红十字历史编年，1904—2004》，安徽人民出版社 2007 年版。

74. 张建俅：《中国红十字会初期发展之研究》，中华书局 2007 年版。

75. 米庆余：《近代日本的东亚战略和政策》，人民出版社 2007 年版。

76. 严昌洪：《20 世纪中国社会生活变迁史》，人民出版社 2007 年版。

77. 林语堂：《中国新闻舆论史》，中国人民大学出版社 2008 年版。

78. 上海市档案馆编：《近代城市发展与社会转型——上海档案史料研究》第四辑，上海三联书店出版社 2008 年版。

79. 王建朗、栾景河主编：《近代中国、东亚与世界》，社会科学文献出版社 2008 年版。

80. 郝如一、池子华主编：《〈红十字运动研究〉2008 年卷》，安徽人民出版社 2008 年版。

81. 周秋光：《红十字会在中国（1904—1927）》，人民出版社 2008 年版。

82. 冯尔康：《中国社会史概论》，高等教育出版社 2008 年版。

83. 赵佳楹：《中国近代外交史》，世界知识出版社 2008 年版。

84. ［美］康拉德·希诺考尔、大卫·劳瑞、苏珊·盖：《日本文明史》，袁德良译，群言出版社 2008 年版。

85. 史桂芳：《近代日本人的中国观与中日关系》，社会科学文献出版社 2009 年版。

86. 池子华：《中国红十字运动史散论》，安徽人民出版社 2009 年版。

87. 傅克诚、张钟汝、范明林主编：《地震应急干预政策研究》，上海大学出版社 2009 年版。

88. 方汉奇：《中国新闻传播史》，中国人民大学出版社 2009 年版。

89. 高丹：《灾难的历史》，哈尔滨出版社 2009 年版。

90. 中国社会科学院近代史研究所编：《中国社会科学院近代史研究所青年学术论坛》2008 年卷，社会科学文献出版社 2009 年版。

91. 池子华、吴建华主编：《中国社会史教程》，安徽人民出版社 2009 年版。

92. 池子华、郝如一主编：《红十字运动与慈善文化》，广西师范大学出版社 2010 年版。

93. 周秋光：《近代中国慈善论稿》，人民出版社 2010 年版。

94. 周淑芳、陈家桢：《上善若水：浙江慈善文化》，浙江大学出版社 2010 年版。

95. 常建华主编：《中国社会历史评论》第 11 卷，天津古籍出版社 2010 年版。

96. 水禾：《人类历史上的大灾难》，吉林人民出版社 2010 年版。

97. ［美］徐中约：《中国近代史》，计秋枫、朱庆葆译，世界图书出版公司 2010 年版。

98. ［美］齐锡生：《中国的军阀政治（1916—1928）》，杨云若、萧延中译，中国人民大学出版社 2010 年版。

99. ［美］吉尔伯特·罗兹曼：《中国的现代化》，国家社会科学基金"比较现代化"课题组译，江苏人民出版社 2010 年版。

100. ［法］谢和耐：《中国社会史》，黄建华、黄迅余译，人民出版社 2010 年版。

101. 陈廷湘主编：《中国现代史》（第 3 版），四川大学出版社 2010 年版。

102. 邓云特：《中国救荒史》，河南大学出版社 2010 年版。

103. 周斌：《舆论、运动与外交——20 世纪 20 年代民间外交研究》，学苑出版社 2010 年版。

104. 廉德瑰：《"大国"日本与中日关系》，上海人民出版社 2010 年版。

105. 刘宗和主编：《日本政治发展与对外政策》，世界知识出版社 2010 年版。

106. 王润泽：《北洋政府时期的新闻业及其现代化（1916—1928）》，中国人民大学出版社 2010 年版。

107. 宋志勇、田庆立：《日本近现代对华关系史》，世界知识出版社 2010 年版。

108. 虞和平：《20 世纪的中国——走向现代化的历程》经济卷（1900—1949），人民出版社 2010 年版。

109. 胡务主编：《社会救助概论》，北京大学出版社 2010 年版。

110. 陈廷湘主编：《"近代中国与日本"学术研讨会论文集》，巴蜀书社 2010 年版。

111. 王勇：《中日关系的历史轨迹》，上海辞书出版社 2010 年版。

112. 唐启华：《被"废除不平等条约"遮蔽的北洋修约史（1912—1928）》，社会科学文献出版社 2010 年版。

113. 谢俊美：《东亚世界与近代中国》，上海人民出版社 2011 年版。

114. 郝如一、池子华主编：《〈红十字运动研究〉2011 年卷》，安徽人民出版社 2011 年版。

115. 江华：《危及人类的 100 场大灾难》，武汉出版社 2011 年版。

116. 金圣荣：《日本大地震启示录》，中国商业出版社 2011 年版。

117. 北巫：《可怕的灾难》，金城出版社 2011 年版。

118. 吴正清：《大灾难》，新世界出版社 2011 年版。

119. 来新夏等：《北洋军阀史》，东方出版中心 2011 年版。

120. 李育民：《近代中外条约关系刍议》，湖南人民出版社 2011 年版。

121. 高鹏程：《红卍字会及其社会救助事业研究（1922—1949）》，合肥工业大学出版社 2011 年版。

122. 池子华、郝如一主编：《中国红十字会百年往事》，合肥工业大学出版社 2011 年版。

123. ［日］井上清：《日本历史》，闫伯纬译，陕西人民出版社 2011 年版。

124. 池子华：《红十字运动：历史与发展研究》，合肥工业大学出版社 2012 年版。

四、论文

1. 吴纪椿、李咏霓：《关东大地震中的中国救护队》，《人民日报》1981 年 2 月 9 日。

2. 杜永镇：《孙中山对日本地震灾民的同情与支援》，《社会科学战线》1981 年第 4 期。

3. 任秀珍：《为华工奋斗的英勇战士——王希天》，《社会科学战线》1981 年第 3 期。

4. 王继麟：《中国各界对日本关东大震灾的赈济》，《史学月刊》1987 年第 1 期。

5. 章志诚：《日本在关东大地震期间惨杀浙籍旅日华工与北洋政府对日本当局的交涉》，《浙江学刊》1990 年第 6 期。

6. 李灼华：《一次成功的国际地震救灾行动》，《灾害学》1993 年第 3 期。

7. 苏虹：《东瀛沉冤七十载：六百余华工惨死始末》，《纵横》1996 年第 1 期。

8. 张礼恒：《略论民国时期上海的慈善事业》，《民国档案》1996 年第 3 期。

9. ［日］今井清一：《关东大地震时残杀中国人惨案真相》，杨舒译，见长春王希天研究会编：《王希天纪念文集》，长春出版社 1996 年版。

10. ［日］松冈文平：《论关东大震灾后的华人虐待事件》，刘芳菲译，载长春王希天研究会编：《王希天研究文集》，长春出版社 1996 年版。

11. 沈海涛：《日中两国就关东大地震时中国工人被害事件的交涉过程》，载长春王希天研究会编：《王希天研究文集》，长春出版社 1996 年版。

12. ［日］仁木富美子：《王希天与华工》，刘芳菲译，载长春王希天研究会编：《王希天研究文集》，长春出版社 1996 年版。

13. 李学智：《1923 年中国人对日本震灾的赈救行动》，《近代史研究》1998 年第 3 期。

14. 陈铁健：《尘封半个世纪的五四先驱王希天》，《中共党史研究》1999 年第 4 期。

15. 陈铁健：《日本政府掩盖大岛町和王希天血案的真相》，《浙江社会科学》2000 年第 5 期。

16. 黄增华：《21 世纪东京都的地震问题分析及其防震防灾对策思考》，《地震学刊》2000 年第 2 期。

17. 周秋光：《民国北京政府时期中国红十字会的慈善救护与赈济活动》，《近代史研究》2000 年第 6 期。

18. 蔡勤禹：《民国慈善团体述论》，《东方论坛》2001 年第 4 期。

19. 周秋光：《民国北京政府时期中国红十字会的国际交往》，《湖南师范大学社会科学学报》2002 年第 4 期。

20. 李国林：《民国时期上海慈善组织研究（1912—1937 年)》，华东师范大学 2003 年博士学位论文。

21. 刘招成：《中国华洋义赈救灾总会述论》，《社会科学》2003 年第 5 期。

22. 张建俅：《中国红十字会经费问题浅析（1912—1937)》，《近代史研究》2004 年第 3 期。

23. 羡萌：《民国时期中国红十字会研究（1912—1924)》，天津师范大学 2004 年硕士学位论文。

24. 薛毅：《华洋义赈会述论》，《中国经济史研究》2005 年第 3 期。

25. 靳环宇：《试论中国慈善文化形态及其变迁》，《船山学刊》2005 年第 1 期。

26. 卢秀梅：《城市防灾公园规划问题的研究》，河北理工大学 2005 年硕士学位论文。

27. 池子华：《上海万国红十字会救济日俄战争述论》，《清史研究》2005 年第 2 期。

28. 池子华：《民国北京政府时期中国红十字会赈灾行动述论》，《中国社会历史评论》第 6 卷，天津古籍出版社 2006 年。

29. 尹智、王东明、卢杰：《震后灾难心理及其救援对策研究》，《防灾科技学院学报》2007 年第 3 期。

30. 李永玲：《1923 年抵制日货运动考察》，天津师范大学 2007 年硕士学位论文。

31. 李平：《日本东京大地震及震后的防范》，《中国减灾》2007 年第 2 期。

32. 印少云：《抵制日货运动的历史与现实》，《徐州教育学院学报》2007 年第 1 期。

33. 李光伟：《道院·道德社·世界红卍字会——新兴民间宗教慈善组织的历史考察（1916-1954）》，山东师范大学 2008 年硕士学位论文。

34. 彭南生：《民族主义与人道主义的交织：1923 年上海民间团体的抵制日货与赈济日灾》，《学术月刊》2008 年第 6 期。

35. 高鹏程：《红卍字会对日本关东大震灾的救助及影响》，载《〈红十字运动研究〉2008 年卷》，安徽人民出版社 2008 年。

36. 尤岩：《梅兰芳为日本关东大地震赈灾义演》，《江苏地方志》2008 年第 5 期。

37. 向常水：《论湖南对 1923 年日本震灾的救助》，《湖南第一师范学报》2009 年第 2 期。

38. 吴志国：《近代中国抵制洋货运动研究（1905—1937）》，华中师范大学 2009 年博士学位论文。

39. 刘武生：《周恩来与王希天》，《纵横》2009 年第 7 期。

40. 周石峰：《1923 年抵制日货运动的经济效果与政治制约》，《贵州师范大学学报》（社会科学版）2010 年第 1 期。

41. 池子华：《近代灾荒赈济的几个侧面》，《广州大学学报》2010 年第 11 期。

42. 梁瑞敏：《日本关东大地震与中国朝野的救援》，《河北学刊》2011 年第 4 期。

43. 池子华、代华：《1923 年日本关东大地震及其援救——以〈申报〉报道的内容为主要依据》，《安徽师范大学学报》（人文社会科学版）2011 年第 4 期。

44. 刘火雄：《1923 年关东大地震：日本走上军国主义道路》，《文史参考》2011 年第 7 期。

45. 代华、池子华：《1923 年日本关东大地震与中国红十字会的人道救援》，《福建论坛》（人文社会科学版）2012 年第 1 期。

46. 代华：《略论张作霖、张学良父子对 1923 年日本关东大地震的赈济》，《内蒙古农业大学学报》（社会科学版）2012 年第 4 期。

47. 代华：《简析浙江对 1923 年日本关东震灾的回应》，《鸡西大学学报》2012 年第 12 期。

后　记

　　著作的出版，在我眼中一直是件"高大上"的事情，且一直为之心动与冲动过。如今，理想即将成真，此时此刻自我感觉却是异常的平静与坦然，甚至有点恍惚之感。即便如此，拙著即将付梓，也算是给自己几年来的努力作了一个交待吧！

　　回首往昔，感慨万千。十余年前，离开大学校园执教于乡村初级中学，真正知晓书到用时方恨少的含义，继续深造的念头常相伴随。幸运的是，魂牵梦萦的愿望得以实现，随后前往四川攻读硕士学位，而立之年又来到有"人间天堂"美誉的苏州，有幸师从池子华教授攻读博士学位。拙著就是在博士论文的基础上修改完善而成的。

　　当时之所以选择1923年"日本关东大地震之中国响应"这个课题，原因有三。

　　入学初，曾一度为论文选题苦恼，一次在"国（海）外中国近现代史研究"课上，池老师语重心长地说道：近代以来，中日两国民族关系紧张，而就在这样的历史环境下，当日本发生了震惊世界的大地震、人员伤亡和财产损失严重时，当时中国方面是如何看待这件事情的？中国社会各阶级、各阶层的反应又是什么？这是一个很有意义的话题，也是一个值得我们探寻的课题。随即，室友章师兄开玩笑道：这个课题内容新颖，也很吸引人，有读者市场，以后出版研究专著肯定畅销。在老师的指引和学友的鼓励下，抱着试试看的态度我应允下来以此作为毕业论文的选题。此为原因之一。

　　之前读硕期间，我曾亲身感受过汶川大地震，与同学们露宿室外时突遇余震的恐慌与不安、生活学习的不便与停滞，所有这些画面仍旧记忆犹新、历历在目，令人嘘唏不已。此后对"地震"二字格外敏感，此时此刻提及该选题可谓巧合，也愿意再次与"地震"相遇。此为原因之二。

　　当前，就全球范围来看，霸权主义与强权政治依旧存在，世界局部地区仍不太平，不时发生冲突、对抗与流血，回顾此段受灾与赈灾历史对理解当前民族关系与国际援助些许能提供一些借鉴。这也是当代学人的责任与使命，这是第三个原因。

从选题的确定、资料的收集、论文的写作与修改，再到最后的定稿乃至出版，期间虽然时时有"如临深渊、如履薄冰"之感，但导师池子华教授自始至终所给予的无微不至的关怀、鼓励、指导和帮助，令我感激不已、铭记在心、终生难忘。谢谢池老师！

这期间也得到了众多老师、友人的指导和帮助，受益匪浅。在此，谨向老师们、学友们致以诚挚的谢意！

在资料收集方面，国家图书馆、上海图书馆、无锡图书馆、苏州图书馆、苏州大学图书馆、中国第二历史档案馆、上海档案馆、苏州档案馆等单位给予了我诸多便利，为拙著的完成奠定了基础。书稿送交国家新闻出版广电总局审查期间，审读人中国社会科学院日本研究所高洪研究员认真审阅了书稿，并提出了宝贵的修改意见。这是我要特别感谢的。合肥工业大学出版社责任编辑为拙著的出版也付出了辛勤的劳动，在此一并致以谢意。

诚然，所有这一切的完成都离不开家人与亲朋好友的理解、鼓励与支持，感谢你们！

应该说明的是，因工作繁忙，时间紧迫，加之学识有限，虽尽力为之，拙著中不尽人意之处仍多在，敬祈读者给予批评、指正。

代　华

乙未年秋于屯溪率水河畔

民族主义

与人道主义

224